NIRAチャレンジ・ブックス

市民参加の国土デザイン

豊かさは多様な価値観から

日端康雄 編著

日本経済評論社

序文

二一世紀の人間定住社会では、グローバリゼーションや情報化社会の進展に伴い、文化や価値観が多様化し、また地球環境問題などによって、自然との共生がいっそう重要な価値意識となっている。人々は、こうした多様な文化や価値観に基づいて、国土全体をゆったりと利用しながら、開放的な居住地としての地域を選択し、「住まう」ことを充実していくことによって豊かさを実感することになるだろう。地域の文化や特性は、「住まう」ことの営みによって育まれ、そこからアイデンティティや愛着が生まれる。

二〇世紀に経験した、国主導の開発を中心とした画一的な国土利用の計画では、国土全体に広がる人々の多様性に対応できず、市民自らが多様な文化や価値観を尊重しながら、美しく、住みよい国土をつくる主体となることが重要になる。これを実現するために、現在の土地利用の計画体系を見直し、市民が住みよい生活圏空間を形成する主体となるような国土づくりのあり方が求められている。こうした問題意識のもとで、NIRA（総合研究開発機構）では「多様な価値観に対応した国土づくりに関する研究会」を立ち上げ、七名の委員を中心として一〇回に及ぶ研究会を開催し、多様な価値の時代に対応した新しい国土づくりのビジョンや国土づくりのソフト面としての土地利用計画や規制のあり方を中心に議論を重ねてきた。ここにその成果を報告書としてまとめることができたことを喜びとするとともに、議論にご参加いただいた関係各位に感謝の意を表したい。

本報告書は、さまざまな専門の分野の研究者が、「多様な価値観と国土づくり」というテーマに対して議論を重ねた結果としてまとめてきた考えを、各自の立場で論じて提言するものをまとめたものである。したがって、導き出される考え方に全体としての統一性や一貫性をもたせて一つの考え方や思想を提示しようというたぐいの報告書ではない。ただし、いずれの論者においても、より小さい単位での公共性空間あるいは政治的空間に重点を置いて社会のシステムを考えていく必要性を認識していることは共通していると言えるだろう。そして、これが多様な価値観に対応した社会のあり方ということになるだろう。この点をお断りしたうえで、以下、簡単に研究内容などをご紹介したい。

1　研究報告書の概要

第I部では、二一世紀社会に特徴的となる価値の重視とその多様化が、人と社会そして国土のあり方をどのように変革していくのかを検討する。また、こうした社会情勢の変化が、制度として動き始めた地方分権の流れにどのように影響を与えていくのかを、社会変化のさまざまな現象面に着目しながら、二一世紀社会の国土づくりのビジョンを考える。

第一章「二一世紀の都市づくりビジョン」では、経済社会のメガトレンドと人口問題を概観しながら、政策ベクトル、都市システム、都市哲学・都市像といった視点で、二〇世紀から二一世紀にかけて都市計画が変革されなければならない背景とその方向性を提示する。また、日本の都市の状況を概観しながら、こうした状況を生んできた日本の都市計画システムについてその歴史的条件を中心に議論したうえで、新世紀の都市計画に必要となる都市システム条件、制度のあり方、理念などについての考察をする。脱工業社会、高度情報社会での近代主義を超えた人間性に基づく都市像を探求し、それを市民が共有してまちづくりの行動を実践すべきこと、また、地域や団体が自立し、ピラミッド型でない地域組織構造のなかで分散的に展開し、相互に協調しあうかたちでまちづくりを進めていくこと、さらに、都市の生活空間の豊かさ、生活文化の醸成、環境共生などが都市計画の理念となり、新たな社会的ルールの再構築が図られるべきことなどが強調される。

第二章「ネットワークコミュニティ２０１５」では、ネットワークの社会的意味と今後の進展を見ながら、ネットワークが人々の生活をどのように変え、価値観にどのように影響していくかを「生活／家族と地域社会の変容」という視点から考察する。ネットワーク環境ではすべての主体が贈与／被贈与の関係に組み込まれることで、公共性と私的ニーズが不可分に融合した「小さな公共空間」が生成され、さらにその小さな無数の公共空間の間で次の融合した公共空間への拡散が生成される。こうした無数の小さな公共性の相互了解プロセスが、大きな公共性に代替するものとして必要であるとされる。また、ネットワークを活用する生活者のライフスタイルの特性から、新しい家族形態およびコミュニティの有様として「携帯家族」と「ネットワークコミュニティ」のビジョンが示される。これらは情報化社会の進展に伴う社会変革のひとつの可能性であるが、人の意識と社会の著しい変容が国土の有様を一変していくことは間違いない。国土づくりを考えるにあたって情報化時代の流れをどのように捉えておくべきかを考える。

第三章「分権時代の地域振興」では、地方分権による社会の変容を見据えながら、「新契約国家の時代」と呼ばれる新しい潮流に適合させていくために、地方自治体や地方公務員がどのように変化していかなければならないか、また地域振興のあり方はどう変化していくかを考察する。地域振興については、とりわけ農村が若者の定住を確立して活力を維持するために雇用の場や自然に恵まれた豊かな生活環境が創造されることによって、大都市地域にはない新しいライフスタイルを追求できるようになることから、農村をこのような新しいライフスタイル国土空間として位置づけていくことが課題とされる。情報通信革命によるネットワーク社会資本が整備されることによって、農村のこうした位置づけも可能になってくるものと考えられる。産業構造転換やサービス経済化が進むことによって土地利用は大きく変革を迫られている。都市計画制度はこうした社会変化に柔軟に対応できるものとなっていく必要がある。いずれにしろ農村などの条件不利地域と呼ばれる地域が今後の拠点開発の鍵であり、小規模分散型で自然と融合的なオフィス建設が今後のライフスタイルに必要となってくることが論じられる。

第四章「まちづくりにみる多様な価値観」では、現在、わが国の様々な地域で行われているまちづくりの運動のなかから、地域住民が共通して守るべき価値観をもち、これに基づいてまちづくりを行っている事例を紹介し、また、「協働」「コミュニティビジネス」「インターネット」という手法を用いた市民参加のあり方を模索する事例を紹介し、まちづくりへの市民参加のあり方を考察する。北海道恵庭市の事例は、「恵庭」という地名に対する人々の愛着が原動力となって、恵み野地区という新興住宅街で住民主体の花のまちづくりが展開され、これが恵庭市全体に波及し、全国的にも有名となる花のまちづくりに発展していった事例である。高知県赤岡町の事例は、幕末の頃から商都として繁栄していた歴史のある商人の町での絵金文化を核としたまちおこしと、これを契機として住民主体のまちづくりへと発展していった事例である。また、「新しい価値基準をふまえたまちづくり」として、大都市における行政と住民の協働によるまちづくりや、中小都市において衰退していく商店街のまちづくりを事業対象としてとらえ、コミュニティビジネスとして展開していった事例、中山間地でインターネット村への関心の喚起と新しいコミュニティのあり方を模索する事例を紹介する。

まちづくり事例を、国土についてのビジョンを語る第Ⅰ部の最後に組み込んだのは、二一世紀社会を見通しながらも、いま現実に起こっている市民主体によるまちづくりの動きの実例も踏まえたうえで、第Ⅱ部の国土づくりに関する仕組みや制度に関する問題点の考察への橋渡しとしたいからである。

第Ⅱ部「国土づくりのソフト・インフラストラクチュア」では、第Ⅰ部でみたような多様な価値を尊重する二一世紀社会に対応して、市民が住みよい国土づくりの主体となるためには、どのような制度の改革が必要となるのかを考える。市民が積極的にまちづくりに参加し、行政と協働しながら土地利用計画や土地利用規制のルールづくりにも参加していけること、また、自然環境との共生という新しいルールを受け入れていけるようにすることが国土づくりの制度を考えていくうえで重要となる。

第一章「日本の土地利用計画・規制体系の問題点（限定性）と展望」では、総合的土地利用計画という観点から、英・独・米の土地利用計画の基本構造を概観しながら、日本の土地利用計画・規制体系の複雑性・限定性を考察する。欧米においては基礎自治体レベルで一元的な土地利用計画・規制の仕組みが確立されているのに対し、日本では、国土利用計画法は土地利用について抽象的な方針を示すにとどまり、都市計画法や農振法など縦割りの個別規制法にもその目的限定性ゆえの限定性の問題を抱えている。こうした土地利用法制のため、特に都市縁辺部で発生した農地や山林の虫食い的な土地利用などさまざまな問題が顕在化している。こうした問題に対し地方自治体はまちづくり条例や土地利用調整計画によって独自の土地利用コントロールの仕組みの実現を図ってきたが、こうした条例は開発事前協議を通じてコントロールを図る手続条例であって、規制内容についての法的強制力はない。実効性あるものとしていくためには、この条例や計画が、住民が主体的に結んだ盟約として実感されることが重要である。また、コントロールにあたっては、事前確定的な基準を明示したゾーニング型の計画・規制だけでなく、開発地の周囲の状況や内容に応じて柔軟な対応を可能にする開発レビュー型（あるいはアセスメント型）の個別審査の機会を織り込むことも重要である。開発が満たすべき概略的性能基準を定めておき、個別に認定していく仕組みも検討に値するとされる。

第二章「これからの土地利用計画のあり方とその課題」では、現行の土地利用計画制度としての利用規制の法的意義を検討しながら、都市計画と農業的土地利用計画との相互関係及び整合性をめぐる問題を考察する。わが国では地域の土地利用をめぐる包括的な利害調整を行う総合的な土地利用計画は存在しない。個別計画法が、それぞれの目的に応じて区域設定をし、その区域内だけを規律することになるので、土地利用の計画や規制に重複があったり空白ができたりする。こうした個別法の論理による土地利用規制システムの問題点は、都市郊外部や農村地域等といった個別法の所管区域の周辺部での土地利用調整において露呈する。こうした問題点を解消していくためには、柔軟性のあるゾーン区分を内容とする独自の総合的な土地利用制度を設けておいて、具体的な開発案件が発生した際に、この総合的な土地利用制度をよりどころとして、事前協議を通じて土地利用をコントロールしておこうとする方向が考えられる。この場合、計画自体が調整過程を内包するので、事前協議という個別の微調整過程によって二重の調整が行われることになるのである。

第三章「地方分権時代におけるまちづくり条例」では、地方分権時代に地域密着型のまちづくりを進めていくためには、自治体の土地利用をめぐる意思決定システムがどのように変革されるべきかを議論する。地方分権一括法による地方自治法の改正によって、憲法九二条によって保障された団体自治が、法令の制定とその解釈・運用を貫く基本原理であることが改めて具体的に確認された。その意味で、個別法もこの基本原理と整合的に解釈するという総合的アプローチが必要となる。まちづくりや土地利用の調整では、予定されている開発行為などが地域環境との適合性を有するかどうかの審査を行う事前手続きとしてのプロセスを経たうえで、関係法令などの基準への適合件の審査を行う事前手続存置型の審査過程によって開発行為などの許可の適否を判断していくことが望ましい。こうした権限を市町村と県が協働して行使していくような法システムを模索していくなど、地域の実情に適合した行政の実現に向けての制度と組織を整備し、地方の自己決定力を高めていくことが求められている。

第四章「市民参加と市民提案のあり方」では、まちづくりにおける「参加の問題」について、ドイツの制度をベースにしながら、日本でそれを適用できるかどうかという視点で、これからの参加や市民提案の制度や協働のあり方を考察する。ドイツでは都市計画への早期の市民参加が法律によって定められている。日本では制度上の市民参加制度は実質的には使われておらず、インフォーマルなまちづくりへの市民参加がふえているが、こうした市民参加には実質的な成果を保証する制度がない。また、ドイツでは、特に都市において市区委員会制度と呼ばれる自治的単位を設けて都市内分権が確立している。日常的でインフォーマルな市民参加を促す団体としてまちづくりNPOもある。ドイツでは登録協会としての市民団体がこれにあたる。登録協会のなかでも特に都市計画などにおける事前協議の対象として認定された登録協会もある。さらに住民一人で簡易に行政に対する異議を申し立てることのできるの直接請求の制度も発達している。日本でも市民参加をさらに飛躍させるための制度改革と支援体制の整備を行う必要があるとする。

第五章「景域保全を目的とした土地利用計画」では、環境共生社会を実現するために土地利用計画の観点からどのようなアプローチができるのかを、ドイツの景域計画システムを紹介しながら、日本における景域保全の課題を整理し今後のあり方を考察する。景域とは人間の活動の影響下で一定の特徴をもった地域生態系が存在する地域をいい、人間の影響の度合によって自然景域、近自然景域、文化景域に分類できる。景域計画としての土地利用計画は、このような分類によって景域の特徴を把握し、その地域ごとの状況や重要性にあわせて保護、保全、再生についての方針を決定してマスタープランを作成し、これに応じた景域管理を実施するための実施計画を策定することにある。ドイツの景域計画システムは、従来の国土整備計画とは別系統で、連邦自然保護法による自然保護・景域保全の法制度化とその発展によるもので、一部分の緑地保全のみでは地域生態系の保護には不十分であるという考え方に基づく。日本の場合、建築規制のある地域が限られており、緑地の維持には土地所有者の合意に相当の努力が必要となる。この合意を得るためにも土地がもつ生態系上の重要性を説明できることと、景域管理の負担を支える助成や人材・労力の存在が重要である。

第Ⅲ部「私地公景の国土づくり」では、国主導の国土づくりから市民一人ひとりがまちづくりの主体となるシステムが国土全体に広がっていくためには、市民、政治・行政はどのような意識改革を行う必要があるのかについて考察する。「土地の公共性」という概念に代えて「私地公景」という概念を提唱し、市民相互が積極的に対話をし、政治的空間に主体的に身を投ずる自立した市民が、公共性を担い、住みよい魅力ある生活圏空間を形成していく主体となることによって私地公景の国土づくりが実現されると考える。

第一章「自立した市民と私地公景」では、「自立した市民」の市民像を探る。フリーターと会社人間を対比しながら、いずれにも欠けていることは住まうことの責任を果たす態度あるいは政治的空間に身を投ずる態度であり、こうした責任や役割を担うことが自立した市民に必要であることを説く。また、日系外国人の集住地域における日本人と外国人のトラブルをめぐる問題と、刑事司法において欧米を中心に広がっている修復的司法と呼ばれる制度を事例として対照しながら、地域社会における対話や人々が向き合うことの重要性について考える。「公」とは政治や行政の場に独占された価値ではなく、人々が言葉を響かせることによって心の中に生むべき価値であり、この価値が「私」の自己中心性に対して制御的に働くことによって他者との調和を志向し、これが自立を生む。自立した市民とは私地公景的市民であると考えるのである。

第二章「私地公景の国土づくり」では、土地の公共性という概念の曖昧性、土地の所有権をめぐる問題、そして住みよい国土の意義について考えながら、私地公景の国土づくりを説く。土地の公共性は概念的にその必要性を理解することができたとしても、具体的な状況のなかで意味するものを問われるとその意義が明瞭性を欠いていることを露呈する。私地公景では公共性に対する価値づけは市民のなかにあり、公共性の担い手は市民であると考える。土地の所有権については、これが、「土地の所有」という記号化された観念的土地に対する支配を表わす概念と、「土地の利用」というつながった場所としての大地のなかで行われる場所的限定を伴う人間の具体的な活動を表現する概念の二つの概念によって構成され、それぞれに権利があり義務があると考える。今日問われているのは土地の利用に対する制限のあり方で、土地に貨幣的価値だけを求め続けたのでは、もはや住みよい環境など得られない。住みよい国土は住んでいる人々が心地よさを感ずる場所でなければならない。そして心地よさを感ずる場所にはやわらぎがある。市民のなかから生まれた公共性によって「私」の土地が風景のなかに位置づけられたとき、土地と土地の間にやわらぎが生まれる。これが私地公景の価値観による国土づくりであると考える。

最後に、この研究によって明らかとなった点は多々あるが、そのなかで特に強調すべき点を次のように要約しておきたい。

① 脱工業社会、高度情報社会での、近代合理主義を超えた人間性に基づく地域像を探求し、それを市民が共有してまちづくりの行動を実践していかなければならない。市民参加の国土デザインとは、このような市民の実践によるまちづくりが全国的に展開していくことによって、魅力的な生活圏空間を創造し、美しい国土を保全していくことである。そのためには、都市においては中心市街地など市街地空間を再生するための都市システムが必要であり、農村においてはネットワークの高度化やＩＴ技術を活かすことによる雇用の場や魅力的な生活環境を創造し、ニューライフスタイルの拠点となるような条件整備を行うことが必要となる。また、まちづくりへの市民参加については、ドイツの制度に見られるような市民参加を実質的に保障する法制度や組織の整備と市民への支援体制の確立が重要となる。さらに、市民が公共性を担う主体となるような「自立した市民」への意識改革が必要である。

② 価値の重視と多様性に対応した国土づくりのあり方として、それぞれの地域や団体が自立し、ピラミッド型でない地域組織構造のなかで分散的に展開し、相互に協調しあうかたちでまちづくりを進めていくことが重要になる。そのためには、まちづくり条例の位置づけを見直し、地方分権時代に

ふさわしい権限のあり方と県と市町村の対等関係に基づく協働関係が必要となる。また、情報化の進展によるネットワークコミュニティの創造は、旧来の社会システムを大きく変革していく可能性をもっていて、地域や団体のあり方あるいは協調のあり方にも大きく作用することになるだろう。

③ まちづくりを地域で展開していくうえで基本となる土地利用の計画や規制の制度には、生活空間の豊かさ、生活文化の醸成、環境共生といった理念や目標が重要となる。こうした理念や目標に基づいて地域ごとで具体的な計画や規制が自立的に行えるようにするためには、都市計画法や農業振興地域整備法などのような個別法による計画や規制の体制ではなく、地域による総合的な土地利用計画や規制を可能とするような体制を再構築する必要がある。この総合性が現実の土地利用のうえに発揮されるためにも開発行為などに対する事前協議型の土地利用コントロールのあり方が求められるところである。また、環境共生の理念を具体的に実現していくためには景域計画としての土地利用計画も必要になる。

二〇〇一年五月

「多様な価値観に対応した国土づくりに関する研究会」座長　日端　康雄

総合研究開発機構

目次

序　文……1

第Ⅰ部　多様な価値の時代の国土づくりビジョン

第一章　二一世紀の都市づくりビジョン……3
はじめに……3
第一節　都市をめぐる経済社会のトレンドと政策……4
1　二〇世紀の工業化と都市……4
2　二一世紀の高度情報社会と都市……8
第二節　都市システムと都市像……11
1　二〇世紀の近代型都市システムと都市像……11
2　二一世紀のポストモダン都市システムと都市像……19
第三節　二一世紀の日本の都市づくり……22
1　日本の都市の状況と都市計画システム……22
2　活性化に必要な都市システム……25
3　市街地再構築に必要な都市システム……30

4　二一世紀の都市づくりシステムの改革……33
まとめ……35
第二章　ネットワークコミュニティ２０１５……37
はじめに……37
第一節　二〇一五年の成熟化問題……38
第二節　ネットワークの社会的意味……41
1　情報探索と情報支援……41
2　弱さとボランティア……42
3　情報共有と情報生成（創造性）……43
4　公共空間（贈与性）と私的空間（ニーズ）の融合と拡散……45
5　自己責任と相互了解プロセス……47
第三節　ネットワークコミュニティのヴィジョン……50
1　携帯家族のヴィジョン……51
2　構造としての家族の絆……53
3　役割融合と自立する契機……55
4　家族拡張の原理——第三の関係……57
5　現実からの支持……59
6　ネットワークコミュニティの生成プロセス……63

第三章　分権時代の地域振興……69
第一節　多様な価値と分権時代の読み方……69
1　地方分権を推進す現環境……69
2　地方自治体の新事業手法——新契約国家の時代……72
第二節　地域振興の考え方……76
1　地域振興の評価の視点……76
2　農村振興の考え方……81
3　新ライフスタイル国土空間……83
第三節　都市計画法と地域振興……86
1　都市計画法の見直しの論点……86
2　産業と自然の交わる三つのエリアから……87
第四章　まちづくりにみる多様な価値観……95
第一節　花のまちづくり——北海道恵庭市……96
第二節　「絵金文化」を核としたまちづくり——高知県香美郡赤岡町……104
第三節　新しい価値基準をふまえたまちづくり
——名古屋市西区浄心地区・愛知県岩倉市・福井県和泉村……111
1　名古屋市西区浄心地区「浄心のみどりを育てる会」——「協働」……112
2　愛知県岩倉市「岩倉コミュニティビジネス・COM」——コミュニティビジネス……116

3　福井県和泉村「和泉村ファンクラブ」――インターネット……121

第Ⅱ部　国土づくりのソフト・インフラストラクチュア

第一章　日本の土地利用計画・規制体系の問題点（限定性）と展望……131
第一節　英・独・米の土地利用計画・規制の基本構造……131
1　イギリスの土地利用計画と規制の体系……131
2　ドイツの土地利用計画と規制の体系……132
3　アメリカの土地利用計画と規制の体系……133
第二節　日本の土地利用計画・規制体系の複雑性・限定性……134
1　国土利用計画法と五個別法による体制……135
2　個別法による計画・規制の限定性……136
第三節　顕在化した諸問題と「まちづくり条例」……141
1　顕在化した諸問題……141
2　「まちづくり条例」による対応……142
第四節　自治体総合土地利用計画の課題……145
1　ゾーニング開発レビューの役割分担……145
2　分散的田園居住と「コンパクトな市街地」……148
3　「中心市街地活性化」と広域調整……151

第二章　これからの土地利用計画のあり方とその課題――法的視点から……153
第一節　規制・計画・法……153
1　コントロールないし調整の論理……153
2　個別法の論理による土地利用規制のシステム……155
3　計画と計画実現手段……156
第二節　農業振興地域制度……159
1　区域……159
2　マスタープランとしての市町村整備計画……166
3　農用地利用計画……169
4　農用地区域以外の農業振興地域の土地利用……176
5　農地転用許可の計画代替性……177
第三節　計画的調整への展開……181
1　土地利用の交錯の意味……181
2　マスタープランによる調整……183
3　市町村独自の土地利用調整計画……185
第三章　地方分権時代におけるまちづくり条例……189
はじめに……189

第一節　地方分権前夜の法制度と自治体の対応……191
1　機関委任事務と通達……191
2　法律は不完全……191
3　「機関委任事務＝諸悪の根源」説……192
4　要綱行政と事前手続での対応……193
第二節　地方分権一括法施行後の条例の可能性……194
1　憲法九四条と地方自治法一四条一項……194
2　憲法九二条と地方自治法一条二、二条一一～一三項……195
3　「法令」についての新たな理解……197
4　法律と条例の接触関係についての整理……200
第三節　事前手続型の調整……202
1　事前手続型……202
2　事前手続型の限界と行政手続法制……203
3　機関委任事務制度廃止後の「法律にもとづく審査」の意味……204
4　事前手続存置の意義……204
第四節　統合型モデルの可能性……206
1　関係権限の所在……206
2　権限集合モデル……206
3　権限分散モデル……207

4　計画適合性審査過程の意義……209
第五節　協働条例の発想……210
1　一権限・一行政庁？……210
2　対等関係にもとづく協働関係……211
第六節　統合型モデルを支える条件——政策法務的発想の重要性……212
おわりに……213
第四章　市民参加と市民提案のあり方……215
はじめに……215
第一節　早期の市民参加……217
第二節　都市内分権……223
第三節　「まちづくりNPO」……228
第四節　「市民の直接請求」……235
第五節　制度確立にむけて……237
第五章　景域保全を目的とした土地利用計画……241
第一節　土地利用からみる自然環境……241
1　景域という考え方……241
2　景域保全に必要なこと——調査と調整……243

3　自然景域・近自然景域・文化景域……244
4　保護・保全・再生……246

第二節　ドイツの景域計画……246
1　自然保護の考え方……246
2　景域計画の内容……250
3　景域保全を支えるバックグラウンド……260

第三節　日本における景域保全の現在……262
1　国土利用……262
2　地域性緑地……263
3　自治体の取り組み……264

第四節　文化景域としての里山……266
1　山里における景域保全上の課題――利用放棄・開発圧力……266
2　景域保全の取り組みと市民ボランティア……268

第Ⅲ部　私地公景の国土づくり

はじめに……275

第一章　自立した市民と私地公景……279

第一節　フリーターのいる風景……279

第二節　市民としての自立……283
第三節　他者と響きあう……286
1　外国人居住者問題……286
2　修復的司法……291
第二章　私地公景の国土づくり……299
第一節　土地の公共性と私地公景……299
第二節　土地の所有権をめぐる問題……305
第三節　住みよい国土と私地公景……310

第Ⅰ部　多様な価値の時代の国土づくりビジョン

第一章　二一世紀の都市づくりビジョン

日端　康雄

はじめに

二一世紀の日本社会は経済の安定成長とともに成熟化過程にあり、急速に高齢化や少子化が進むと予測されている。これまでのような活力に満ちた高度経済成長社会とは根本的に違う社会に変わろうとしている。と同時に、地球レベルでは環境、エネルギー、人口問題が国際社会で解決されるべき大きな課題としてある。また、既に現実の世界では情報化社会が開かれつつあり、情報技術面から旧来の国家、政治、経済、コミュニティといった社会の基盤となる仕組みが変わっていく可能性を秘めている。

一方、二〇世紀の世紀末の一〇年を振り返ると、日本社会は土地、住宅面で大きな変革を経験している。長年続いた土地神話が崩れ、右肩上がりの地価上昇が終焉した。しかし、地価の急速な下落とともに未曾有の不良債権を企業、個人だけでなく、行政組織までもが抱え、国民経済は長期低迷した。都市開発の面でも、地価の下落幅が開発利益を上回り、区画整理や再開発は実行面で極めて難しい状況に陥ってきた。経済の変動は波動をなすものであるから、いずれ好転するが、どちらにしても現在の経済社会状況がこれまでに経験したことのない異常なものであることは間違いない。世紀末は経済社会の変化のスピードと規模が大きすぎてそこから生ずる問題の深刻さに目を奪われてきた。政府や企業も当面の対応に迫られて、世紀の変わり目に、新世紀の長期ビジョンが本来必要にも関わらず、あまり取り組まれていない。そうしたビジョンを打ち立て、二一世紀の早い段階で日本の豊かな経済社会に相応しい美しい街への転換を可能にする都市システムを構築せねばならない。

第一節　都市をめぐる経済社会のトレンドと政策

1　二〇世紀の工業化と都市

(1)　二〇世紀の経済社会メガトレンドと人口問題

二〇世紀は、工業化社会であり、都市化社会であり、また近代社会システムが確立してきた時代であった。それはまた、欧米先進国が中心となってつくってきた社会で、一八、一九世紀からの産業革命や人権宣言などを契機とする社会体制革命を通じて大きく成長、発展してきた。地球人口はこの一〇〇年で五倍になり、この四〇年だけで倍増している。二一世紀前半の五〇年はこの趨勢を継続して

図 1–1　世界人口の推移（国連）

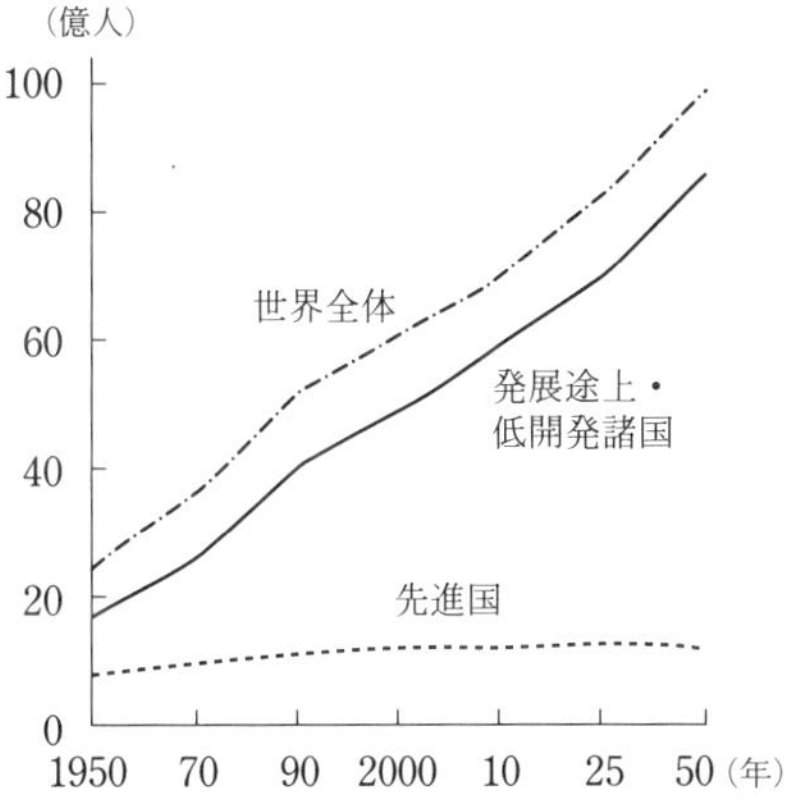

図 1–2　世界の都市人口

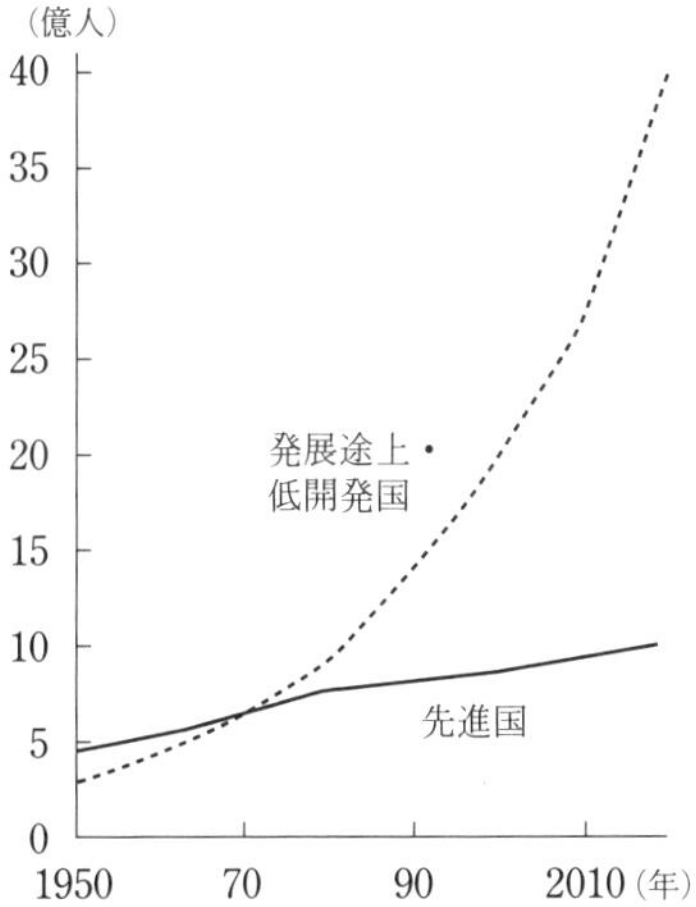

人口急増を続けることが国連などの予測である。

しかし、人口の推移（**図1–1、1–2**）を見るとわかるように、二〇世紀の後半は、先進国は既に一つの安定状態に入っており、これから大きな人口増加を経験するのは開発途上国、低開発国である。地球人口規模は二一世紀の半ばくらいまでに一〇〇億人にまで増加すると予測されているが、そのなかで先進国グループはほとんど人口規模的には横ばいになる。今後の地球人口を量的に拡大させるのは専ら先進国以外の地域になる。二一世紀の日本の問題は、まず日本が先進国グループの一角にあって欧米と共通した産業社会段階や成熟社会、近代的な制度を確立している国としてあるという認識が必要である。

二〇世紀の工業社会では、工業化が都市化を引き起こしてきたので、産業の発展とその振興が人口の増大と都市への人口集中をもたらした。先進国の場合、人口の都市化率は八割近いところまできていてほぼ頭打ち状態といえる。先進国以外の地域は、これから農業国から工業国に移っていくので急速に都市化人口を拡

図 1-3　老年人口比率（国連）

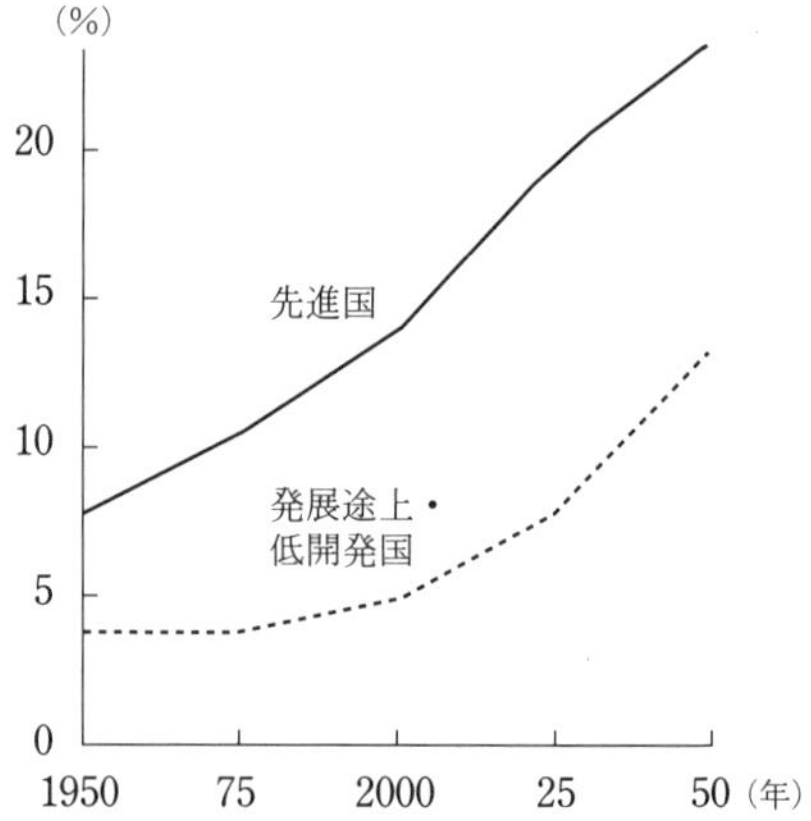

大していく可能性がある。一九六〇年くらいで見るとまだ都市人口は先進国の方が多いが、七〇年代の初期に逆転し、もはや量的にも都市化人口は開発途上国側が拡大をリードすることになる。この点でも、先進国における都市化の成熟状況をデータが示している。

成熟化のもう一つは、高齢社会の急速な出現である（**図1-3**）。先進国は二〇〇〇年近いところで老齢人口比率が一三％くらいになるが、このままの勢いでいくと二一世紀の半ばごろに二五％の水準に近くなると推定されている。もちろん、先進国のなかでも国によってバラツキはあるが、高齢化のスピードという点においては、日本はこれからかなり急速に進むことになる。他方、非先進国も高齢社会と無縁ではなく、老齢人口率という点では二一世紀にはほとんど先進国と平行する形で追いかけることになる。二〇五〇年に先進国の一九八〇年くらいの水準に到達する見込みだが、変化のスピードという点では高齢社会問題は、先進国の経験と低開発国の経験はそれほど違わない。

(2)　二〇世紀の政策ベクトル

二〇世紀社会では、人口を増やし都市地域を拡大し、またその背景に工業化があり、そしてそれを基軸に社会を変えてきたものに近代化がある。そうした社会の大きな変化のなかで、都市を含めた地域に対してどういった政策がとられてきたか。

まず、急速な都市化に対して、政府側がとってきた基本的なポリシーには、公衆衛生や生命・財産への安全のような都市環境を支える最低条件を確保することが第一にあった。都市計画法が先進国で最初にできたのはイギリスの一九〇九年法であるが、それ以前の法社会では公衆衛生法に基づく条例が都市計画の役割を果たしてきた。公衆衛生法に基づいて都市計画や建築規制の制度が組まれてきている。産業革命のトップをいったイギリスの都市計画史にそのことがはっきりと見えている。他の国もそういうものを引き継いで公衆衛生や安全といった公共性が、まず我々の都市生活の具体的基盤を確保するための条件として確立してくる。

一九世紀ヨーロッパの都市化状況のなかで把握できることは、急速に都市への人口移動が起こって都市問題が発生したため、それを抑えるというベクトルが働いていたことである。ハワードの田園都市論のなかの「都市悪」という言葉にみるように、人間は本質的に田園とか自然のなかで生活したいが、産業革命によって農業から工業へ生活産業基盤のシフトが起こったため、いわば〝食うためにやむを得ない場〟として都市が捉えられていた。一方、一九世紀という時代は、自由主義を尊重した時代で、あまり市民社会に政府が権力的な関与をしないという社会的合意があり、それによっても工業化による都市の生活環境の急速な劣悪化を放置する状況になった。このため、できるだけそういう事態にならないようにするために、都市化抑制というような形での政策的な方向性を採用してきた。

しかし一方、全く逆方向のベクトルも働いていた。貧困問題を克服し、経済的豊かさの確保のために都市の工業が繁栄することを目指し、田園都市とは別のもうひとつの理想の都市として工業都市・産業都市があった。経済的な豊かさを高めるために都市化を推進する政策が、自然の保全や田園への回帰とは逆方向の力として働いていた。それらをどのようなかたちで止揚するかが都市政策の課題であった。

2　二一世紀の高度情報社会と都市

⑴　二一世紀の経済社会メガトレンド

こういった二〇世紀都市に対して、二一世紀の都市はどのようになるのだろうか。

一つは、我々の経済社会そのものが大きく工業社会から脱工業社会、あるいは高度情報社会という形に変わりつつあることである。二〇世紀は工業化が都市を成長・拡大させ、物質的豊かさが人口をふやし、二〇世紀型都市時代をつくってきた。しかし、情報化社会では、工業型産業経済が都市に対して与えたような影響力はもはやないということである。情報化社会の都市へのインパクトについてはいろいろな領域で研究されているが、まだ、はっきりしない。情報化そのものが三年単位で大きく技術革新を起こしているから、情報化の変化がなかなか読めない。ＩＴ革命といわれるが、夢物語のような話が意外に簡単に現実化するということもあって、情報技術の進展がどうなるか、次の情報化社会が都市に対してどういう相互関係をもってくるかということはこれからの問題だと思われる。

いずれにしても、先進国に共通していえることは、工業が都市を拡大させてきた力も衰え、いままでは拡張し遠心的な力が働いてきたがそれが働かないことになる。また、現実の都市のなかで大きな比重を占めている工業系の都市機能や土地利用が産業のリストラを伴って大きな地殻変動の過程に入っている。こうした都市化の逆の噴射力が働くという状況は、脱都市化、あるいは反都市化といわれ

表 1-1　イギリスの主要都市の1961-91年人口推移

（単位：1,000人）

	1961	1971	1981	1991	変化率(%)(61-91)
ロンドン	7,993	7,453	6,696	6,378	−20.2
バーミンガム	1,183	1,098	1,077	935	−21.0
リーズ	713	739	705	674	−5.5
グラスゴー	1,055	897	766	654	−38.0
シェフィールド	585	573	537	500	−14.5
リバプール	746	610	510	448	−39.9
エディンバラ	468	454	437	422	−9.8
マンチェスター	662	544	449	407	−38.5
ブリストル	438	427	388	370	−15.5
コベントリィ	318	337	314	293	−7.9

出典：Census data.

ている。

イギリス環境省のデータでは、ロンドンを筆頭にして、規模の大きな一〇大都市のすべてが一九六一年から九一年までの三〇年間じりじりと人口を失っている（**表1-1**）。若干例外的な都市もあるが一貫して漸減傾向である。大きな都市でこの三〇年間に人口が二割減っている。かつて世界に冠たる優良工業都市といわれたグラスゴーやリバプール、マンチェスターといった都市は人口が四割減少している。たとえば、グラスゴーは一九六〇年頃には一〇〇万都市だったが、九〇年代になると六〇万都市になっている。しかも、これらのデータを見るうえで注意しなければならないことは、イギリスは七〇年代から内部市街地再生、都市人口回復政策を都市政策で相当強力にやってきたにもかかわらず、データで見るとこういう結果になっているということである。いかに脱都市化の趨勢が著しいかを示している。同じ先進国という意味では日本も例外ではない。空洞化、脱都市化現象が先進国共通の現象として進行している。

二〇世紀はむしろ都市の拡大を押さえる方に政策が働いたはずだったが、現実は都市が大きくなろうとする経済的、政治的なエネルギーが凄まじいものがあった。しかし、それも一九七〇年代までで、二〇世紀の最後の四分の一世紀はむしろ逆回転の力が働いており、二一世紀にこれが引き継がれていくのである。

(2)　二一世紀の政策ベクトル

経済社会の底流の変化を踏まえて、都市計画の脱近代化が進むと考えられる。既に二〇世紀後半から、近代合理主義への反発、近代化の非人間性が先進国のなかから起こっている。車依存の都市構造への反発や画一的で大量生産主義の都市空間への反省などが生じている。

こうした都市の趨勢に対してどのような都市政策の方向が求められるであろうか。近代合理主義を超えたところにあるものは、多様性のある都市の実現である。これが都市本来のアイデンティティを取り戻すということである。多様な価値が共存する社会、多様な人種や階層のいる社会、自由な競争のある社会の受け皿としての都市が求められる。しかし、多様性のある都市は意外にその実現は容易ではない。これからの大きな課題である。

これからの先進国共通の都市の問題として、都市の求心力を回復し、都市への再凝集を図ることが求められてこよう。経済社会現象として進行する都市の空洞化や脱都市化を放置できない。地球環境の観点からもコンパクト都市が求められよう。

さらに、産業や機能中心の都市から、生活や文化の場としての都市への転身が求められよう。大量消費（mass consumption）から大衆文化（mass culture）が都市に求められる。

百年前にもあったが、現在も中世都市への回帰という考え方がある。多様性、ヒューマンスケール、歩ける都市、一定の高密度居住といった、人間集住の本質が前近代都市にあるからである。前近代社会の都市の一面が何故未来の都市のモデルになるか、自立、自衛、自治、自由などのキーワードを民主主義社会にあるこれからの都市にどうしたら実現できるかが大きな課題であるように思われる。

いずれにしても、工業社会の終焉する先進国では都市の基本的要素であった工業が次第に後退し、二一世紀の情報化社会では、生活や文化、都市の個性、都市の人間的魅力、多様性といったことが都市の新しい基軸になる。

第二節　都市システムと都市像

1　二〇世紀の近代型都市システムと都市像

(1)　二〇世紀の都市システム

一九世紀から二〇世紀にかけて、欧米先進国では安全・衛生といった最低条件を確保するための前提となる制度環境の整備が、自由な市民社会のもとで行われた。そして、二〇世紀前半には都市計画や建築規制が、財産権の絶対的自由を尊重する社会のもとで行われた。レッセフェールという言葉は周知のフランスの経済用語だが、ドイツにはBaufreiheit（建築自由）という言葉がある。こうした時代での都市計画・建築規制は、土地や不動産の権利保護が最大限認められるなかで、安全上、衛生上の制約として最低条件型で対応するという警察規制制度で、少なくとも戦前までは欧米でもこの制度が基本であった。

ところが、戦後、つまり二〇世紀の後半になると、ヨーロッパやアメリカの政府、自治体は土地や不動産の権利を最大限尊重するという前提のもとでは複雑化し高度化する都市社会、人口、産業の都市への著しい集積をうまくコントロールできないと判断した。そこで、「建築自由」が欧米社会ではドラマチックに否定されるという変化が現れた。具体的には、一九四七年のイギリスの都市および田園計画法では、開発権の国有化と呼ばれる制度として土地の所有権と利用権を二分して、利用権を国有化するという形で都市計画の前提となる土地市場に対して大きな社会的制限を課した。一九六〇年代のドイツの連邦建設法は、所有権をはっきり所有と利用に分けるというような形ではないにしても、これによって一定の計画があって初めて開発が認められるという形で自由な所有権を否定した。アメリカの場合も、六〇年代にゾーニング規制の弾力化によって個人の権利よりも公益が優先するという制度環境の変化が次々に各地でつくられた。

建築基準をベースにした土地利用規制としてのゾーニング制度は、安全や衛生という、我々が市民生活を営んでいくうえでの最低条件について強硬な権利制限がなされるが、土地市場は基本的に建築自由の世界である。しかし、近代社会が複雑化していく過程で公共性が拡大され、土地利用規制にも行政側の自由裁量権が与えられ、羈束性としてのゾーニング規制の性格に歯止めをかけられた。アメリカの場合、一九二六年のユークリッド裁判の判決でヨーロッパとはっきり違う選択をしている。連邦裁判所で安全・衛生以外に一般的福祉目的でも警察制限を適用することができるという判決が出て、その結果、アメリカのゾーニングとヨーロッパのそれは大きく道が別れた。それでも戦前のアメリカのゾーニング制度はほとんどヨーロッパ型の運用がされてきたが、六〇年あたりから違った方向に歩み始めた。戦前から、既に建築不自由がゾーニングの法的性格のなかに認められたが、それを実質的・具体的に展開し始めたのは、六〇年代のインセンティブ・ゾーニングという、裁量的なゾーニングを都市計画に使うように変わってきた時代からである。六〇年代あたりからアメリカのゾーニング制にも建築不自由が次第に拡大していくことになった。

一九世紀社会は自由放任制を尊重したが、ヨーロッパの都市計画に追随するかたちで進んできたアメリカは、建築自由の範囲を次第に狭め、社会的規制を強化してきた。また、こうしたゾーニング制を執行するうえで、都市のマスタープランや総合計画を整備し、その計画のもとでゾーニングを弾力的に運用するという体制を確立してきた。

こうした制度のもとでは都市計画を専門的な職能がほとんどカバーし、一般市民とはかけ離れた世界で運用された。ドイツやイギリスにかって見られたように、都市計画専門家が自治体のなかにしかおらず、専門家が専門的立場で都市を計画・管理し、あるいは変えていくという専門主義による仕組みを市民社会が当然のように受け入れてきた。

(2)　二〇世紀の都市像

そうした政策の前提となっている都市哲学、あるいは都市計画の理念とは何か。一つには機能主義がある。これはデカルトの西洋的科学主義、分析主義に通ずるが、既存都市を機能的に分解していってそれを再構成するという考え方で都市計画をとらえた。ある意味では都市を単純化してとらえ、科学主義に乗らないものは切り捨てていくという方式が近代的都市計画を支配してきた。

図 1-4　田園都市発展の原理図

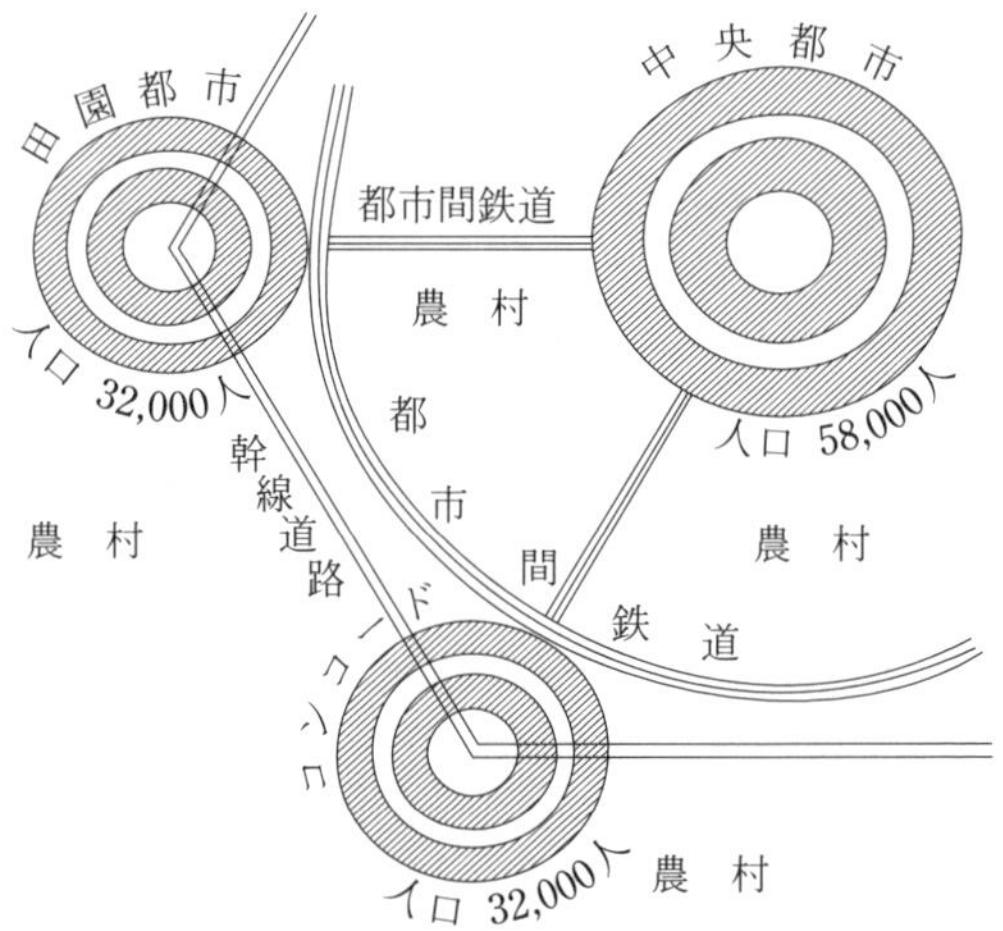

出所：西川治『都市と都市観』グロリアホームライブラリー，グロリアインターナショナルINC，318頁，1971年.

二番目は、技術主義、技術依存の都市計画である。一九世紀から二〇世紀に変わる時期、つまり都市計画、建築規制が生まれて定着し始める時期に、たとえばシカゴ万博やロンドン博などに見られるように、一九世紀の人々が二〇世紀に抱いた大きな夢として技術革新があったことである。このことが技術信奉主義を生んだ。これは良い面もあったがいろいろ問題も生むことになった。とくに都市を人工的な空間として特化させていくことになった原因のひとつと考えられる。

三番目は、人間の自由や欲望を際限なく拡大させていく方向を正しいと捉えたことではないか。二〇世紀の都市に最もインパクトがあったものとして、移動の自由を飛躍的に向上させた自動車や鉄道という装置がある。これが、たとえば封建時代の都市では全く考えられなかった状態を生み出すことになった。近代都市というのは、自動車対応都市への変革ということを基軸として形成されてきたことになる。

こうした理念や哲学は近代主義一般に共通するものである。そして、二〇世紀の都市をつくってきたパラダイムには、いくつかの基本的なアイデアないしは発想がある。

一つは、イギリスのエベネザー・ハワードが着想した田園都市がある（図1―4）。この時代は、少なくとも都市というのは経済的な活動の場あるいは仕事のための場として、人間社会にとってやむを得ない存在として捉えられていた。人間は本来的に自然のなかや田園に近いところに住みたいと考えるもので、田園の良さと都市の良さを折衷した状態が理想だという発想である。ガーデン・シティ（田園都市）はそういう方向性をねらったアイデアである。その時代での新都市の規模は人口が三万人くらいが理想で、そうした都市を中心都市から緑地で隔絶したところにネットワーク上に配置するという、今から考えても先端的なコンセプトである。戦後、田園都市論は先進国のニュータウン政策に踏襲され、浸透した。

次に、近隣住区というコンセプトがある（図1―5）。近代産業都市に大量に人間が集まった結果、人間性喪失社会になってしまったため、コミュニティを再生しなければならないという考え方が根底にある。今世紀初頭において、ア

図 1–5　クラレンス・A.ペリーによる近隣住区単位

開かれた開発で，できれば160エーカーが望ましい．いかなる場合でも，1小学校をもつに十分な人口をもっているべきである。形はどうでもいいが，周辺部のどの地点も中心からほぼ等距離にある場合がもっともよい．
教会のかわりに商業地区をおいてもよい．
MAIN HIGHWAY
商業地区は交差点におかれ，できれば集中しているのが望ましい．
コミュニティ・センターには近隣住区施設だけがおかれる．
MAIN HIGHWAY
SHOPS AND APTS
BELT
COMMUNITY CENTER
敷地の10%はレクリエーションや公園スペースにあてられる．
内部街路は必要以上の幅をもってはいけない．商店やコミュニティ・センターに容易に行けるように設計される．
HIGHWAY
TO BUSINESS CENTER
RADIUS
1/4 MILE
APTS AND SHOPS
←TO CIVIC CENTER
ARTERIAL
STREET
TRAFFIC JUNCTION

出所：ガリオン，アイスナー著，日笠端・森村道美・土井幸平訳『アーバンパターン』日本評論社，243頁，1975年.

図 1–6　ル・コルビジュエルによる「輝ける都市」（1933）

出所：レオナルド・ベネヴォーロ（佐野敬彦・林寛治訳）『図説　都市の世界史 4 』相模書房，p. 137.

図 1–7　フランク・ロイド・ライトによる「ブロードエーカーシティ」（1930）

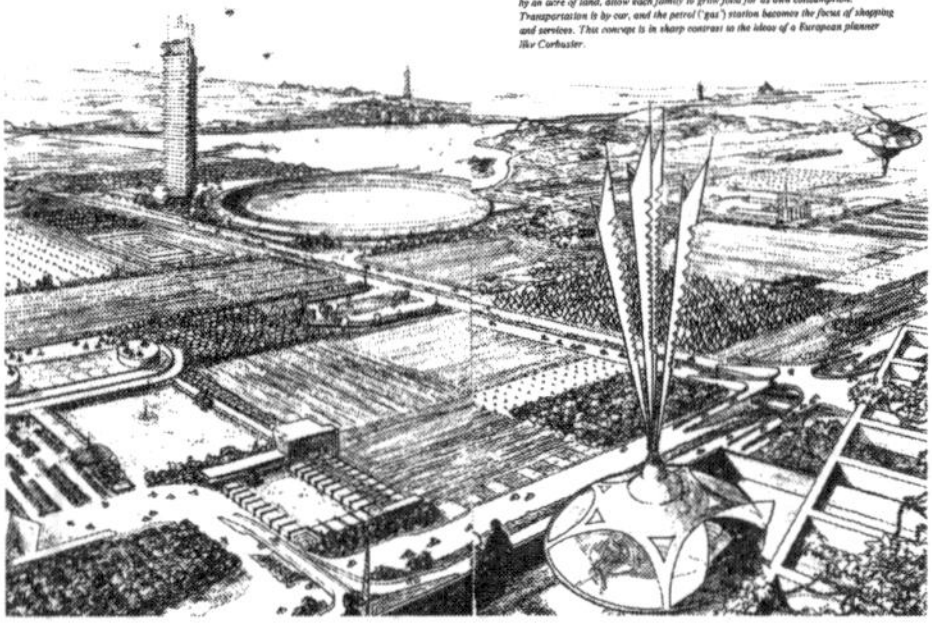

出所：Peter Hall Urban and Regional Planning p. 68.

メリカを中心に議論されたコミュニティセンター運動とつながっていた。このアイデアの提案者であるアーサー・ペリーの業績はこうした一連の運動を理論化したことであるといわれている。この人間共同体モデルは、中世の村落共同体を分析対象とした社会学者の研究成果を取り入れている。

このパラダイムも先進国の都市づくりに決定的な影響力をもってきた考え方である。

三番目は、フランスの建築家、ル・コルビジェの都市哲学を具現するタワー都市である。一九世紀末から今世紀初頭の、過密でしかも中世から引き継いだ城壁の中で人々が圧密されるように生活しているという都市に対して、コルビジェが描いた理想都市は、人間解放という面からも太陽の光線を浴びて、地上に緑が広々とあって、その緑から出るきれいな大気がある都市を理想として描いたものである。太陽、緑、大気という三つのキーワードで、コルビジェはその形をまさに技術信奉型といえるが、建築家的な表現で、超高層建築群で描いた。この絵（図1－6）では、広々とした緑の中に超高層建築があるように見えるが、『輝けるパリ』という著作では、ニューヨークのマンハッタンのように林立する超高層建築群が理想として描かれた。このアイデアも二〇世紀を支配してきた考え方である。

アメリカのフランク・ロイド・ライトが提唱したブロードエーカーシティは、四番目の二〇世紀の理想都市像のモデルであろう（図1－7）。これは、アメリカの広大な郊外地を低密度に利用した住環境で、車やヘリコプターといった移動手段によって、田園の中で都市的な生活も享受するというアメリカ的な壮大主義に基づくアイデアで、アメリカの郊外化に大きな影響を及ぼした。

最後にあげるのは、巨大都市圏の計画的形成と成長管理を提唱したグレーター・ロンドン・プランのアイデアである（図1－8）。第二次大戦中に、アーバー・クロンビー（ロンドン大学教授）がチャーチル首相に依頼されてまとめたとされるロンドン復興計画である。この大ロンドン計画のなかに、その後二〇世紀の先進国が採用してきた大都市政策の大きな柱のほとんどが埋め込まれている。具体的

図1-8　アーバー・クロンビーによる大ロンドン計画（1944）

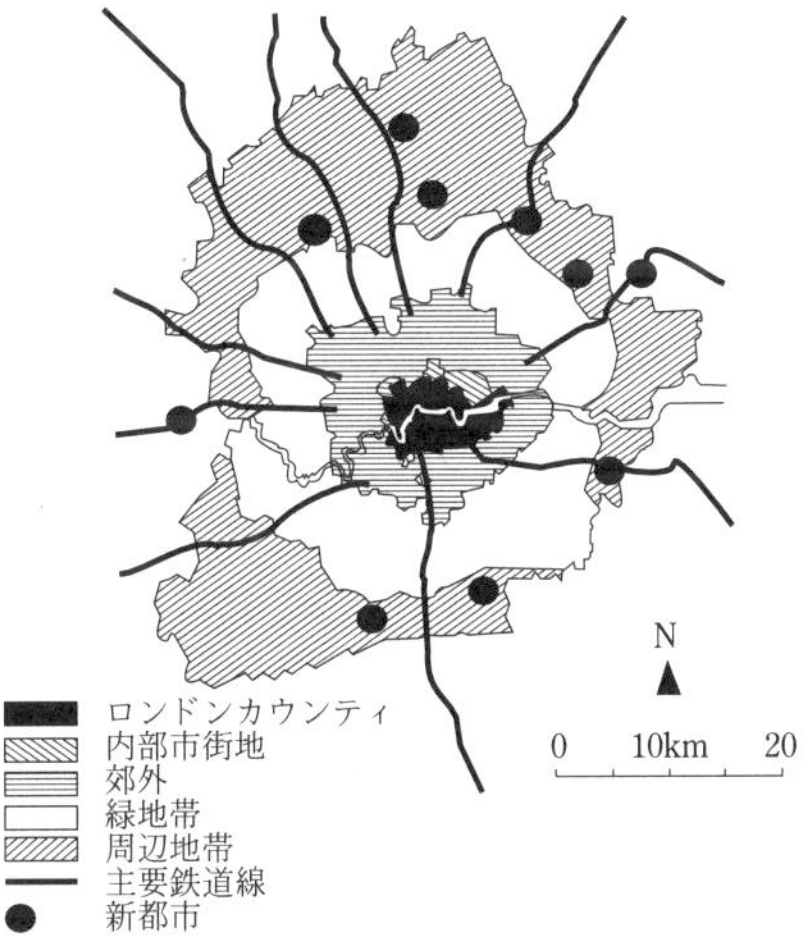

出所：日笠端『都市計画第3版』共立出版，p. 34，1993年.

には、中心部を再開発して近代的な都心空間に改造すると同時に道路や鉄道をしっかり整備する。また、内部の過密市街地、スラムは再開発して適正な密度に再構成させ、過剰な人口（over-spilled population）は周辺には計画的にニュータウンをつくってそこに収容する。そして、巨大都市といえども都市を無計画に拡張させないためにグリーンベルトという厳しい土地利用規制の環によって都市化の無秩序な拡大に一定の枠をはめるという考え方である。

この計画は一方で都市化を抑えながら、他方では都市の発展を願うという、近代都市が抱える矛盾したベクトルの止揚策として極めて優れた提案とされている。ロンドンでは、戦後すぐにこれが正式にオーソライズされ、ロンドン復興のオフィシャルプランとして法定化された。しかしながら、ロンドン自体の大きな成長ポテンシャルがあったのはだいたい一九世紀から戦前までで、この計画が法定化される時代においては、既にロンドンは成長エネルギーを失っていた。

田園、自然と都市、都市におけるコミュニティのあり方、初期の近代都市が見失った人間居住に必須の太陽・緑・大気の回復、技術への信頼、土地の広大な利用を前提とした理想郷としての都市、大都市の成長管理、ニュータウン、再開発、都市基盤施設、緑地公園、グリーンベルトなどによって形成される巨大都市の合理的な都市構造、こうした近代都市計画パラダイムに共通するモデルは一面、安易に定式化され、その機械的な適用が本来の都市のあり方を歪めてきた面があることは否定できない。しかし、こうしたモデルに含まれる原理には、二一世紀都市においてもなお追求すべき課題が残されているとみることもできる。

2　二一世紀のポストモダン都市システムと都市像

(1)　二一世紀の都市システム

政策的な見方からすれば、二〇世紀前半の時代のように、社会の一面だけに政府が介入するという考え方に対して、公民が一体的に連携して、総合的に都市や地域社会に政府が関わるという考え方が二一世紀では支配的になろう。官僚制度はどちらかといえば縦割りになじみやすかったが、総合行政ということになると当然、行政システムも変わらなければならない。都市計画という一つの専門的な仕事も総合性が重要なキーワードだが、現実はうまくいかないというのが二〇世紀の経験である。それを二一世紀は地方主権の自治体行政のもとで確立していかねばならない。

都市システム（都市計画を含めて都市全体をある方向に動かす制度群）は公セクターあるいは官の世界でつくってきたが、二〇世紀末の先進国において、活力や多様性など、都市のありようも含めて民間セクターに大きく委ね、連携していくという新しい潮流が生まれてきてきた。二〇世紀の都市計画は、官のなかのスペシャリストが主導して進めていくという方法だが、ＮＰＯの活躍や住民参加という状況が次第に都市づくりの主流になってきており、そこでは専門家が一方的に専門的な経験や価値を押し付けるのではなく、知的レベルの高い地域社会の住民が発言し参加してくる。そういう人たちに部分的に決定権を委ねるというような時代になりつつある。アマチュア主義、すなわち、都市の計画や問題解決の場面において、さらには都市づくりの理念や目標を引き出す際にアマチュアの市民といった人たちによる決定領域を大きくしていくという考え方が次第に強くなっていこう。これはまた、成熟社会のひとつの特徴なのかもしれない。

二一世紀の都市システムには、こうした企業主義、アマチュア主義、市場主義が加わらねばならない。都市や地域が活力を求めて自由に競争できる仕組みでなければならない。

二一世紀の都市システムはまた、二〇世紀のそれがすべて捨て去られるのではなく、部分的に引き継がれていくが、全体として新しい枠組みに再編されていくものと考えられる。

(2)　二一世紀の都市像

都市の哲学も単なる機能的な捉え方から多様性の追求、すなわち都市を人間性主体の居住、活動空間として捉えることが盛んになってこよう。都市の多様性は、アメリカの都市社会学者ジェーン・ジェイコブスが戦後のアメリカの都市再開発事業を批判してダイバーシティ（Diversity）というキーワードを提唱したのが始まりであるが、アメリカの再開発空間というのはまさにコルビジェ哲学の機能空間である。

それから半世紀経っているが、都市空間の設計や運営においていかにして多様性を実現できるかは技術的に克服できていない。ジェーコブスは「アメリカ大都市の死と生」で多様性確保につながる具体的な空間処理原則を提示しているが、これはアメリカの戦後の再開発空間に対するアンチテーゼとして出しているものでしかない。都市の多様性という目標の達成のためにはもっとソフト、ハードを含めた技術の開発が必要であろう。一面的な技術信奉主義は排除されねばならないが、これからの都市問題の解決に技術開発の果たすべき役割はよりいっそう重要である。従来の都市計画に自然回復や環境共生を大きく位置づけた環境都市計画といった考え方も技術開発に大きな課題が含まれているのである。

都市に活力を引き出す方法もこれからの時代に極めて重要な課題である。その前提にはそうした都市像の構築と合意が必要であるが、都市のなかに賑わいがあって活力があふれているという状況は、中世や古代都市にも共通性がある。もちろん前近代という時代は、人間性からみれば暗黒時代であるが、近代化が人間の行動とか生活という面から都市を見る視点を見失わせてきたのである。その一例として、二〇世紀の近代都市は車にとって効率のいい社会を目指してきた結果、都市のなかは非人間的で、特に歩いて生活するということが成立しにくい空間になってしまった。ヒューマンスケールなど、人間の身体知に見合う空間への見直しなど、こうした問題も解決するような方向のひとつに活力と賑わいの都市空間が見えてくるのである。

また、国際社会のなかで、地球環境問題への取り組みがこれからの都市づくりに様々な意味で強く求められてくることになる。地球温暖化や循環型社会、省エネルギー、省資源型の社会に変えていく都市システムを先進国グループが率先して進めていかなければならない。

第三節　二一世紀の日本の都市づくり

1　日本の都市の状況と都市計画システム

(1)　都市の現状と課題

先進国というグルーピングで見た場合、他の国と違って日本の都市には質の低い乱雑な市街地が多く形成されていることは周知の事実である。経済成長期に都市内部に集積した木造密集市街地や外縁部に拡張しきったスプロール市街地の状況がその典型である。わが国は欧米諸国がとった、都市化を管理する政策を取り入れてきたが、結果的には、極めて不充分で、市街地は拡張できるだけ拡張し、内部市街地の密集化が極まったところで経済の成長・発展のピークアウトを経験することになった。富国強兵や経済発展のために秩序ある市街地形成や豊かな都市住宅ストック、質の高い住環境の確保を犠牲にして工業化と都市化を進めてきたことは欧米とは対照的である。その結果、工業が発達してわが国は世界有数の経済大国になった。また、都市機能を合理的に配置するという、近代化が求めた都市構造の改革も結果として不充分である。

今日からみれば、最も経済に勢いがあった時代に都市基盤を整備するタイミングを失ったといえる。イギリスでは一九世紀、少なくともビクトリア時代までは世界の覇権を握っていたが、その時代にビクトリアン・スタイルという独特の豊かな都市の景観や都市基盤をつくっている。アメリカでも経済的な勢いのあるときに立派な都市基盤をつくっている。

明治期からの長い発展途上段階、第二次世界大戦の敗戦後の復興ではそういう選択をせざるを得なかった状況もあって、日本の都市政策は欧米の近代主義を極めて不徹底にしか取り入れてこなかった。さらに、日本は欧米の先進国から学んで、都市の自然条件や歴史的な資産、文化資産などをもっと残しておくべきだったが、それらを経済の回復や発展のために安易に壊してきた。

⑵　日本の近代都市計画システム

現在の都市計画法制度が都市計画を三つの都市計画の合成概念としている背景には、日本の近代都市計画発展の歴史的条件がある。土地利用の都市計画、都市施設の都市計画、プロジェクトの都市計画であるが、これらは、一九一九年（大正八年）の旧都市計画法および市街地建築物法時代につくられた領域を引き継いでいる。

旧法の都市計画は現在の都市計画と大きな違いがある。たとえば、近代都市を「重要な都市施設」の構成でつくりだすという捉え方をしている。旧法をみると、文字どおりの都市施設以外に、用途地域や土地区画整理事業も全て都市施設として扱われ、都市の骨格形成を重要都市施設の整備で行うという考え方である。

土地利用規制については、欧米からゾーニング制を導入して、一九世紀型の土地利用制度を確立した。最初は住居、商業、工業、それらに専用地区が加えられて、当時の欧米先進国と共通の都市計画を出発させた。戦前までは経済成長による都市化がまだ大きくならない時代でこうした制度でよかったが、戦後の高度成長期の旺盛な都市化にはこうした制度では対応できなかったし、制度を変えた一九六八（昭和四三）年の都市計画法改正による仕組みも成功しなかった。

その反面、都市開発を実現するという点で事業（プロジェクト）主義が大きく前面に出ることになった。最初の都市計画法では、耕地整理の手法をそのまま運用するようなかたちで区画整理が都市計画のなかに取り入れられた。そしてすぐ関東大震災が起こり、そこで区画整理が有効な手法として成果を上げ、事業の都市計画が国の機関事務としての都市計画に大きな位置を占めることになった。

こうした背景には、旧都市計画法ができる前に、日本で最初にできた近代的な都市計画法制である東京市区改正条例がある。この市区改正条例がモデルにしたのはパリの改造であり、明治政府はパリのバロック型の造形主義の都市づくりを近代国家の首都としての東京の近代化の実現を期待した。しかし、当時の日本ではまだ財政上の理由等でうまくいかなかった。

ところで、その後の都市計画の展開に障害となったのは土木と建築の分離があった。パリの市街地改造は土木と建築が一体として街ができているが、その制度を学んだ人たちがつくった市区改正条例では、専ら土木施設的な計画、たとえば、大公園、幹線道路、運河などが中心で、建築の方はパリのように一体に造るということをしなかった。しかも内務省には建築局と土木局ができて、それ以来日本の都市づくりは上モノと土地が分離してしまった。さらに、フランスの制度を取り入れるのであれば本来登記制度なども土地と建物が一体のはずがこれも最初に分けてしまった。そうした制度が二〇世紀の都市づくりに作用してきた。

二一世紀の日本の都市の重要な課題は二つある。一つは、都市の活力再生、活性化の問題である。ポスト工業社会にある先進国都市は脱都市化、あるいは反都市化過程に入っており、都市の空洞化への対応は他の先進国とも共通する大きな課題となっている。もう一つは、都市構造、土地利用、住環境を含めて市街地をいかに再構築するかということである。とりわけ、阪神大震災等で明らかになったが、建築基準法が義務づけてきた市街地の最低条件の確保も必ずしも進んでおらず、二〇世紀のいわば負の遺産である、密集した市街地と拡張しきったスプロール市街地をどう改善するかということが市街地の再構築では極めて大きな問題である。

こうした課題に取り組むうえで二〇世紀の日本の都市システムの改革が急がれねばならない。

2　活性化に必要な都市システム

(1)　中心市街地問題

中心市街地再生問題を、単に人通りが途絶え、シャッターの下りた空き店舗の目立つ中心商店街をどうするかという問題と捉えている人はまずいまい。しかし、もっと大きな都市の中心部の空洞化が根本原因であると認識したとしても、そこをどんどん再開発して住宅や商業施設を呼び込めば良いと考えられるほどことは簡単ではない。その根底にあるメカニズムを断ち切ることができるかどうかというところにこの問題の根の深さがある。現在、各地の都市の中心市街地で起こっている深刻な現象の背後に、成熟化段階を迎えた日本の都市社会の構造的問題が潜んでいることを読み取らなければならない。

どうしたら空洞化を抑え、人口や都市機能、産業の再凝集を図れるか。行政だけでもできないし住民だけでもどうにもならない。国、県、市町村、企業、住民、コミュニティのレベルで取り組まねばうまくいかない。再生政策にはあらゆる方法を持ち込むべきであるが、同時に合理的、効率的に進めるためには、次のような政策が必要である。

第一に、根本的療法と対症療法を同時に展開しなければならない。都市の空洞化がもたらす状況、つまり、土地利用の停滞、廃棄、放棄や逆に、競合、対立、摩擦に具体的な様々の問題がおこってそれに行政が待ったなしの対応を迫られる。放っておけばなるようになる、経済メカニズム・市場原理を働かせればよいという意見もあるが、経済合理性だけが土地利用の決定に働いているのであればこうした主張にも耳を傾けうるが、現実にはそれと無関係な社会的要因が働いている。

複雑に利害が絡みあう都市問題へは市民の幅広い合意が成立しにくく、これまでは対症療法中心である。都心居住人口が減ったからふやす、商店街が落ち込んでいるからテコ入れをするといった対応は後追いで効果も限られている政策である。

一方、必要な根本対策はこれまで打たれていない。中心市街地の土地利用規制の見直し、地方分権での地方や市町村の主体性の確立、補助金の流れを変えることなど、要するに、社会の根幹にかかわる政策は既存の縦割り行政や中央の危機意識の希薄さのもとで退けられてきている。都市の空洞化が構造的問題である以上、根本対策が必要であり、対症療法だけでは本質的解決にはならない。

第二に、マクロ政策とミクロ対策を相補的に使い分ける必要がある。ひとつの都市の中心市街地を活性化しようとすると、大型店立地や郊外開発など周辺の成長を抑える必要が出てくる。当該都市と周辺市町村との競合関係も生まれ、要するに、都市競合、都市間競争など広域問題が生まれる。また、都市全体の政策として、開発のタイミング、時期、規模、性質の調整を行う成長管理や拠点間競争の計画調整が生ずる。これらはマクロ政策である。大型店立地の問題はその影響圏が市町村単位の計画ではおさまらない。広域計画での商業調整が課題であり、国土整備の観点からの誘導も必要である。

これに対して、個々の商店街再生や大型店開発はミクロ対策である。周辺対策、プロジェクト調整など、大型店立地法の規制もこれである。都市計画法の開発許可や地区計画制度もこれにあたろう。マクロ政策がなくてミクロ対策をやっても効果は限られてしまう。個別の協議・調整だけでなく、空間整備でも広域問題が取り組めるようにならなければならない。

(2) 経済政策と物的計画の連携

中心市街地再生においては、経済政策と物的都市計画の連携が必要不可欠である。経済政策の基本は規制緩和にあり、市場原理と自由競争が原則であるが、都市計画は国土・地域の望ましい整序の実現である。たとえば、大店法廃止スキームでは、経済規制を廃止したうえで、必要な社会的規制として、立地規制の都市計画と環境の確保が受け入れられた。その後の都市計画法改正による各種制度や大店立地法の立法はこれによるものである。単なる規制緩和だけでは問題解決に結びつかず、規制改革が必要なのである。

都市計画と経済政策との連携には、第一に、従来の都市計画が伝統的で固定的な公共性に閉塞し、都市計画が〝百年河清をまつ〟式の悠長な政策だけでは中心市街地には通用しない。経済変化に対して固定してはいけない、都市計画手法が求められている。たとえば、容積ボーナスのインセンティブの基準を経済の変化を見てきつくしたり緩めたりできなければいけない。

第二に、公共と民間との協調が重要で、官民協調方式の建て直しをやらなければならない。官と民の共同に関する紛争の調停や問題解決のために行政裁判所のような機能の組織が必要である。

第三に、中央政府の縦割りを打破した省際政策、さらには各省の政策の統合が必要である。各省にまたがる仕事として取り組むのが重要で、縦割りのままではうまくいかない。多数の省庁が絡んでいるけれども現在の中心市街地活性化政策も縦割りからはほとんど出ていない。

第四に、社会政策との連携も必要である。現在の実態からすれば、都心居住はファミリー主体ではない。こうした実態に対して　ファミリー主体でない住宅政策も必要である。また、高齢者の多いこれからの社会では福祉と住宅政策が協調できねばならない。

規範的概念を含む政策として健全な家族像を求めてファミリーだけを公共支援してきた従来の住宅政策はそれ自体評価されてよいが、主対象は郊外住宅であった。都心を含む中心市街地に対して、これまでとは違った住宅政策の枠組みを構築しなければならない。

(3)　活性化・経済開発の都市計画システム

中心市街地再生も含めてこれからの都市政策は地方自治体の固有の仕事にはなっていくが、同時に都市中心部再生は国レベルの共通の都市政策課題である。都市はハイブリットに多様な要素がバランスして成立している。都市自体が駄目になったら商業活性化どころではない。都市への危機感が共有されねばならない。

こうした認識を前提として政策が成立するようになると、中心市街地再生の政策課題が極めて具体的に挙げられる。たとえば、人口の郊外化を防止し、また、自然環境保護、風致景観保全のため、これ以上の市街地拡張を抑制することが必要になる。商店の減少が都市活力を削ぐ要因として認識されれば、市街地と郊外の商業は同等には扱うべきでない。中心市街地に大型店誘導のための積極的措置が重要である。消費地に近いところに店舗は立地すべきであり、モータリゼーションの拡大を防止し、車に依存しない商業中心を誘導する計画が進められるべきである。とくに、食料品は自動車利用によらない買い物ができるべきである。

これからの都市の商業政策の理念は法を守りながら自由市場を繁栄させるというものである。自由競争は小規模小売業者を保護するのではなく、政策は競争に関しては中立で、競争を制限するのでなくバランスをとるということになる。そして、中心市街地再生と国土・都市形成上の公共性の連携が必要でこのために、都市計画法でも具体的な理念を掲げるべきである。

大型店の立地や都市中心部の再生といった課題は一面、空間利用の最適配置といった旧来の都市・地域計画の長期的な公共性の創出とは違った理念や目標のもとに解決が図られねばならない。

こうした活性化と経済開発の都市計画システムに必要な要件が何か。それは先ず、短期目標を狙いとした弾力性、変動制を内包した都市計画システムである。この都市計画システムにはかなり高度な政策的税制の運用が自治体レベルでも可能でなければならない。また、それは五年とか一〇年など、期間が限定されて効力をもつシステムである。

また、既定の都市計画にも、規制緩和や規制の弾力化が可能でなければならない。とくに、この政策には国の役割が重要で、パイロット、モデル事業などで国が重点投資をする必要がある。政府の地方分権委員会が勧告した統合補助金制度も不可欠である。

いずれにしても、経済政策等と従来型の物的都市計画の連携を超えて、包括的枠組みでの都市計画システムを構築する必要がある。

3　市街地再構築に必要な都市システム

市街地再構築には様々な手法があるが、それらのなかで一九世紀型制度ともいうべき、現在の都市計画法、建築基準法がもっている枠組みが、喫緊の変革を必要としている。

現在の日本の建築規制制度は、たとえば用途地域制では都市のなかで起こる安全上、衛生上、交通上、防災上の問題に対して最低条件の公共介入として対応する制度である。しかし、景観なども含めてトータルにより良い町にするということは考慮していない制度である。このため、結果的に時間とともに市街地の質がどんどん悪化していく事態に陥っている。運用上も合目的的でない面があって、合法的な建築物であっても違法な事態が生ずる例すらある。たとえば、敷地の二重使用などである。また規制法は一度ずさんな運用をしてしまうと元に戻すのが難しいという面があって、最初から相当な違法建築になっている地域もある。法の仕組みとして、合法的な状態のなかで市街地の環境の質がどんどん落ちていくとすれば、法規制の中身が時代のニーズにあっていないということである。現実に、市街地の土地はますます細分化され斜線制限などにそっても町の美観を損ねていく。これらは、すべて建築基準に適合した建物として建築されていることになっている。そういう事態を制度改革によって変えなければならない。

阪神大震災時の神戸の事態を見ると、市街地建築物法以来、安全上、衛生上、交通上、防災上等の最低条件を確保するということで一〇〇年近く建築規制をしてきたが、被災市街地がほとんど基準法に適合して建っていないという事態は、法の作用としてはおかしいと考えざるを得ない。

それだけではなく、制度的にも不充分な点がある。具体的には、まず、現在の建築規制では敷地のコントロールがしっかりできていないということがある。敷地規模の零細化などに対応して制度はいろいろできているが、担保する制度がないためほとんど実効性のある運用がされていない。

二番目に、空間組織の最小ユニット、すなわち、街区をしっかりと形成する仕組みができていない。街区を区画整理で形成しようとしてきたのがこれまでの政策だが、区画整理だけではうまくいかない。戦前の市街地建築物法時代は建築線制度があったので、建築線を引いて街区や道路をつくっていた。街区が建築規制をする最小単位であるべきで、現在のような敷地単位ではない。建て方のコントロールとか街並みの形成ということも可能にする。

こうしたことを踏まえて、現行制度の改革を提案してみると次のとおりである。

①　「建築自由」の制限の相対的強化。日本都市の土地利用規制は「建築自由」を前提に組み立てられている。土地利用規制や土地利用計画の枠組みの前提としてあるこの公準のもとで、醜い都市景観をなげき、街並みのなさを指摘し、その改善を行政に求めても限界がある。都市計画の公共性を具体的レベルまで法律で取り上げて、土地利用規制につながるようにすべきである。

②　建築線の復活。わが国の市街地の空間的秩序の混乱の解決には、その基礎となる空間単位である街区の形成が必要であり、そのためには、道路位置指定基準制度を廃止するか、または一部に限定し、それにかわって戦前の市街地建築物法にあった指定建築線を復活すべきである。また、地区施設としての道路の開発負担を明確に法律に規定する必要がある。

③　敷地コントロールの実現。市街地建築物法の時代から曖昧にされてきた敷地の問題を直視し、真正面からそれを改正すべきである。つまり、現在の建築確認制度にあるような、一敷地一棟主義、

図上主義を改め、建築物の基礎となる敷地のコントロールを建築規制で行うのである。そのためには敷地台帳を義務づけ、ＧＩＳ（地理情報システム）を用いて電子媒体を活用することも真剣に考慮すべきである。また、アメリカのゾーニング制度にあるように、所有単位とは別に建築規制敷地制(Zoning Lot) を設けることも必要である。

④　市町村都市計画の義務的制度としての地区計画。用途地域規制を相対的に強化し、市街地の土地利用の現況に近づけるとともに、一般規制で許容される建築行為の範囲を限定する必要がある。そして、地区計画を現在のようなオプション（選択肢）のような制度ではなく、地区計画制度を強化し、市街地の保全、改善、再開発、新開発には地区計画の策定を市町村に義務づけるのである。そのためには、現在の各種地区計画制度を一本の制度にまとめることも必要である。

制度改革の一例としてあげれば、現在の都市計画法と建築基準法を廃止し、新たに地区計画法、都市発展法、および建築基準法を設ける。地区計画法は、概念的には、都市計画法のなかの土地利用に関する都市計画と建築基準法の集団規定を合体したものとし、市町村決定の都市計画制度として、住民に身近な生活都市計画を扱い、都市計画区域制度を廃止する。新しい都市発展法は、都道府県決定の都市計画として、広域的、根幹的な都市計画を扱う。新たな建築基準法は現行法の単体規定を受け継ぐものとする。

4　二一世紀の都市づくりシステムの改革

⑴　制度改革の視点

現在の社会状況や二〇世紀の世紀末から新世紀初頭という時期は、日本の都市再生や住環境の改善に向けて抜本的な制度改革の好機である。これまでのように、個別的な制度オプションをどんどんふやして目先の問題だけをクリアしようとする、マイナーチェンジの制度改正を繰り返しても何の解決にもならない段階にきている。要するに、求められる新たな制度枠組みは、都市の活力を回復、持続し、同時に、住環境が悪化していかないメカニズムに変え良い住環境が形成できる条件をそろえることである。

また、当然のことながら、地方分権や行政改革の新しい仕組みが前提としてあることはいうまでもない。国のレベルでは変えにくいことでも、地方分権で地域単位に権限が委ねられれば可能になることが多い。そして、制度を立て直すことで国民の意識も変わっていくことが考えられる時代になってきている。

中心市街地再生のビジョンは、一定の条件のもとで　自由な競争が行われ、開発やイベントや活動が行われ、多様な多くの人々が住んでいることである。これが活力持続のありようであろう。

新しい都市計画システムの実現には、まずなによりも、国レベルで地方主権型の都市計画制度を実現して、速やかに地方公共団体に実行の土俵をつくることである。制度を変えても当事者の意識が変わらなければ問題の解決につながらないという意見があるが、そうした意識の改革につながる制度改革が必要である。

第二に、地方自治体はこの二〇年間で地区計画制度をはじめとして、独自の自前の都市計画の実践と経験を積んできた。こうした経験を踏まえれば、都市計画の地方分権はこの世紀の変わり目が絶好のタイミングである。そして、新しい都市計画システムでは、これまでの地区計画制度の欠点をレビューし、本来の望ましい地区計画システムをつくらなくてはならない。

いずれにせよ、二一世紀の都市づくりは、市町村間の連携と競争という新しい状況のもとで展開されることになろう。中心市街地再生政策はそういったことが突破口のひとつになるべき領域である。競争と自己責任、見方によっては自治体にとって厳しい時代になるが、同時に生き甲斐と活力の源泉にもなるはずである。

(2)　都市計画制度に加えられるべき理念

現在ある都市計画法の理念や目標に加えられる、あるいは代替されるべきものには、都市の生活空間（住生活・行動環境・歴史・自然）の豊かさ、生活文化（賑わい・コミュニティ・ボランティア・地域生活・芸術）、環境共生（省エネ・循環・緑と自然の回復・ゼロエミッション）の三つがあると考える。こうした都市計画の理念が都市計画の新しい公共性として、都市での社会的ルールの確立につながるのである。

まとめ

以上、本章では　二一世紀の都市づくりビジョンと題して、経済社会メガトレンドと人口問題を概観しながら、政策ベクトル、都市システム、都市哲学・都市像といった視点で、二〇世紀から二一世紀にかけて都市計画が変革されなければならない背景とその方向性を提示した。また、日本の都市の状況を概観しながら、こうした状況を生んできた日本の都市計画システムについてその歴史的条件を中心にみたうえで、新世紀の都市計画に必要となる都市システム条件、制度のあり方、理念などについて考察してきた。

最後に、改めて強調したい点として以下の三点をあげたい。

第一は、二〇世紀から二一世紀へ向かう社会経済、都市文化の変化に対して、脱工業社会、高度情報社会での近代主義を超えた人間性に基づく都市像を探求し、それを市民が共有してまちづくりの行動を実践していかねばならない。

第二に、市民の様々な価値の重視と多様性に対応した都市づくりのあり方として、それぞれの地域や団体が自立し、ピラミッド型でない地域組織構造のなかで分散的に展開し、そして相互に協調しあうかたちでまちづくりを進めていくことが理想である。

第三に、これからの都市づくりを地域で展開していくうえで基本となる都市計画制度には、都市計画の理念・目標として、都市の生活空間（住生活・行動環境・歴史・自然）の豊かさ、生活文化（賑わい・コミュニティ・ボランティア・地域生活・芸術）の醸成、環境共生（省エネ・循環・緑と自然の回復・ゼロエミッション）が掲げられ、新たな社会的ルールの再構築が図られねばならない。

第二章　ネットワークコミュニティ2015

熊坂　賢次

はじめに

一九九五年、その年に日本社会を震撼させる阪神淡路大地震とオウム地下鉄サリン事件が起こった。その記憶はけっして消えるものではなかろう。しかし二一世紀をいかに描けばいいのか、という社会ヴィジョンの視点からその年をながめると、たぶん「インターネット」という言葉が社会一般に普及し始めたという事実の方がより大きな社会的な意味をもってこよう。そして今、二〇〇一年にあって、二〇世紀から二一世紀への橋渡しとして一番期待されている言葉は「ＩＴ革命」である。

もちろん革命といっても現状では、せいぜい政治経済モデルの高度化（いっそうの効率化）が期待されている程度で、革命と呼ぶにはかなり物足りない。しかしその波及効果はあと一五年もしたら、社会・生活・文化での変容に大きく貢献するという予感がないわけではない。もちろん、これから一五年後の日本社会を予測することなど不可能に近い。しかしどのような社会であってほしいかという価値観（社会ヴィジョン）を含んだうえで、社会システムの方向性を想定することはある程度可能であろう。

そこで以下、「ネットワーク」という新しい社会インフラ整備が、現状のテクノロジーを超えたイマジネーションでの期待水準で実現されたとすると（これを、二〇一五年あたりと想定する）、それはどのような社会システムであるかを、「生活／家族と地域社会の変容」という視点から提案する。

第一節　二〇一五年の成熟化問題

まず人口統計のデータを確認する。ここでは、一九五五年から二〇一五年までのデータを四時点で比較する。**図2-1**は、その各時点ごとに、若年層（一四歳以下）・労働人口層（一五–六四歳）・高齢者層（六五歳以上）の区分で、構成比を示したものである。ここで指摘できることは、次の三点である。

① 若年層は、五五～九五年にかけて大幅に減少している。これが少子化である。しかしこれは九五年までの現象であり、二〇一五年にかけてはすでに横這いの状況にある。つまり少子化は現在の新しい社会問題ではあっても、二〇年後の問題ではない。

② 労働人口が一番多いのは九五年である。五五年との比較では、少子化は単純に高齢化にシフトしたのではなく、生産労働人口と高齢化を同じ程度に増加させた。

③ 二〇一五年の問題は明らかに高齢化である。これから二〇年の間で確実に高齢者層が増加し、

図 2-1　年齢階層の推移

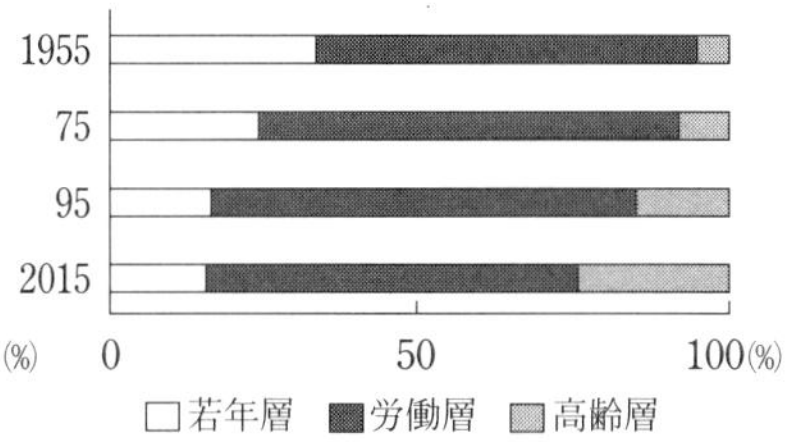

図 2-2　修正年齢階層の推移

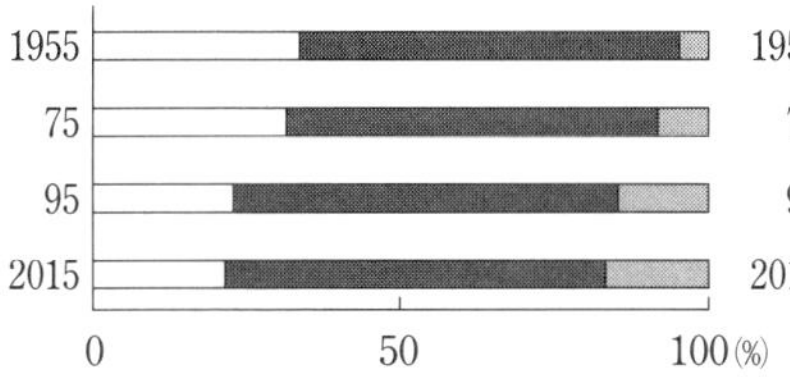

注：2015年のデータにかんしては，厚生省人口問題研究所の1992年9月の将来推計人口を採用.

それが生産労働人口の減少と表裏関係になって進行する。二一世紀の冒頭ですべての人が恐れるのは高齢化社会の到来という新しい社会問題である。

しかし、図2-2をみてほしい。これは三層区分を各年代ごとに若干修正したものである。五五年のデータは図2-1と同じであるが、七五年と九五年のデータは、若年層を一九歳までに延長し、労働人口を二〇-六四歳に縮小した。これは、七五年以降ほとんどの若年層が高校卒であるという事実を考慮すれば、納得できるものであろう。若年層の定義を「労働に従事しない年少人口」とすれば、一九歳まで延長することはより現実に適合したものであろう。次に二〇一五年の場合、さらに労働人口層を二〇-六九歳にまで延長し、高齢者層を七〇歳以上に修正した。この場合も、戦後生まれが高齢者層になる時には、六五歳であっても十分に健康で、身体的には仕事を継続することは可能だ、という前提を採用した。その結果が図2-2である。

ここでは図2-1と比較して、次の二点が重要である。

① 一九九五年と二〇一五年はほぼ同じようなパターンになっている。一九九五年から二〇年間は、基本的には同じような傾向が続くということである。これは、高齢化を異常なまでに恐れる傾向

（図2―1では九・六％の増加）とは対照的に、現在とほぼ同じ程度の高齢化率（図2―2では二・五％の増加）にすぎないとする解釈によるものである。この事実は非常に重要で、必要以上に悲劇的なシナリオを描く必要はないのである。

②　一九五五年と二〇一五年の相違は、三層区分の定義を単に五年間高い年齢に延ばすという操作だけである。若年層を一四歳から一九歳にシフトし、高齢者になる年齢を六五歳から七〇歳に延長し、労働人口の期間はどちらも五〇年間に設定するにすぎない。これは戦後の貧しい社会において、若いとき（中学卒）から仕事についた時代から、そこそこに豊かになってゆっくり仕事につけばいい（高校卒や大学卒）という時代への変化であり、高齢者にかんしていえば、貧しい時には六五歳になれば、もう体も弱体化して仕事からの引退が自明だった時代から、豊かな生活のもとで高齢になっても十分に健康を維持でき、七〇歳ぐらいまでならば、十分に働ける時代への変化そのものである。

以上から二〇一五年を迎えるにあたって基本認識とすべきことは、五年間高い年齢にシフトする社会システムをどのようにして描くか、という〔成熟化問題〕である。これが五五年体制の産業社会システムから、二〇一五年のネットワーク社会システムへの構造変革の根幹である。その場合に、ネットワークがもたらす社会的意味合いを媒介として、ネットワーク社会がいかなる社会ヴィジョン（ネットワークコミュニティ）として描けるか、が問題なのである。

第二節　ネットワークの社会的意味

ネットワークの環境整備が社会インフラとして不可欠であるという点は、すでに社会的に合意されている。しかも二〇一五年のネットワーク環境は現在想像できる水準でほぼ達成されていよう。マルチメディアを基本にした超高速・広帯域のモバイル・ネットワークが充実して、グローバルコミュニティのレベルでいつでもどこでも簡単にアクセス可能になり、インターラクティブなコミュニケーションが自由にしかも低コストでできる情報インフラが整備されていよう。これは自明な前提である。では、このようなネットワーク環境はそもそもどのような社会的な意味をもっているのか。それが社会ヴィジョンを描くには不可欠である。そこで情報／コミュニケーション論の視点から、次の五つのネットワーク特性を提示する。

1　情報探索と情報支援

従来の情報／コミュニケーション論の基本は情報発信／情報所有の考え方である。つまり情報発信するには情報を所有していなければならず、しかも情報発信に価値を発生させるにはその情報が希少でなければならず、その希少な情報を所有することではじめて情報発信が社会的意味をもつ、という論理である。しかしネットワーク環境では、人々は情報発信を最優先しない。まずここで重要なことは「人は情報を所有していなくても主体的にネットワーク環境に参加できる」という認識である。

欲しい情報が手元には何もないという条件がネットワークでのコミュニケーションを始動させる第一歩である。人は情報を所有していないから、ネットワーク環境で情報を求めて探索する。だからサーチエンジンがネットワークでは不可欠なツールなのである。次に「自分のほしい情報はネットワークで誰かが保有している」という認識も重要である。しかもその誰かは、情報を保有しているけれど、発信しないでじっと待っているだけである。そしてそこにサーチエンジンを介してアクセスしたとき、自分のほしい情報が得られるという仕組みがネットワーク環境である。

誰もが情報を所有していないから、情報の希少性は問題にならない。情報を保有しているのはアクセス先で、しかもその先方はネットワーク上に無限に散在してじっと待つだけだから、情報を所有する意志はそこにはない。だからすべての先方はネットワーク上に情報を公開しているだけである。とすると、ここから情報は探索行為を支援するために存在する、という関係が発生する。それが情報を共有することで成立するネットワークの本質／精神である。ネットワークにおける関係の基本は、したがって、情報所有と情報発信ではなく、情報非所有と情報探索であり、その行動を支持する情報支援と情報共有の関係である。これは既存のコミュニケーション行動を根本から変革する大きな認識枠組である。

2　弱さとボランティア

ネットワーク環境では、人はすべて「知りたい、でも知らない、だから、誰か助けて」という意味で弱い人であり、その前提に立脚してコミュニケーションが発動される。だから情報探索がスタートで、情報支援がそれに応えることで、コミュニケーションが成立する。したがって、既存の情報発信と情報受容のコミュニケーション図式はもう古い。これは、情報を所有している人と所有していない人の落差を利用して、情報が伝達される図式で、対面的で閉鎖した関係に典型的なコミュニケーション・パターンで、ネットワークという非対面的でオープンな環境ではふさわしくない。情報発信―受信のモデルが、強者と弱者の関係から構成されるのにたいして、ネットワーク環境では「すべてが弱者で、同時にすべてがボランティア」なのである。

ネットワークは、相互に情報探索し相互に情報支援する関係をもっとも優先する環境である。これは、ボランティアそのものである。すべての人が、弱い自分を前提にしてコミュニケーションをするとき、そこでは、すべての人は必然的にボランティアとして行動せざるをえない。一部の弱者にたいして一部の強者がやさしさを振りまく、という役割分化が確定した関係としてのボランティアではなく、すべての人が弱いことで、その人の心理（やさしいとかのボランティア精神）に関係なく、誰もが社会的な関係（社会的な役割）においてボランティアとしての行動を余儀なくされる。ネットワークは、どこまでもボランティアとしての行動をすべての人に要求する。

3　情報共有と情報生成（創造性）

すでに了解されたように、希少性の原則にこだわるかぎりネットワークは理解できない。ネットワークには「よいもの（goods）はたくさんある」というアバンダンス（豊かさ）の認識が必要である。

その認識が理解されるとき、そのよいものを媒介にして、すべての人々が相互に共有したり公開して、よいものを「よりよいもの」にしようとする関係がネットワークのなかで生成される。こうして、よいものは公開されてさらに多くの人々に共有され、そしてさらによりよいものへと変換されていく。

情報の公開と共有が、よいものをさらに多くの人にもたらし、しかもよりよいものを創造する、という関係が生成される。これが、ネットワークにおけるアバンダンスの原則である。情報の秘匿と所有は「もの」の希少性を前提とする貧しい世界では基本原則にならざるをえなかったが、ネットワークの世界ではそのような原則は放棄される。ネットワークでは希少性は無意味なコンセプトである。

そもそも情報はその本質において所有する価値がない。「もの」がその所有する主体から離れた瞬間、その主体のもとには存在しえない特性をもつのにたいして、情報にはそのような性質はない。「もの」は他者が獲得すればすでに自分のものではないが、情報はいくらしゃべっても自分の頭から消えることはない。「もの」が基本的に所有されることで価値をもつのにたいして、情報はすべての人に共有されることで価値をもつ。「もの」はそれを所有する人によって、その価値が強く規定されるけれど、それとは対照的に、情報はそれを共有する関係によって、その価値が規定される。しかも共有する規模が大きくなり、情報公開が徹底されるほど、またそれによって、情報それ自体の再創造が生成される過程によって、情報の価値はますます増大する。このように、情報はその本来的な特性において希少性・秘匿・所有を排除し、創造性・公開・共有を自明とする。これがアバンダンスの原則を支える。

ネットワークでは情報は公開と共有によって無限に新しい情報へとつねに創造されていく。この創造プロセスが、よいものは無限にある、という豊かな社会をうみだす。豊かな社会は、「ものにあふれる」という五〇年代の社会的な意味を超えて、ここにおいてはじめて、ネットワークでの情報の基本原則によって、まったく新しい社会の構成原理として再構築されるのである。

4　公共空間（贈与性）と私的空間（ニーズ）の融合と拡散

既存のコミュニケーション論は、対面的（face-to-face）なコミュニケーションを前提に考えられていた。しかもそれが一般的なコミュニケーション理論を構築するときのモデルであった。そこでのコミュニケーション状況にはたった二人しかいない。これがモデル作成の原点である。その二人が関係を形成するとき、どのようにしてコミュニケーションは展開されるのか。当然、情報を所有する人が、情報を所有しない人にたいして、そこでの情報落差を利用して、コミュニケーションが始動される、と考えることが自然であろう。こうして、情報所有と情報発信の考え方がコミュニケーション論の基本原則になっていった。その場合二人が共に価値ある情報を所有していれば、「交換」という形態になるし、他方一人しか情報を所有しない場合には、その人がコミュニケーションを一方的に支配するので、「権力」形態が発生することになる。どちらにしても、情報所有と情報発信からコミュニケーション理論が作成されることに相違はなかった。

マスコミュニケーション論もこの流れにある。これは前記のコミュニケーションの権力形態の特殊ケースで、情報所有・発信の主体が放送局のようなマスメディア（公共空間）だけで、情報非所有・受信の主体が「大衆」という「無数のしかも匿名の人々」の集まりである、という関係で特定化されたケースである。ここでのコミュニケーションは、マスメディアが一方的に情報を所有し、それを所有しえない大衆（マス）にたいして、一方的に情報伝達してみせるだけである。ここには二人モデルからはみ出る問題は何もなく、大衆はマスという大量ではあっても同一の個性をもつ一つの他者でしかない。マスはどこまでもひとりで、しかも情報を受信するだけの受動的な存在にすぎない。したがってここでは公共空間（マスメディア）と私的ニーズ（マス）が、情報所有と非所有という権力関係を構成している。

このようなコミュニケーション論ではもはやネットワークは解読できない。ネットワークでのコミュニケーションは、一対一のダイヤドモデルではなく、無数の人々が相互に関係をもつN対Nモデルである。そこではすべての人（弱さとボランティア）は、情報探索／支援のコミュニケーションによって、相互に「贈与」する関係にある。交換と権力にたいして、第三の「贈与」という社会関係がネットワークにふさわしい関係である。しかもここでの贈与は「見知らぬ無数の異なった多様な他者」という公共空間からの無意識の贈与であり、しかもネットワークに関与する以上、誰もがその意味での公共空間を構成する贈与主体でもある、という構造にある。

したがってここでは公共空間と私的空間が贈与／被贈与の関係を媒介にして相互に融合する状態にある。贈与する公共的な主体と贈与される私的なニーズの主体が融合し、その拡散する形態としてネットワーク環境が存在する、という構造である。したがって同じ公共性といっても、対人関係では「公共性というマスメディア」が私的ニーズの主体にたいして一方向的な権力関係を強いるのにたいして、ネットワーク環境ではすべての主体が贈与／被贈与の関係に組み込まれることで、公共性と私的ニーズが不可分に融合した「小さな公共空間」が生成され、さらにその小さな無数の公共空間の間でつぎの融合した公共空間への拡散が生成されるのである。

5　自己責任と相互了解プロセス

ネットワークでは無数の知らない人とのコミュニケーションが基本である。この場合知らない人とのコミュニケーションを支える信頼（社会的正当性／公正）の根拠はどこにあるのだろう。そこで信頼の根拠を既存のコミュニケーションで検討する。

まずみんなが知り合い同士の昔のコミュニティ、原理的にはパーソナルコミュニケーションの世界では、身体的な接触を伴った知り合いという日常的な事実（「いま」と「ここ」の共有）が相互の信頼を成立させる根拠になっている。だから、知り合いの関係なのに、もしも信頼を損うような事件（相手の予期を裏切る行為）を起こすならば、その人は知り合いの関係から排除され、法外者としてコミュニティから排除される。だから信頼は知り合いという日常性のなかにすでにセットさせている。だから知らない人は信頼されず、コミュニケーションはここでは成立しない。

次にマスコミュニケーションの時代になって、はじめて一方的にしか知らない関係がうまれ、スターと大衆の関係のように、知られている人（だがこのスターは相手を知らない）と知られていない人（大衆というスターを知っている人）という関係が発生した。ここでは知られているスターは大衆を知らない人で、知っている大衆は知られていない人という歪んだ関係になっている。このような一方的な認知と場の非共有（テレビなどのマスメディアでしか会えない）という状況のなかで、相互の信頼はいかにして生成されるのか。ここではスター（それを支える大組織）という情報発信サイドが所有する「権威」が大衆からの盲目的な依存（価値委託）を誘発するのである。この階層的な関係そのものに潜む権威が放つオーラに、大衆は価値（貨幣・権力・威信・尊敬）を無条件で譲渡する。こうしてマスコミュニケーションのなかでは権威による信頼関係が形成される。マスメディアは権威そのものである。

さらにサブカルチャーの時代になると、どうなるのか。いわゆる「おたく」のコミュニケーションを支える信頼の根拠が問題になる。ここでは似たもの同士の共感という関係が信頼をもたらす。サブカルチャーという特殊なコミュニティメディアを通して知り合うことで、外部に対して閉じたところから発生する自分たち固有のジャーゴンを用いることで、自分たちだけにしか理解しえない密室的な共感をもとに、信頼が生成される。おたくはこの独自の共感をもとに信頼関係を築き、だからこそその領域に閉じこもることで、自由なコミュニケーションを相互発信させるのである。

このように信頼をもたらすキーコンセプトは、日常性（身体的な接触）・権威（大きいこと）・共感であるが、ネットワークの世界では、なにが信頼を呼ぶのであろうか。ここではお互い知らない同士である。知らない者同士がいかにして信頼関係を築くことができるのであろうか。結論は「できない、だから自己責任」である。つまり知らない同士であるから、知り合いの裏返しで、裏切られることを自明として関係を形成するしかなく、また同時に探索―支援の関係が優先されるとしても、未知の人からの支援は、相手の優しさではなく単純にシステム（支援はエイジェントの探索の結果にすぎない）に依存するものであるから、支援情報の評価はすべて自分の自己責任においてなされなければならない。つまり自己責任がルールとして確立されていないと、裏切られたなどの無用な騒ぎになるので、そういった無用な情報が支援として飛び込んでくるという認識のもとで、その玉石混交の情報の束の中から自分に必要な情報を選択することが自己責任において実行されないかぎり、ネットワークはうまく作動しないのである。とすれば、自己責任のルールによってのみしか、知らないもの同士の信頼関係は生成されえない。かくしてネットワークは信頼関係の根拠を自己責任に求める。ネットワークがボランティアの精神を求めるのと同時に、そこでは自己責任のルールも十分に了解されなければならない。ここは甘い世界ではない。

しかし自己責任はある意味では究極の「オタク」である。信頼の根拠が自分だけだとしたら、そこには社会に支えられる正当な根拠はない。社会的な正当性は自己責任から導出されしかも自己責任を超越する論理を必要とする。それが「相互了解プロセス」である。自己責任に基づく社会認知には、相互性の契機が欠落しているから、そこを埋めなければならない。そうしないかぎり、正当化された社会関係は生成されない。

そこで期待されるのが相互了解のコミュニケーションプロセスである。個々の自己責任による異なった社会認知は、相互のコミュニケーションによって、各主体には自己超越（自己変革）をもたらし、社会関係としてはなんらかの相互理解に到達するというプロセスをもたらす。そこで合意／了解されたとき、自己責任は社会関係のなかで正当化される。しかもこの了解は、あくまでも小さな（限定空間における）公共性にすぎず、相互了解の外部にある大きな（客観的／つまり空間超越的）公共性ではない。ネットワーク環境では、このような大きな公共性はもはや期待できないので、無数の小さな公共性のさらなる相互了解プロセスが、大きな公共性に代替するものとして必要とされる。こうしてネットワーク社会の社会的な正当性（公正の根拠）は、自己責任と相互了解プロセスの融合と拡散のなかに見いだされるのである。

第三節　ネットワークコミュニティのヴィジョン

二〇一五年の人口データを前提にすると、五年間の成熟化へのシフトが緊要な社会問題である。この問題解決するための社会ヴィジョンを構築するために、ネットワークの社会的意味を検討した。最後に、ここから成熟したネットワーク社会のヴィジョンを構想してみる。

ネットワーク以前の社会システムは専門分化と統合という社会原理に基づいて構成されていた。その典型が「機能と階層」によって構造化された近代産業社会である。これは五つのネットワーク特性すべてと対極にある理念／概念によって構成された社会システムである。とすると、もしもＩＴ革命が文字どおり前記の五特性を基本に社会構造を構築するとしたら、それは革命と呼ぶにふさわしい社会ヴィジョンを要求するはずである。

そこで、その新しい社会ヴィジョンを「ネットワークコミュニティ」と呼ぶ。もちろん新しい社会ヴィジョンを描くアプローチは多様であろうが、ここでは、マクロな視点でもまたビジネス／組織論的な視点でもなく、あえてミクロな生活／家族レベルから考えることにする。その理由は、後述するように、ネットワークを活用している生活者のライフスタイル特性をみると、ポスト核家族への志向が明確に確認され、さらにはネットワーク環境のもとで新しいコミュニティを形成しようとする傾向が強く確認されるからである。しかしデータで確認する前に、ポスト核家族はネットワークの社会的意味との間でどのような適合関係にあるか、を論理として確定する。

1　携帯家族のヴィジョン

ネットワークが自明になる世界で、家族はどうなるのか。現在まだ家族といえば「核家族」こそがその原点であると確信されている。現実はもっとダイナミックに家族の実情が変容しているのに、理念としては核家族こそがもっとも家族らしい形態であると信じられている。

核家族とは何か。それは、外部との間に明確な境界を引いて、役割分化と専業化をもとに、もっとも効率的に目標を達成するために仕組まれた家族形態である。夫は外の組織で働き、その給料で家族の経済を支えることで主人の地位を維持し、妻はその給料をもとに、家族内の家事・炊事・育児などあらゆる家族問題の解決の専門家として機能することで専業主婦の地位を不動なものにし、子供はその両親の庇護のもとで賢明に勉強して良い子になろうと頑張らなければならない。この役割期待に応えることで家族の強い結束は保たれ、家族の団欒が維持される。家族の絆はここでは一番大切なものである。そのシンボルが夫婦間に独占されたセックスであり、その愛の結晶としての子供の誕生である。こうして核家族は近代産業社会を支える社会基盤として重要な機能を担うのである。

しかしネットワーク社会になると、核家族はその歴史的な使命を終え、まったく新しい家族形態にその地位を譲ることになる。それは以下の条件から構成される家族形態である。

① 専業主婦はなくなる。つまり家事専門で無給という専業女性の仕事は廃棄される。大人は、ジェンダーに関係なく、みんなフルタイムで働くことが基本原則になる。

② 働く場所はどこでもいい。家庭はもはや団欒だけの場所ではない。十分仕事をする場所（SO

HO）として復活する。職場と家庭という機能／空間分化の考えも消滅する。すべては融合する。

③　家事は、誰でも家族のメンバーならば、当然のこととしてシェアされる。主人は外で働くから家事免除という特権はいっさいない。炊事洗濯も男らしい仕事の一部となる。専業主婦がなくなれば、主人という考えもなくなる。新しい役割融合が発生する。

④　家族は物理的な家という空間によって定義されない。家族は、家という場ではなく、絆という関係によって定義される。これは同居という概念が放棄されることを意味する。夫婦が別居していても、そこに絆が維持されているかぎり、家庭は存在する。ネットワークは空間よりも関係性を支持する。「家族は、みんなのポケットにある」。これが重要なコンセプトである。ネットワークは、さらにモバイル機器と連携することで、場からの制約を徹底して排除する。とすると、ここでの関係の絆は、携帯電話のように、身体化されたメディアを装着した家族メンバーの間にしか存在しない。

⑤　夫婦が性的関係を占有するというルールは、場の共有（同居）の放棄に伴い解除される。性的関係と愛情の蜜月は同居という場の共有を前提として成立する関係なので、その前提の崩壊に伴って、新しい関係が生成される。そもそも愛情と性的関係と生活（生殖と経済的な扶養）という三位一体は核家族を構成する原理であるが、それはネットワークの社会的な意味とは矛盾するので、その有効性は失われる。

⑥　家族はその境界を閉じない。そのシンボルが性的関係の夫婦による占有であるが、それ以上に、境界の曖昧さはさまざまな変化をもたらす。その兆候は、すでに昔から、テレビと電話という過去のメディアが家庭に入った段階からすでに始まっていたが、この傾向はネットワーク社会ではさらにいっそう徹底される。ネットワークは従来のマスメディア以上に境界を乗り越え、外部とのコミュニケ

ーションを積極的に誘発させる。

⑦　子供や高齢者という社会的弱者にたいする扶養の問題は、すでに家族の境界の内で解消されるテーマではない。専業主婦が一人でじっと我慢して、この弱者の世話をするという事態はなくなる。弱者は家族の境界を越えてコミュニティにはき出されなければならない。ここに新しいコミュニティが必要になる。核家族を超えるには、家族だけではなく、ネットワークに支えられたコミュニティが不可欠である。

以上の条件を前提とすると、新しいポスト核家族はネットワーク環境によって核家族とは根本的に異質な論理を期待される。少なくとも、ネットワークの論理を詰めれば、核家族の終焉は自明である。そこで、ネットワーク社会に期待される新しい家族形態を、ここでは「携帯家族」と呼ぶことにする。

2　構造としての家族の絆

携帯家族になると、家族の絆は強くなるのか、それとも弱くなるのか。

核家族の時代、実態としての家族の絆は、家族メンバーが家にいるときだけ、さらに厳密にいえば、居間で一家団欒を楽しんでいるときだけ確認されるものでしかなかった。だから家から一歩外に出たとき、家族のメンバーは誰でも外向けの顔をした。たとえば主人は、満員の通勤電車に乗れば単なる中年の顔になるし、やっと会社に到着すればその瞬間から部長とか課長という組織の顔になった。つまり家から一歩出て周り近所の顔見知りとの接触がなくなる瞬間から、彼は主人ではなくなり、ストリートでのマス（大衆）というまったく別の個人に変身する。そして顔の見えない誰かという顔をした後、会社についてもう一つの仮面をかぶることになる。課長なりの地位はその人のもう一つの明確な顔である。家での主人と会社での課長が彼の自己イメージを確定する素顔で、ストリートや盛り場での匿名性のなかのマスという顔はもう一つの隠された自分である。

こうしてみると家族での主人の顔がいかに少ない時間しか演じられていないことが理解されよう。核家族での主人の典型は、郊外の団地に居住して夜遅くまで都心の会社で仕事をし、帰ったらすぐに寝て、朝は早くから通勤電車にもまれて出勤するまじめなサラリーマンである。とすれば、まじめなサラリーマンであるほど、家族との団欒はますます限定されざるをえない。彼にとって家に仕事を持ち込むことはタブーであり、だからこそ家庭を出たらすぐに主人の顔を放棄しなければならない。ということは、主人である時間はものすごく少ないから、家族の絆は実態としてはかなり細く弱くなる。だから逆に、彼は「幻想としての家族の絆」に固執する。現実には家族の絆を維持できないからこそ、幻想としての家族の絆に価値をもたせ、家族はいつも一体なのだという意識の洗脳を求める。その洗脳の核が愛情とセックスと扶養の三位一体の原則である。

しかし携帯家族には、そのような幻想は皆無である。その意味では家族の絆はあまりにも危うい。イデオロギー（幻想）がない分、簡単に絆は解消されてしまう。しかし携帯家族は、その現実において、家族の絆を大切にする。理由は、携帯家族には、その絆を維持するのに必要なネットワーク環境があるからである。二四時間いつでもどこでも、家族の絆は生活環境として維持されている。その「構造」がこの新しい家族の絆を支える。核家族での幻想は、ここではネットワーク環境それ自体に代替される。この変容は大きい。イデオロギーとしての絆から、構造／環境としての絆へと、家族を支える絆は、その実態を大きく変化させる。

「第三国人」ということば

三宅明正

ジョン・ダワー（Jhon W. Dower）の Embracing Defeat: Japan in the Wake of World War II, W. W. Norton & Company/The New Press, 1999. は、二〇〇〇年にピューリッツァ賞を受賞した、現代アメリカにおける日本研究の代表的作品である。同書第四章「敗北の文化」では、敗戦直後の日本で社会の「周辺的諸集団」が、絶望からの脱出と新しい「空間」を創出した実例があげられている。ただし周辺的な集団すべてがそうした雰囲気を感じさせたわけではないとして、次の記載が続く。

「たとえば朝鮮人、台湾人、中国人、つまりいわゆる『第三国人』（そして大部分の日本人にとっては沖縄人も）の多くは、社会の周辺部分のなかでは反抗的な存在ではあったが、例外的な場合を除くと、社会全体からみれば目立たない存在となっていた」（引用は、三浦陽一・高杉忠明訳、岩波書店、二〇〇一年、一四五ページから。なお『 』の箇所の原語は "third-country people"，原著一二二ページ。）

ダワーは、この文章にやや長めの脚注を付している。すなわち、「俗語の『第三国人』（dɛisangokujin）ということばは、戦後の日本における人種的な差別を如実に示す用語である。一般に『外人』ということばは白色人種を対象として用いられ、『第三国人』よりも軽蔑の意味は小さい。『第三国人』は、アジア系で日本人ではない者、とくに朝鮮人と台湾人を指す。『第三国人』とは、序列の第三番目を意味し、日本人、そして白人の下に位置する、ということである」と（原著五七八から五七九ページ。なお上記の訳書ではこの注は簡略化されている）。

評論
No. 125 2001.6
日本経済評論社

本書原著の刊行は一九九九年だったから、二〇〇〇年四月九日の石原都知事「三国人」発言より前のことである。「三国人」「第三国人」ということばは、いかなる意味をもつのか、英語圏の日本研究者によってこうした紹介がすでに行われていた。

ところでダワーが用いた“third-country people”の語には、「あれっ」と思われる方も少なくないであろう。例えば秦郁彦『第三国人』と言ったのはGHQ占領軍じゃないか」（『諸君!』二〇〇〇年六月号）をはじめ、「三国人」「第三国人」の語は、GHQが用いた“third nationals”という英語を直訳したことばだという主張があるからである。「（第）三国人」が指す英語は、どちらなのであろうか。

秦氏をはじめ石原発言を擁護する人々は、GHQ／SCAPが使用し始めたとする「サード・ナショナル」説をとる。それゆえこの語は価値中立的であり、本来的に差別語などではないと主張する訳である。

こうした見解は、何も石原発言を擁護する人々にのみ見られるわけではない。例えば本誌の読者になじみの深い分野だと、経済学者の間宮陽介「論壇時評」（『朝日新聞』二〇〇〇年四月二八日）や、経済史家の安田常雄「日本史用語の解説」（『現代用語の基礎知識二〇〇一』自由国民社）といった人々が、「（第）三国人」の語は「占領軍が用いたザ・サード・ナショナルという言葉に由来する」と述べる。

「第三国人」を明瞭に差別語としてとらえる論者にあっても、例えば宮崎章・三浦陽一「日朝関係と朝鮮戦争・再軍備」（『一五年戦争史』第四巻、青木書店、一九八九年）は、「在日朝鮮人の国際法上の地位を示す便宜的な言葉として『第三国人』という語があり」「日本人はこれをそのまま借用し、差別用語に転化させた」（宮崎氏執筆）と、もとはGHQ／SCAPの用語を日本人が差別語に変えたと主張する。

だが、こうした見解は全くの誤りである。朝鮮史家の水野直樹「『第三国人』の起源と流布についての考察」（『在日朝鮮人史研究』三〇号、二〇〇〇年一〇月）が強調するように、もともとGHQが“third nationals”ということばを使ったという主張には、根拠となる史料がいっさい示されていないのである。さらに、京都軍政部によるこのことばの、現在まで唯一の用例を以前から紹介してきた内海愛子氏は、近作で、“Third Nationals”が日本語からの「翻訳語であろう」としているのである（周氏他『「三国人」

発言と在日外国人』明石書店、二〇〇〇年)。

ここ数年占領下日本の労働に関する史的考察を進めてきた私は、GHQ／SCAPがいつどのようにして“third nationals”なる語を用いたのか、実のところはじめはそのような観点から史料を検討し始めた。そしてこの試みは、当初とは正反対の結論に私を導いた。連合国最高司令官指令としてのSCAPINにも、また行政指導であるSCAPIN-Aにも“third nationals”なる語は登場してこないのである。逆に日本の新聞や議会の記録、学者や官僚の文書には、早期から「第三国人」の語が頻出していた。

しかも興味深いことが次々と明らかになった。SCAPINにある旧植民地出身者は、“third nationals”ではなく、“Non-Japanese”である。上記した秦氏の主張は実証的に成立しない。さらにSCAPIN該当条文の日本語訳をみると、“Non-Japanese”が「外国人」とされているものが、法学者によるその解説文ではなぜか「第三国人」となっているのである。

「第三国人」「三国人」ということばは、GHQ／SCAPによるものなどではなく、間違いなく日本側の造語である。そして、このことばは、当初から旧植民地出身者に対する差別語として使われた。さらに、このことばを広げる上で決定的な役割を果したのは新聞の報道であった。

当時の状況から見て、ことばの流布に影響力をもつのが新聞だったのは当然と思われるかもしれないが、問題は、例えば議会で「第三国人」という発言が無かった場合でも、新聞が記事にこの用語を使い、彼らによる経済の「攪乱」を扇情的に報じていたところにある。

石原都知事は露骨な差別発言から一年後の二〇〇一年四月八日、今度はなぜか「三国人」ということばを全く発することなしに、「卑劣なマスコミ」への怒りを露わにした。

これは明らかに筋が違っている。石原氏が怒るとするならば、それは彼の少年時に、柔らかであっただろうその頭に差別語を徹底的に叩き込んだ当時のマスコミ＝新聞に対してでなければならず、さらに、そのことに未だに気づいていない自らに対してでなければならない。

〔みやけあきまさ／千葉大学文学部教授〕

「NIRAチャレンジ・ブックス」によせて

総合研究開発機構　杉田伸樹

一　NIRA（総合研究開発機構）について

NIRAは、一九七四年、産業界、学界、労働界などの代表の発起により、総合研究開発機構法に基づいて政府に認可された政策志向型の研究機関で、自主的な立場で調査研究を実施しており、その研究の対象は、政治、経済、国際、社会、技術、地方制度などの広範な領域にわたっています。

研究に当たっては、⑴長期的な視点、⑵総合的な視点、を重点に研究を実施しています。

二　これまでの研究成果

これまでにNIRAはさまざまな研究を実施し、その成果はNIRAの出版物（研究報告書、定期刊行物）やセミナー・シンポジウム等により公表されてきました。また、一部の研究成果については商業出版により利用可能にもなっています。例えば、「経済安定本部戦後経済政策資料」（全四二巻）、「戦後経済計画資料」（全五巻）、「国民所得倍増計画資料」（全九〇巻）は日本経済評論社から刊行されています。

三　二一世紀総合研究プロジェクト

NIRAではそのような研究を進めてきましたが、一九九九年から二年間にわたり、これまで四分の一世紀にわたる活動の中で蓄積された研究成果をも活用しながら、二一世紀に臨む日本のあり方について、総合的に検討するためにある程度まとまった形で研究を進めることとなりました。これが「二一世紀総合研究プロジェクト」です。

この研究プロジェクトは、研究の方法論で一つの特徴があります。一般的に研究は個々の事実や発見を積み上げて全体像を組み立てていくことが多いのですが、「二一世紀総合研究プロジェクト」においては、研究の開始時点において、今後目指すべき日本の方向をイメージし、それを基本的な設問として、その実現可能性、制約などを具体的に研究することとしました。トップダウン的な問題意識を最初に設定したわけです。

この基本的な設問を「日本人として

の誇りを持つ、良き東アジア人となる」、「日本文化の基軸に積極的平和主義をおく」、「日本列島が日本人はもとより海外の人々にも開かれた魅力ある生活空間となる」と具体的に表現して、研究テーマについては、この基本的設問を考えるために適切な材料を提供できるものを選び出しました。

こうして、

(1)日本人の心のあり方と魅力ある日本の生活空間づくりを探る「日本の文化・伝統と国土のありかた」

(2)国際社会の責任ある一員としての日本と日本人の覚悟とあり方を模索する「積極的平和主義を目指して」

(3)東アジアにおける日本のあり方を探り、良き東アジア人としての日本人を追求する「東アジアにおける通貨統合」

(4)国民の要求にこたえられる政策形成に向けての具体的な方策のあり方を追求する「日本の政策形成と政治・行政の課題」

(5)バブルの形成と崩壊の過程を歴史的かつ幅広い観点から振り返ることにより安定した経済・社会の仕組みづくりを目指す「戦後日本経済・政治にとっての一九八〇－一九九九年」

(6)新しい生命科学技術の発展に対応した社会の枠組みづくりに向けての「クローン技術等の生命科学の発展と法」

の六つのテーマを選び出し研究しました。研究方法を反映して、やや挑戦的、論争的なものになっています。

四 「NIRAチャレンジ・ブックス」について

上記の二一世紀研究プロジェクトの成果はこれまでの研究と同様、さまざまな形で公開され研究者や一般の人の利用に供せられることとなります。こうした活動の一端として、研究成果の中で、特に一般の読者の興味を引くと思われるものについて、日本経済評論社から、シリーズとして出版することとしました。読者のご批判をいただきたいと思っています。

〔すぎた・のぶき／研究企画部長〕

〔シリーズ・刊行予定〕

1 市民参加の国土デザイン
——豊かさは多様な価値観から——

2 グローバル化と人間の安全保障
——行動する市民社会——

3 東アジア回廊の形成
——Toward a good East Asian——

4 多文化社会の選択
——「シティズンシップ」の観点から——

5 グローバル時代の日本人のかたち
——流動化する文化——

6 生殖革命と法
——生命科学の発展と倫理——

7 公的部門の開かれたマネジメント

私地公景

―『市民参加の国土デザイン』―

伏屋譲次

バブル崩壊後の経済の沈滞状況に対して「失われた一〇年」という表現が使われる。確かに、戦後ひた走りに走って成長を続けてきた日本経済の活力がバブル崩壊後の一〇年以上の歳月の中で失われ続けている。

しかし、日本人としての活力が失われてきたのは、この一〇年だけの話ではない。人と人の間、すなわち社会に活力を生み出していくものは対話であり、ふれあいである。技術革新や経済的発展によって物が溢れていくという表舞台の賑やかさの裏側で、地域や家族の中から失われていったものは、まさにその対話やふれあいである。地域社会の対話が経済社会に吸い上げられ地域社会は活力を失った。「失われた四〇年」とでも言おうか。

「失われた一〇年」で経済的な活力をなくした人々が、「失われた四〇年」でなくした活力の尊さに気づき始めたとき、吸い上げられていた活力がもう一度もとの場所に戻って来るのかもしれない。

本書は、二一世紀の国土づくりについて、二一世紀社会の変容を見通しながら、具体的な土地利用の計画や規制に関する制度論や市民参加の制度論、さらに市民や政治・行政における意識改革論などを論じて提言を行うものである。国土づくりと言っても、二〇世紀に経験した国主導の画一的な国土利用の計画のあり方ではなく、市民が住みよい生活圏空間を形成する主体となって進めていくような国土づくりのあり方について議論をする。

「国土を論ずるということは、人と自然との関係を論ずることであり、もっと丁寧に言えば、人と人との関係を論ずることである」と言ったのは、戦後の国土行政に長年携わってきた下河辺淳だが、まさに国土は、大地と人との共同作業が展開される場所的空間である。人と人との関係が希薄になれば、国土は人による無秩序な利用によって広がる風景を現出する。全体主義国家なら秩序ある利用は展開されるかもしれないが、押し付けられた価値に基づいた風景しか生まれない。

二一世紀社会では、グローバリゼーションや情報化社会の進展に伴い、文化や価値観が多様化し、また地球環境問題などによって、自然との共生が一層重要な価値となる。人々は、こうした多様な文化や価値観に基づいて、国土全体をゆったりと利用しながら、開放的な居住地としての地域を選択し、「住まう」ことを充実していくことによって豊かさを実感することになるだろう。そのとき、国主導の国土づくりでは、人々の多様性に対応していくことはできない。市民自らが多様な文化や価値観を尊重しながら、美しく、住みよい国土をつくる主体となることが重要になるのである。

市民がこうした主体となるために必要となると考えるのが「私地公景」である。これは、プライベートな土地利用としての「私地」を、パブリックな空間に広がる風景と調和させていくことで、こうした調和を生むためには、「私」と分離した「公」、あるいは「私」に対して外側から権力的に働く「公」ではなく、「私」の中に「公」の意識をもつ市民、すなわち公共性を担う自立した市民となる必要があると考える。そして、こうした市民が育つためには、市民が積極的に対話をし、政治的空間に主体的に身を投じていくという経験を繰り返していく必要がある。

ネットワーク社会の進展によって、広く市民一般が情報を容易に取得できる環境が整って、情報や知識を所有することによる権力性が壊れ、また、さまざまなタイプのコミュニティの形成が可能となることによって、意思決定システムも多様化し、自分たちで決めやすい環境が整いつつある。対話をする仕組みができ、対話の必要がある題材が市民の中に投げ入れられれば、実は、そこに参加していく手法は、従来とは比較にならないほど多様化しているのである。そして、その題材こそまちづくりであり国土づくりなのである。

ＮＩＲＡチャレンジ・ブックスが二一世紀の幕開けとともに発刊されることは誠に意義深い。本書も二一世紀の日本社会を二〇世紀の反省の中からどのように変えていかなければならないかというテーマの一端を担ってまとめられたものであるが、二一世紀の日本をさまざまな角度から総合的に語っていける研究書のシリーズが今後どのように展開されていくのか一読者として楽しみにしているところである。

［ふせやじょうじ／名古屋市総務局企画部企画課主査（前ＮＩＲＡ主任研究員）］

小林賢齊〔編〕『資本主義構造論――山田盛太郎東大最終講義――』に寄せて

大石 嘉一郎

『日本資本主義発達史講座』（一九三二―三三年）に発表した三つの論稿を統一に付した山田盛太郎著『日本資本主義分析――日本資本主義における再生産過程把握――』（一九三四年、岩波書店、以下『分析』と略す）は、日本資本主義論争における講座派の代表的文献としてマルクス主義理論による日本資本主義の研究に絶大な影響を与えただけでなく、広く、当時大恐慌からファシズムへの道を歩みつつあった日本の現状に対して危機感を抱いていた知識人や学生たちに、深い感銘を与えた。その状況は、政治思想史家の丸山眞男氏の「日本資本主義の科学的分析という意味で、目からウロコが落ちる思いがしました」という回想や、比較経済史学者大塚久雄氏が追悼講演で語った「あの衝撃の大きさ」によく示されている。そして、丸山氏や大塚氏に『分析』が強い衝撃を与えたのは、何よりもそれが日本資本主義の特有の構造を初めて解明した点にあった（拙著『日本資本主義史論』一九九九年、東京大学出版会、第二章所収論文を参照）。しかし、敗戦後に『分析』をいわば歴史研究の古典として学んだ私にとって、『分析』が第一次大戦後、とくに一九二〇年代の「危機における」日本資本主義の現状分析の書であり、産業資本確立期の構造分析はその基礎分析であることを理解するのに、かなりの歳月を必要とした。

『分析』を理解する上でとくに私を苦悩させたのは、通常指摘される難解な文章表現ではなく、むしろ「再生産論の日本資本主義への具体化」という構造把握のための方法であった。私は戦後間もない一九四七年に東大経済学部に入学し、山田盛太郎氏の「経済政策総論」や「農政学」の講義を聴き、マルクス再生産表式論やケネー経済表と地代範疇を学び、また戦後再燃した日本資本主義論争の理解に熱中し、講座派と労農派の対立だけでなく、豊田四郎氏を代表とするいわゆる「機構研派」の『分析』批判と『分析』擁護者との論争にも興味をもったが、結局、「再生産論の具体化」という方法は十分に理解しえないままに学生時代を終えた。それが何とか理解できたと思うようになったのは、福島大学在職時代の末期に日本産業革命の研究を開始してから、とくに一九六三年秋に東京大学に転任して間もなく若手研究者を組織して日本産業革命研究を本格的に行うようになってからである。この研究会で山田盛太郎氏を招いて、約五時間にわたって『分析』への巨細にわたる疑問について直接に教示を受ける機会をもったが、それでもなお、この研究会の成果を取りまとめた『日本産業革命の研究——確立期日本資本主義の再生産構造——』(一九七五年、東京大学出版会)の「序章」では、『分析』の方法を基本的に継承しながらも、特殊資本主義への「再生産論の具体化」の論理展開の不明確さとそれのもつ限界を指摘せざるをえなかった。

今回小林賢齊氏によって編集された『資本主義構造論　山田盛太郎東大最終講義』は、講義ノートを整理したものであるため曖昧な叙述が多くみられるが、「再生産論の具体化」という分析方法を含んだ日本資本主義の構造把握を素描している点で、日本資本主義論争以来のさまざまな批判に自らは答えることのなかった山田氏自身による平易な『分析』の「解説」となっているといってよい。本書の概要は編著の「はしがき」「あとがき」に書かれているので触れないが、注目されるのは次の点である。第一に、レーニンの「いわゆる市場問題について」を積極的に取り上げ、そこでの「資本構成高度化の表式」と「市場形式の『図式』」を説明した上で、主に『発達』によって、ロシアにおける農民層の分解と資本主義発展の構造を説明し、さらに、『発達』と一九〇五-〇七年ロシア革命における『社会民主党の農業綱領』とを対比して、資本主義の高度な発展にもかかわらず半農奴制が根強く残存していたことを明らかにし、これを日本の問題解明の「糸口」としていることである。レーニンの「いわゆる市場問題について」は敗戦直後に初めて紹介され、豊田四郎氏がそれに依拠して「マルクス再生産(表式)論ではなく、レーニン市場の理論の具体化を」と、山田『分析』の方法論を激しく批判したところであった。それがこういう形で取り入れられて、「再生産論の特殊資本主義への具体化の典型」を説明していることは注目される——ただし、私には依然として疑問が残るが——。

第二に、日本資本主義の構造については、ほぼ『分析』と同様に、繊維工業における「諸型」の編制や「高額小作料と低賃金労働との相互規定関係」

を述べているだけである——日本資本主義論争において向坂逸郎氏から批判された「インド以下的労働賃金」の論証である紡績業の生産費構成表もそのまま掲げてある——が、注目されるのは、織物業・製糸業の機械制工場化や農家副業・家内工業の分離など、第一次大戦後の「構造的変化」＝「型の分解」を労働運動・農民運動の高揚とからめて積極的に説明していること——もちろんそれは「危機」の前提条件としてであるが——、それに関連して、一般に繊維工業の説明に比して重化学工業のそれが簡単である中で、『分析』にはなかった「国家財政と軍費」を表示して、日本の場合「産業循環と戦争循環と絡み合っていること」を強調し、日本資本主義の生産の構造における第Ⅰ部門（重工業）の優位性が戦時期に「初めて本格的なものとなった」ことに言及して講義を終っていることである。これらの点は、当時の山田氏の関心が、『分析』の歴史的叙述や実証の再検討ではなく、その後発表される日本資本主義の「戦後循環」や「繊維工業段階から重化学工業段階への移行」に移りつつあったことを示すものであろう。

最後に、編者が、日本経済の現状が山田氏の資本主義構造論とその基本的分析手法の意義の再確認を求めているとして、『分析』の現代的意義について述べていることに触れておかなければならない。私も現在の日本経済の「危機」を理解するためには、一九五五−七〇年の高度成長の過程で確立した戦後日本資本主義の再生産構造をあらためて分析し、その「展開」として現状を把握することが必要であることを痛感するが、しかし、それが山田氏の「再生産（表式）論の具体化」という方法で果たされるかについては、大きな疑念を抱かざるをえない。すでに私は戦前日本資本主義の基本構造とその段階的変化を理解するためにも山田氏の「再生産論」を再構成する必要があることを指摘してきたが、かつての産業革命に匹敵する新たな技術革命を基礎にして、金融・情報が生産・産業構造から乖離して展開し、介入国家が肥大化・国際化して国家と階級構造が大きく変化した戦後＝現代資本主義の構造把握のためには、マルクス再生産論の新たな再構成が不可欠であると思われるからである。むしろ、山田氏の資本主義構造論とその分析方法を超克することにこそ、その現代的意義があるのではなかろうか。

［おおいし・かいちろう／東京大学名誉教授］

小林賢齊〔編〕『資本主義構造論——山田盛太郎東大最終講義——』の今日的意義

保志　恂

私は東大経済学部在学中、小林賢齋氏とは同級生であった。小林氏は山田ゼミに属し山田先生の信任篤く、山田理論を最も深く理解する人である。私は山田ゼミは敬遠し、山田理論を遠くから仰ぎみていた。のちに山田先生の研究会に参加させて頂き戦後経済分析の指導を受ける機会に恵まれた。それゆえ人は私をさして「講座派」と言い、全般的に「講座派」が下火になるにつれ「最後の講座派だ」とからかわれ、私も開き直って「俺は最後の講座派だ」とわめいたりしたこともある。ただ、最近私より若い人でも結構「講座派」（これを説明すると長くなるので山田理論のことと考えて頂く）にひかれる人も出てきており、そんなふざけた言い方は返上したいと思っている。

山田理論の特徴はどこにあるかと言えば一口に〈構造論的アプローチ〉と言ってよいだろう。これと対立するのは〈発展論的アプローチ〉である。後者の考え方では、例えば戦前の資本主義において、先進国イギリスがあり後進国日本があったとして、後進国日本は発展していって限りなく先進国イギリスに近付くとする。構造論的アプローチではこうはならない。イギリス型と日本型とでは、資本・土地所有・賃労働、これを基盤とする権力構造において決定的な差異があり、一方が発展であるとき、他方は崩壊でありうる。資本主義として永続しようとすれば、土地変革など、構造（型）の根本的再編が要請されるとする。これを戦後現在のポスト冷戦大不況とこれを日本経済が如何に脱却するのかの問題におきかえてみよう。〈発展論的アプローチ〉では、アメリカに追い付き追い越せとなる。多分最近若い人で再び「講座派」に関心を寄せる人がふえているのはそういう考え方に疑問をもち始めているからではないだろうか。私的土地所有権の絶対化、その上に不動産抵当貸付、その結果の不良債権累積、冷戦体制の崩壊、かように戦後日本経済を支えてきた資本・土地所有・賃労働の編成、世界的経済構造の動揺にこそ大不況の根因があると考えると、その対策は、戦後日本政治経済構造のあり方の根本的再検討であって、先進アメリカの後追いという〈発展論的アプローチ〉では先が見えないのではないか。大体明治維新以来、先進国に追い付け、追い越せで走ってきて、戦後高度成長も同じ路線上にあり、息切れしてきたという実感を大事にして、考え方の根本的転換が要請されていると思うのである。

このような〈構造論的アプローチ〉とはどういうものか。その分析方法如何という問いに最もよくこたえてくれるのが本書であろう。山田盛太郎といえば『日本資本主義分析』（一九三四年刊）である。『分析』は〈構造論的アプローチ〉のお手本といってよく、本書は『分析』の分析手法、分析内容の要点の著者自身による解説書であり、これに小林氏が「はしがき」と「あとがき」（若干の解説）を付して更にわかり易くしてある。『分析』については、対立的な労農派系の有沢広巳先生に「日本資本主義研究として、この『分析』が岩盤を突き破って前人未踏の深部に達するボーリングであったということは、これは認めなければならないのであります」（一九五六年、有沢広巳東京大学定年退官特別講義）と言わしめた作品である。

ただ『分析』は難解とされる。一つには、今日では想像もつかないきびしい検閲・弾圧をくぐり抜けるために殊更にわかりにくい表現を使っているからである。例えば「崩壊」を「分解」、「搾取土壌」を「労役土壌」と言う類いである。本書では、編者がこれを可能な限り、もとの形に整理復元しておられる。これによって『分析』を若い人にも近付き易くしたものと評価されるのである。

また山田先生は、学生に対しても研究者水準で相対し、解説するという姿勢はなかった。私など、講義内容が先生の著書と同じ内容のくり返しであることに閉口し、だんだんサボルようになったことを覚えている。ところが本書で披瀝されている「最終講義」（一九五六年）は、珍しくも、先生自らの『分析』解説であり、まことに貴重なものである。私は残念乍ら当時北海道の研究所にいて聴くことが出来なかったので本書ではじめて知った。

もっとも、かつて解説らしきものが、一九三五年東京帝国大学経済学部経友会主催の講義「再生産表式と地代範疇――資本主義経済構造と農業形態――」において行われたらしく、その要旨が満鉄・資料課の調査資料としてタイプ印刷されたものがあり（先生は「知らない」とされているが）『山田盛太郎著作集』別巻に収録された。ここでは論点を三段に分けて述べるとされていて、第一点、ケネーの表式とこれを揚棄するマルクスの表式、この両者の相関の問題、第二点、「旧露帝政下のレーニンの把握」、第三点、一二点を総括しながら日本の場合にふれる、とされている。この構成は、「最終講義」の構成の原案であろうか。このうち第一点は「再生産表式と地代範疇――日本経済再建の方式と農業改革の方向とをきめるための一基準」として一九四七年に発表され『著作集』第三巻に収録された。第二、第三の点は、さきの「タイプ印刷」では、ごく短かく簡単であった。本書の「最終講義」で第二点、第三点が克明、詳細に展開されている。多分戦前の講義では、ふれ得なかった点をふくめて包括的に説明されていて『分析』での著者の意図・狙いを十分に知ることが出来る。なお、『分析』の「序言」に相当する部分について本書では「序論」において、構造転換と経済学という方法が説かれている。

第二点で、とくに注目すべきは、レーニンの『発達』における階層区分と『綱領』における農村階級表とに差があるのでこの両者を区別して考える必要があるとされている点で『綱領』の段階で農奴制の頑強な残存を認識しその廃絶を目標にしたととらえ、ここに日本の問題と接続する糸口をみつけることが出来るとされている。また第三点で、注目すべく思われたのは、構造論的把握には資本・土地所有・賃労働の編成と言ったが、これに権力構造が重なることである。戦前、外見的立憲主義＝制限的議会形態の下で産業資本主義が確立されてくることが重要なポイントであるとされている。

なお、本書を読んでいて、改めて『分析』の深意に接し、『分析』は戦前の資本主義の分析であるが、ある意味で、日本の経済社会構造の宿命的なものを析出していること。そしてまた、一国構造分析を世界的な経済構造転換、照応する経済学の生誕――ケネー・スミス・アンダーソン・マルクス・レーニン――と結びつけてとらえる方法は、日本の経済史学、経済学説史学に新学派を生んだが、ポスト冷戦期大不況分析で新経済学の誕生が期待されることを若い人に訴えかけているようにも読みとれたのである。

〔ほしまこと・東京農業大学名誉教授〕

神保町の窓から

▼歳には殆どの人が勝てない。まだ職場を去りたくないと思っていても定年は非情にやってくる。小社の主要な著者であった三人の先生が、それぞれの大学を去った。和光大・原田勝正、専修大・麻島昭一、法政大・松尾章一、日大・岡田和喜、東大・西田美昭の各先生方。退職記念パーティーは、まるで同窓会に似て賑やか。定年は葬式ではない、当然だ。会場のあちこちで「彼はまだまだ仕事をするだろう」とか、「いつまで保つかね」なんて励ましを含んだ私語が飛び交う。四月のある日、麻島先生の古稀と退職を記念する会にお招ばれした。麻島先生は経営史が専門。お集りの先生方の顔ぶれ、まさに学会の懇親会だ。会場で配られた「私の半世紀の記録」なる自伝はB5判・七一頁にも及ぶ大作。昭和六年の生れは、敗戦の年が一四か一五の最も多感にして大食いの年頃。旧制浦和高校の体操部を卒業。この部の先輩に原田勝正先生がいた。原田先生の挙措を知る人は疑うだろう。浦和高校同級の九割が東大へ行く。昔の浦高はすごかったんだ。昭和一ケタの人に、誰に教えられたか、どなたの講義を聞いたかを伺うのは面白い。こちらの知的な水準に関係なく、名前は知っているからだ。大内、矢内原、脇村、山田、丸山、大塚、宇野……麻島先生も次々とくり出して来た。何を聞いて何に心動かされたか、どんな講義っぷりであったかなど、興味の尽きない話であった。先生は東大卒業後、曲折を経て信託銀行に就職する。ここに居続けて仕事と研究という〝二足の草鞋〟を履き通すのである。マージャンもゴルフも断って酒だけつき合い(これで十分だ)、夜を惜しんで専門書を読み続けた。二足の草鞋の先輩は森鷗外と日銀にいた吉野俊彦さんだと先生は言う。三井銀行にいた後藤新一さんもそうですね。昭和五二年、専修大学に移り、草履を一足ぬぐ。財閥史、信託業史、地方金融史の三兎を追い一家を成す。三〇年近く前、金融関係の雑誌社にいた若僧が、先生の原稿をもらいに行ったことを、勲章のように思い出す。小社で出した先生の本、五冊、頁数の合計二六四一頁。原田先生は鉄道史関係を中心に、松尾先生は民権を軸にして精力を尽された。各位のご健勝を祈ります。▼一生近くを一つのことにつぎ込んできた人をみると敬服すると同時に、立派な仕事って何だろう、立派な生き方って何だろうと思う。並の人間は何ごとかを後世に残すために生きていけるだろうか。立派に生きると言ったって、その立派ってのは何だ。何事も残せず、

新聞の見出しにもならず、警察のやっかいにもならず終るのが並じゃないのか。末は博士か大臣に、なんて思わない人の方が圧倒的に多いのだ。とすれば、身近で聞く「オレ、こんな会社に一生いるんかなあ」とか「オレ、自分が発見できないんだ。もっと何かがある筈だ」などいうのは、何のためのぼやき、何たる自己判断なのだ。いずれにも賛同できない。われわれには、仕事を通してしか作り得ない人間関係がある。いい仕事をしようとしてもなかなかやれない。いい仕事という幻想のようなもののために、考え合う、他者との関係、この「共思」の関係ができていれば、何も本屋に限ったことではないが、豊かな日常を作ることができるはずだ。共思は共苦につながる。そして共楽へも連続している。多少の貧乏会社でも、お互いの理性と性理を認め合い、よびかけあえる関係が構築されていれば、それは貧乏とよばなくてよい。もっとたおやかな文化を求めるのは、共思することを忘れてしまった、われわれ自身に気づき始めたからではないのか。（立派でなくても）仕事をやり遂げて行く過程に共思・共苦・共楽の重さを再認識したら、もう少しマシな会話を交わせるのではないか。インターネットと携帯電話にしがみつき、われわれは無意味な会話の分量を増やした。そして書くことを放棄した。文字を書くことは思考の根元。思考することをとり戻すためにわれらは書くことを奪還しなければならない。▼久々に就業規則の改訂を断行した。有給休暇や介護休業など、労基法も三〇年前とは大幅に改訂されていて、如何にも違反していたり、触れていなかったりしていたからだ。見本があるとは言え、なるべく小社風にしようと思うと苦心する。結構な時間をかけて作りあげた原案を全社員に配布して意見を求めた。理論で武装した闘士がいた。「社員と表記してある部分は従業員とせよ」「給与ではない賃金だ」もちろん「賞与なんてとんでもない一時金である」。女社員「セクハラ禁止条項を入れろ」「こんなに罰則規定があって、こんなにも信用されていないのかと思うと悲しい」。諸兄姉の意を汲んで「賃金を支給する」としたが、これじゃ不十分だ。「賃金を支払う」と謳った。従業員じゃなく労働者としようかとも思ったがやめておいた。わが社の階級意識は一方的に健在であった。▼総合研究開発機構（ＮＩＲＡ）とは、この一〇年資料集の出版で世話になってきた。経済安定本部資料から始まる政策資料は現在一一九巻を数えた。新規！　今年から始まる「ＮＩＲＡチャレンジ・ブックス」（四頁参照）は未来にむけての提言である。期待しています。（吟）

〔送料80円〕　評論　第125号　2001年6月1日発行　発行所　日本経済評論社
〒101-0051　東京都千代田区神田神保町3－2　電話 03（3230）1661
E-mail: nikkeihyo@ma4.justnet.ne.jp　FAX 03（3265）2993
http: //www.nikkeihyo.co.jp

このようなネットワークの構造に支えられると、家庭での主人は、会社でもストリートでも主人の顔をもつことが可能になる。会社でも主人の顔をもち、反対に家庭でも課長の顔をもつ。かつてのように、いくつもの顔を場所によって使い分けるのではなく、いつでもどこでもいくつもの顔をみせることが可能になる。これが新しい家族形態を構成する基本原則である。仕事をしながら、子供の世話をする、それを、SOHOのように自宅でもすることができ、また都心のオフィスでも、ネットワーク環境を利用して、子育てを実践することもできる。その結果、家族の絆は構造／環境としてしっかりしたものになる。もはや幻想の絆に翻弄されることはない。ネットワーク環境という構造が新しい家族の絆を支えるのである。

3　役割融合と自立する契機

ネットワークは境界を曖昧にする。この命題が家族での役割に関して適応されたら、専業という考え方は否定される。主人は外で働き、主婦は内で家を守る、という機能的な関係は放棄される。しかも機能的な関係は、フェミニズムからの批判にあったように、非対称的な特性をもつから、外で働く主人は、内を守る専業主婦よりも、高い地位／権力をもつことになる。確かに、主人と主婦の役割分担がないかぎり、核家族としての目的達成（頑張って、一戸建ての家を築く）は困難ではある。頑張って残業して高い給料を取る主人と、それを節約してたくさん貯蓄するしっかり者の専業主婦というコンビは、貧しい生活から逃れ、豊かな生活を目指す過程では十分に有効なコンビであった。しかし豊かさの階段を一歩一歩上るにつれて、そこで賢明に頑張る姿に、自己矛盾を感じてくるようになった。

とくに女性には、対等なコンビのはずなのに地位が低い、という不満があった。その不満は豊かさの獲得過程でどんどん拡大し、ついにバブルの崩壊と同時に、主人の社会的地位の低下（悲劇的なミドルのリストラ）が決定的になったことに呼応して、夫婦の危機そして核家族の危機はもはや回避できないまでにいたった。

しかしその危機を新しいフレームで再構築すれば、危機は危機でなくなり、みんなハッピーになれる、と予告したのがネットワークである。ネットワーク環境の浸透は、今までのような分業／役割分担の考え方を放棄させる。女性はこのとき自らの意志で行動する自由を獲得する。その自由は専業主婦の地位を放棄させ、自らの力を試すべく社会に進出することを強要する。主人の給料の何割が専業主婦の値段だといった姑息な手段ではなく、自力で稼ぐという正当な根拠に基づいて、女性は社会の波に足を突っ込んでいく。ネットワーク環境では女性はそのジェンダーのハンディキャップを足枷とすることなく、あるいは家庭に閉じこもることを正当化することなく、専業主婦であることを止めることが賢明な選択なのである。ここに自立する契機がある。

しかしここで発せられる最大の疑問は、弱い子供や高齢者の面倒を誰がみるのかである。その解決の基本は、核家族という境界に閉じたままでいる状態を、思い切り解放することである。家族は閉じてはならない。家族の境界を解き、もっと広い空間の中で社会的弱者の面倒をみることである。そのとき弱者はもはや弱者ではなくなる、というトリックがここには隠されている。それが、ネットワークがもたらす、新しい家族へのプレゼントである。だから専業主婦はもうそろそろ専業役割から卒業しなければならない。携帯家族に専業主婦は似合わない。これがネットワークに適合する家族役割の基本原則である。

4　家族拡張の原理——第三の関係

携帯家族を支える基盤となる関係は、夫婦関係なのか、親子関係なのか。たぶんこの二つの関係を超えて、第三の関係が重要になると思う。それが「きょうだい」関係である。きょうだい関係は広がりをもつ。「きょうだいは他人の始まり」という諺があるように、きょうだい関係は、親にも配偶者にも拘束されないから、つねに外部へのつながりをもって家族を維持している。

核家族では、恋愛の絆が男女関係に閉じているので、家族の境界を越えて家族としての広がりはない。どこまでも閉じることで核家族は機能する。他方、親子関係からなる伝統的家族では、血縁がその縦のつながりとして家族を拡張する機能を果たすので、ここに親族が形成される。その親族の最大の拡張として伝統的な国家が成立する。

これにたいしてきょうだい関係は、血縁の縦系列の拡張とは対照的に、横のつながりの拡張をもたらす。家族を超えた拡張性をもつという点では、恋愛の絆とは違って血縁に似ているが、その拡張性の方向にかんして血縁とは明らかに異なっている。ではそれは何か。次の五点を指摘したい。

① きょうだい関係は、よわい者（フラジャイル）同士のつながりである。したがってこの関係を維持するには、権力（血縁における親）と恋愛の場合のように、所有による関係づけではなく、非所有（何もない、だから助けて）をもとに生成される「探索と支援」の関係に頼らざるをえない。

② その探索と支援は狭い家族の領域ではまったく充足されないから、つねに外部へと関係づけが拡張される。自分の家族はその意味では非常に弱い拘束しかもたず、その境界は柔らかくならざるを

えない。したがって自分の家族は閉じることなく、外部への依存（探索と支援）を前提として構成される。

③　きょうだいは性別を問わないから、家族は男女のカップルを前提とすることはない。ゲイ／レズビアンの家族もここでは成立可能である。

④　通常の弱者である子供や高齢者はその扶養を外部に委託される存在である。しかしそもそも家族の主たる構成者さえも弱い存在（概念としてであるが）であるから、ここでは家族全員がみんな弱い者でしかない。とすれば子供や高齢者を自分の家族の内部に抱えて面倒をみなければならない、という資格も規範もここにはない。素直に（不可避的に）外部との関係で扶養することが望ましいという論理が導かれる。

⑤　きょうだいの絆である「友情（きょうだい愛）」とは何か。恋愛の愛が相手を奪うことであるのに対して、友情の愛は相手を支えることである。自分が強いから奪うのと対照的に、ここでは自分は弱いから相手を支える（尽くす）のである。これはボランティアの精神そのものである。友情（友愛／パートナーシップ）は、その意味ではボランティアとしての振る舞いである。つまり友情はネットワークの精神そのものである。ネットワーク環境のなかで家族を構成しようとすれば、二人は、それが男女関係であっても、恋愛である以上に友愛（ボランティアの精神）の絆を優先して自分の家族を生成しようとする。

このようにみると、ネットワーク環境と家族との関係では、きょうだいの絆の原理がもっともふさわしい。親子関係にみる階層的な関係（血縁）も、男女（夫婦）関係にみる機能関係（恋愛）も、ネットワーク環境を支える関係としての適合性が欠落している。そして第三の絆である「きょうだい関係」が示す友愛／ボランティアの精神だけがネットワーク的な関係を支持する。新しいネットワーク社会では、外部に拡散する可能性をもつ第三の絆をもとにした家族がふさわしい。これが携帯家族である。

5　現実からの支持

前記の携帯家族の論理はどの程度支持されるか。現在、熊坂研究室でネットワーク上に公開しているサイト（iMap: http://www.imap.gr.jp/）に参加している約一万三〇〇〇人の価値観を分析すると、次のような傾向がみられる。

❶　生活環境としてのネットワーク

「ネットワークは生活に欠かせない環境である」という意識はもはや自明のことである。世代を超えて七〇％の人が、ネットワークは生活のすべてに関与する生活基盤そのものであると意識している。これは携帯家族に不可欠な環境認知である（図2-3）。

❷　仕事する女性

「女性は、結婚や育児に関係なく、つねに働くべきだ」という考えにたいして、ネットワークを活用する「女性」は、世代を超えてかなり強い支持を表明している。これは男性とは対照的である。女性は男性よりも携帯家族を支持している（図2-4）。

❸　別居する家族

「結婚しても、同居しなくてもいい」について、女性は男性に比較して、別居志向が強い。女性の

図 2-3　インターネットは生活に不可欠（全体）

（単位：人，％）

生年	1	2	1	2
1961	181	84	68.3	31.7
62	250	91	73.3	26.7
63	218	119	64.7	35.3
64	288	121	70.4	29.6
65	336	121	73.5	26.5
66	313	125	71.5	28.5
67	488	154	76.0	24.0
68	462	153	75.1	24.9
69	494	150	76.7	23.3
70	573	187	75.4	24.6
71	561	169	76.8	23.2
72	568	194	74.5	25.5
73	583	235	71.3	28.7
74	521	210	71.3	28.7
75	534	206	72.2	27.8
76	518	171	75.2	24.8
77	487	153	76.1	23.9
78	461	173	72.7	27.3
79	382	149	71.9	28.1
80	351	115	75.3	24.7

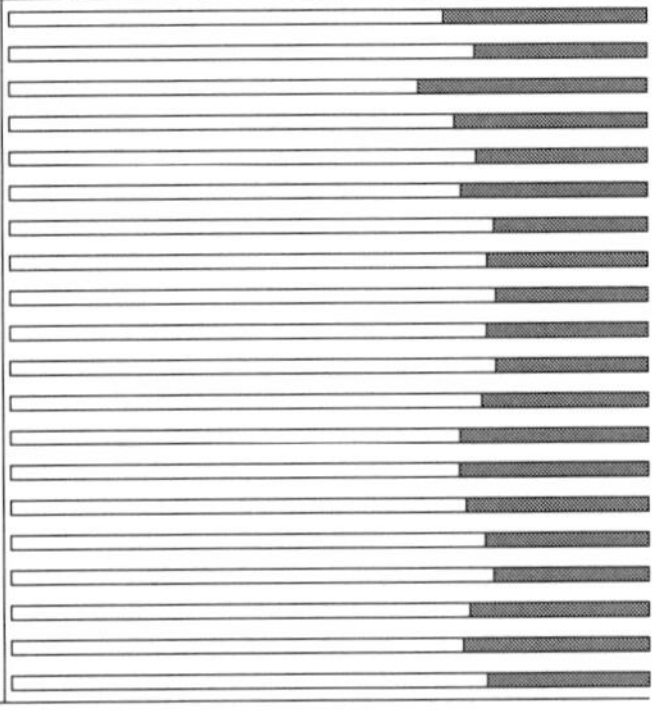

設問　インターネットのようなネットワーク環境がない生活なんてもはや絶対に考えられない．それほどネットワークはこれからの自分の生活には不可欠だ．

1. とてもそう思う□
2. そこまでは思わない■

図 2-4　結婚と仕事

（単位：人）

生年	1	2
1961	58	122
	45	40
62	54	178
	56	53
63	51	179
	56	51
64	59	192
	63	95
65	57	202
	100	98
66	70	166
	106	96
67	99	249
	157	137
68	92	213
	157	153
69	88	225
	157	174
70	101	264
	191	204
71	97	230
	186	217
72	112	255
	186	209
73	111	317
	155	235
74	99	272
	157	203
75	93	313
	137	197
76	97	299
	134	159
77	80	277
	117	166
78	77	265
	118	174
79	67	221
	103	140
80	50	188
	93	135

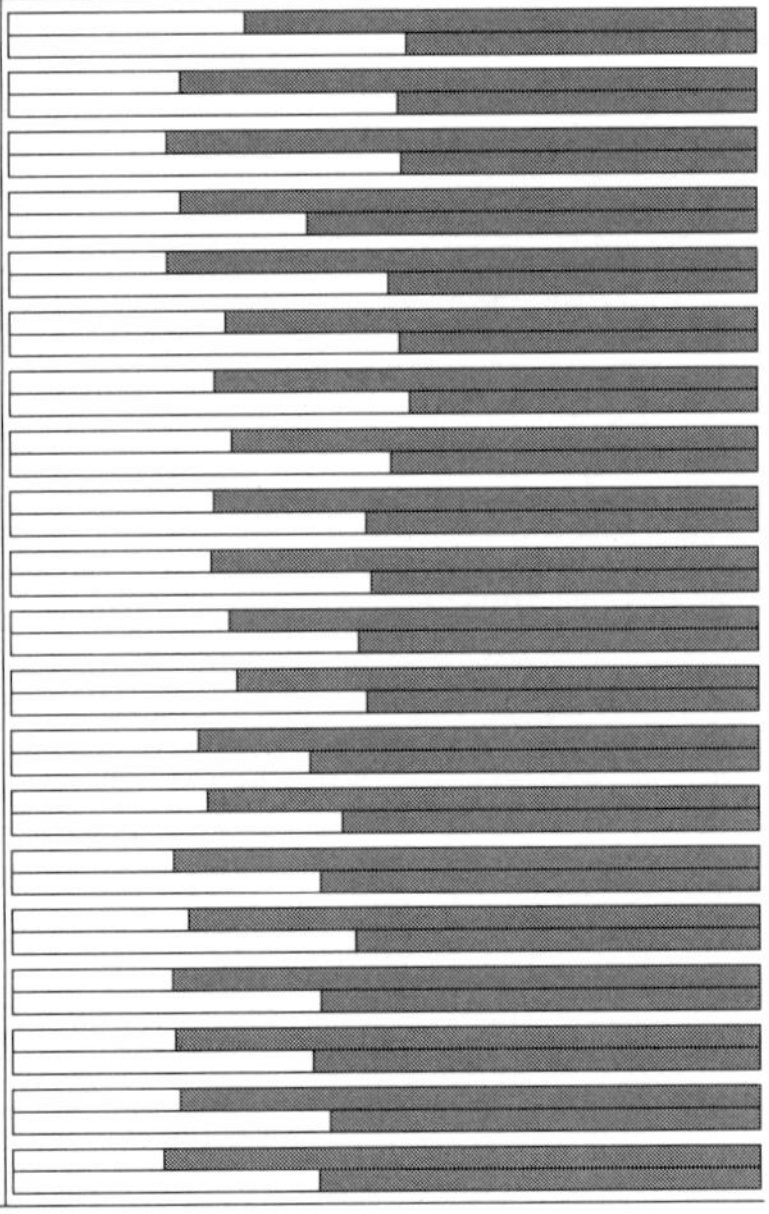

設問　これからの女性は，結婚や育児に関係なく，ずっと仕事をもつべきだ．

1. とてもそう思う□
2. そこまでは思わない■

注：上段 男，下段 女（図2-5, 6も同じ）．

図 2-5　結婚と同居

（単位：人）

生年	1	2
1961	39	141
	42	43
62	64	168
	40	69
63	53	177
	40	67
64	54	197
	55	103
65	63	196
	85	113
66	63	173
	88	114
67	80	268
	110	184
68	70	235
	125	185
69	63	250
	130	201
70	96	269
	161	234
71	85	242
	147	256
72	84	283
	139	256
73	118	310
	135	255
74	101	270
	118	242
75	111	295
	108	226
76	103	293
	109	184
77	82	275
	97	186
78	89	253
	85	207
79	84	204
	87	156
80	53	185
	77	151

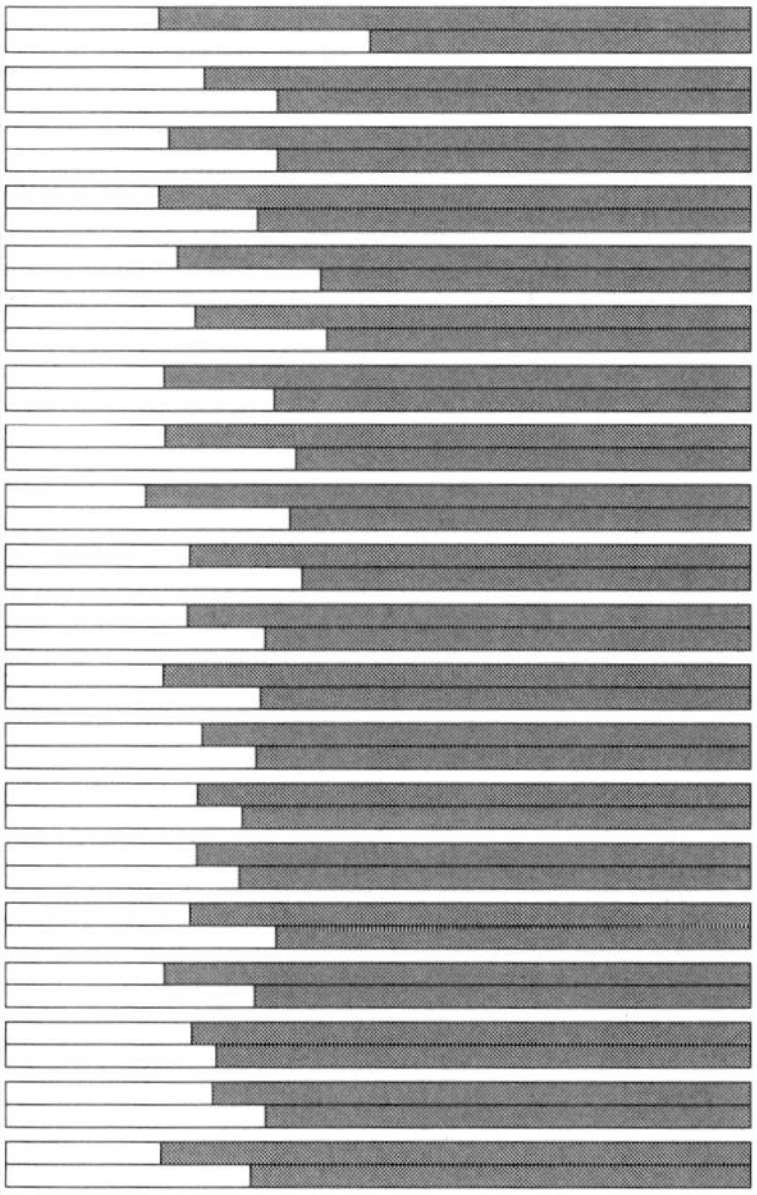

設問　結婚してもべつに同居しなくてもいい．２人が信頼しあっていればそれでいいのだ．

1. とてもそう思う□
2. そこまでは思わない■

場合、世代を超えて四〇%に近い数字が「結婚即同居」の考えを価値観として否定している事実は、ネットワーク社会になれば、より明確な携帯家族化への拍車がかかると思われる。しかしここでも、ジェンダーをめぐる争いは大きな社会問題になるだろう。ネットワーク化は明らかに女性に共感されている（図2―5）。

❹ 家庭内の役割融合

「男性も料理ぐらいはできなければならない」という家庭内の役割融合にかんしては、男性も支持を表明している。とくに若い世代になるほど、男性は家庭内での役割融合を自明と思っている。男性でさえもネットジェネレーションになるほど携帯家族化を支持している（図2―6）。

図 2–6　男性と料理

（単位：人）

生年	1	2
1961	79	101
	54	31
62	97	135
	65	44
63	105	125
	63	44
64	107	144
	106	52
65	111	148
	138	60
66	113	123
	142	60
67	149	199
	211	83
68	158	147
	219	91
69	140	173
	231	100
70	190	175
	252	143
71	156	171
	259	144
72	167	200
	259	136
73	226	202
	218	172
74	184	187
	203	157
75	203	203
	192	142
76	207	189
	170	123
77	196	161
	167	116
78	188	154
	149	143
79	163	125
	140	103
80	142	96
	126	102

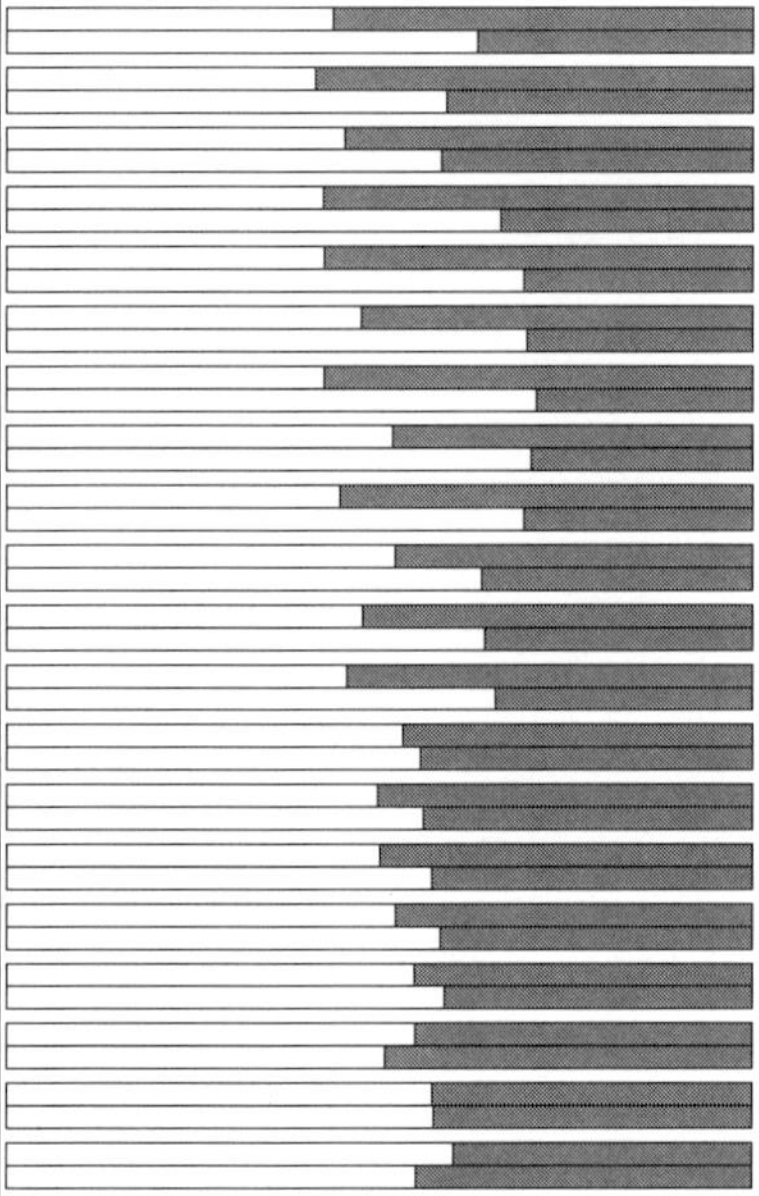

設問　これからの男性は，ちゃんと料理ができなければならない．それが男の自立なのだ．

1. とてもそう思う□
2. そこまでは思わない■

❺　コミュニティ意識

「高齢者や子供のためにコミュニティに貢献しなければならない」というコミュニティ意識は、ジェンダーや世代を超えて非常に強い。自分の生活を、身近なコミュニティとの関連で考えようとする人々がネットワークに参加するほど強まる、と予感されるほどである。常識的にはネットワークを活用する人々は地域社会から遊離した生活を送るイメージがあるが、それは、このデータにみられるように、誤った認識である。ネットワークが生活に密着するほど、人々は自分のコミュニティへの貢献を考える（図2–7）。

以上のデータ分析から、携帯家族のヴィジョンへの共感が得られている事実がある程度理解できよう。コ

図 2-7　コミュニティへの貢献（全体）

（単位：人，%）

生年	1	2	1	2
1961	181	84	68.3	31.7
62	248	93	72.7	27.3
63	223	114	66.2	33.8
64	271	138	66.3	33.7
65	309	148	67.6	32.4
66	312	126	71.2	28.8
67	436	206	67.9	32.1
68	436	179	70.9	29.1
69	432	212	67.1	32.9
70	506	254	66.6	33.4
71	454	276	62.2	37.8
72	476	286	62.5	37.5
73	506	312	61.9	38.1
74	409	322	56.0	44.0
75	428	312	57.8	42.2
76	392	297	56.9	43.1
77	398	242	62.2	37.8
78	362	272	57.1	42.9
79	308	223	58.0	42.0
80	255	211	54.7	45.3

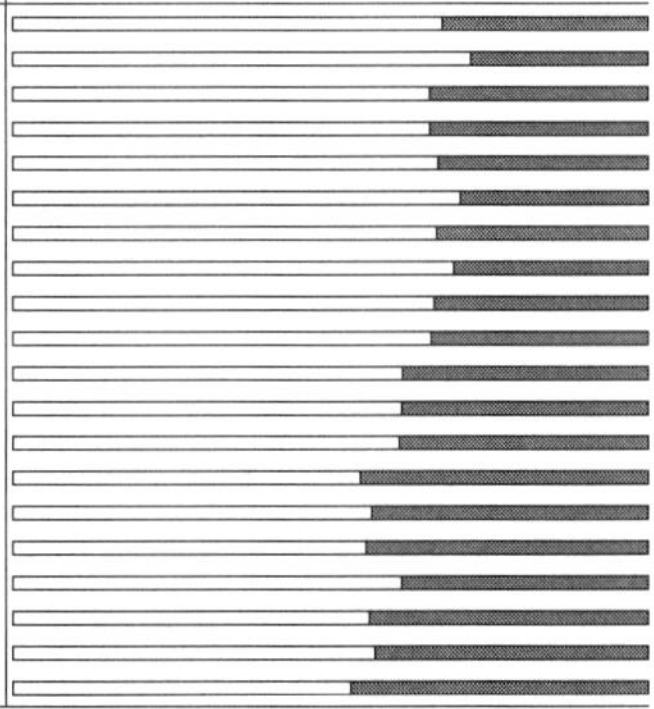

設問　これからの21世紀の社会，子供や高齢者のことを考えると自分が生活するコミュニティにもっと貢献しないといけないな，と思う．

1. とてもそう思う□
2. そこまでは思わない■

ンセプトしての携帯家族は、予想以上に、ネットワーク環境で生活する人々に支持されている。

6　ネットワークコミュニティの生成プロセス

前記のような携帯家族をネットワーク社会に適合的な家族ヴィジョンだとすると、そこで言及されている家族は、すでに家族の領域を超えた、より広域的な社会との融合を前提にしないかぎり存立しえない。しかしその広域的な社会とは、既存の地域社会ではなく、ネットワークコミュニティである。それは、既存の村落共同体のような完全に閉じた権力中心の地縁的ムラ社会でもなく、近代産業社会に固有の弱者救済機能に特化した福祉コミュニティ（子供のPTAと老人会）でもなく、また消費社会にふさわしい駅前カルチャーセンターのような自閉／消費的な擬似的コミュニティでもない。

ネットワークコミュニティは、携帯家族の存立のために期待される新しい社会的な外部であり、同時に携帯家族がその内部に取り込む社会的な場でもある。しかもこのコミュニティは他の多様な社会的な機能が交差する空間であるから、携帯家族の場合に示した「外部（拡散）と内部（融合）」の論理は、ビジネス空間や子供・高齢者などのいわゆる社会的弱者が集う空間（教育／福祉／医療）さらに社交／消費機能や政治／行政機能にいたるまで、すべての社会的機能について適用可能である。

①　ビジネス空間については、かつてのシンボルである「都心（中心）の一等地に位置して超高層ビルを所有して、数万人（大量）の社員を抱えて、完璧のビューロクラシーで序列化された大企業」というイメージが、ネットワーク環境のなかで崩壊の刃を突きつけられている。いままで疑うことのなかった「都心・一等地・超高層・大量・官僚的・大企業」を構成する論理は、ネットワークによってその脆弱性と無能力を露呈させられている。ネットワークが支持する自律分散協調のシステムは、ネットワーク組織への変更を要請し、そのプロセスでベンチャー起業／企業を支援し、分社化とかアウトソーシングとか、またＮＰＯのような新しい組織形態を誘発し、さらにはＳＯＨＯといった家庭との融合を支持するまでにいたっている。

ここでは空間上の中心と周辺の優位／劣位の位置関係も、階層上の上司と部下の地位／役割関係も、そしてそれらの根底にある情報所有（希少価値をもつ情報の占有）をめぐる権力／命令関係も、ネットワークがつきつける論理の前にその非適合性を暴露され、崩壊の道を進まざるをえなくなっている。そのときネットワークコミュニティがその新しい受け皿として生成される。一方では、グローバルネットワークという超広域的なコミュニティが構成されるが、他方コンビニのような地域に密着して生活／消費者を支援する場をノード（結節点）とするローカルコミュニティが生成される。ネットワーク的にはグローバルはローカルと相互補完的関係にあり、決して単独のコミュニティとして孤立／閉鎖することはない。つねに外部にも内部にも開放されたコミュニティがビジネス空間に生成される。

②　現実の教育／学校空間は、教師と学生の権力関係しか許容しないもっとも閉鎖的な空間で、日常的には外部とのコミュニケーションを遮断したところで自足しており、いかなる意味でも地域社会に開放されているとはいえない。非日常性（運動会など）においてのみ外部に開かれるのは、その交換として日常性での覗き（境界の越境）を許容しないからである。多くの学生が学校を監獄のイメージで理解する背景には、それなりの意味がある。そして今さらにはここ数年の間で、ネットワークがすべての学校に導入される。それは閉鎖的な監獄を破壊する先兵としてもっとも期待されることである。

すでにいくつかの例外ではあるが、ネットワークに関心をもつ親が自主的にボランティアで校内にネットワークをはり、学校のネットワーク化に地域貢献しているが、それは明らかにコミュニティへの扉を開くものである。またコミュニティスクール構想がネットワークの専門家を触媒にして徐々に地域社会に浸透しつつある。これも、新しい教育／学校と携帯家族とネットワーク組織との間にリンクをはって、ネットワークコミュニティを創造しようとする大胆な社会実験である。ネットワークコミュニティと共生しない教育／学校はもはや地域社会に位置する価値がない。

③　子供については、教育ばかりか保育という面でもネットワークコミュニティに依存しなければならない。携帯家族が、そこでの弱者を内部に抱えることなく、外部への委託によって家族の維持を実現するとしたら、フルタイムで働く親に代替して子供の保育機能を充実させる必要が発生する。幼児保育とか学童保育という点で、ネットワークに期待することが山積している。

確かにここでは親との接触が重視されるが、ネットワーク環境を利用すれば、ヴァーチャルな関係であっても、家族の絆の生成は可能であり、これによっていつでも・どこでも絆の維持は保たれる。

環境としてのネットワークが形成されるならば、保育機能の外部への委託は十分に可能である。と同時にこのネットワークに支えられる形で、リアルな場での身体的な接触を通した保育機能の充実が図られるならば、ここをネットワークの一つのノードとしてコミュニティを豊かにする環境が生成されるはずである。弱い子供が集まる場はネットワークコミュニティを生成させる身体的でリアルな拠点である。

④　この論理は高齢者に対してもまったく同様である。高齢者のためのさまざまな施設（デイケアセンターなどの福祉施設／病院）は、そこにネットワークを整備することで、現状のような「排除された／残余としての社会的場」ではなく、つねに携帯家族にリンクしたネットワークコミュニティのノードとして再生される。ここでの高齢者は、単なる福祉の享受主体である以上に、その場から外部に向けて活動する主体であり、自らボランティアとして自立する主体でもある。弱者は、排除され孤立化され、そして福祉対象として沈黙するのではなく、ネットワーク化された弱者として、コミュニティ生成の担い手として自立していく。こうして高齢者に期待される役割は、既存のものとはまったく異なったものに変容するはずである。

⑤　そして最後に、消費／社交する世界が問題である。いま人々は自分だけのニーズに応えてくれる自閉的な世界に没頭している。これに呼応して、マーケットはワン-トゥ-ワン・マーケティングと称して孤立した個人ニーズに沿ってカスタマイズした物とサービスを提供している。さらにこのような関係にたいしてメディアもさらなるセグメントを繰り返して、サブカルチャー／オルタナティブカルチャーへと細分化して、自閉する消費者に迎合している。この無限の連鎖が消費社会の本質であり、

楽しかったバブルがはじけた今もまだその残滓にしがみついて、さらなる矮小化の道が進行している。ネットワーク化はその矮小化に歯止めをかけることのできる唯一の手段である。

ネットワークには、確かに一方でe-コマースのようにグローバルコミュニティであっても微細にセグメントされたコミュニティとして消費者のこだわりニーズを充足させる方向もあるが、他方ではエコマネーや地域通貨のように、贈与を基盤とした物とサービスの流通をもたらすボランタリーな経済コミュニティが模索される方向もある。

この後者の試みは、電子自治体とも連携して政治経済的コミュニティの生成に貢献しよう。そのとき消費／社交する人々は、単に自己のニーズの充足にこだわるばかりでなく、身近な他者へのつながりを求めたところで自己に言及する眼差しを獲得しよう。これが矮小化を阻止する「ささやかな自己超越と小さな公共性」を生成する機会となる。外部にある大きな公共性である「環境共生」のイデオロギーをどのように実現するかはわからないが、矮小化阻止から生じた「ささやかな自己超越と小さな公共性」の論理は、消費の意味を問い直すプロセスを通して、環境共生に少しでもつながる豊かな消費の世界を再構成することだろう。

以上、コミュニティを構成するさまざまな社会的機能が、携帯家族の論理を適応することで、どのような意味でのネットワークコミュニティを生成させるか、を構想してみた。このようなコミュニティのヴィジョンが二〇一五年においてどの程度実現可能であるか、の予測はできない。ただ携帯家族のヴィジョンを支持する立場から論理を展開しないかぎり、ネットワークコミュニティの実現可能性はありえない、ということだけは主張できそうである。

第三章　分権時代の地域振興

黒川　和美

第一節　多様な価値と分権時代の読み方

1　地方分権を推進する現環境

二一世紀に入り最初に省庁再編が行われた。自治省は総務省のなかに組み込まれ、郵政部門と統合されて、行政評価、行政管理といった総務庁の仕事と行政、財政、税務といった地方自治の仕事と、情報通信、放送といったIT関連のもの、そして郵便事業、貯金事業、保健事業といった事業が、この総務省のなかに組み込まれる。また外局に郵政事業庁が生まれ、公正取引委員会や公害等調整委員会や消防庁とともに総務庁の外局を構成する。この省が二一世紀の前半の日本を象徴する。

自治省の名前が消えることも象徴的な意味がある。国の仕事が次第に縮小され、地方の仕事が少しずつ多くなるにつれて、国から地方への税源の委譲が必要になり、国税収入と地方税収入のウエイトの変換も必要になる。二一世紀は形のうえで分権時代の幕開けにふさわしい制度変革でスタートする。しかし、地方分権の時代といわれつつもその財源的措置はほとんど考えられていない。それどころか国の財政は無責任な政治主導行政によって完全に破綻している。その意味で地方分権と地域の活性化を考える場合に地方の財源問題を考慮しないわけにはいかない。

東京都や大阪府の銀行に対する課税を皮切りに、全国では様々な新しい税源探しが始まっている。もともと地域を支えるための税制が考慮されているわけではないので、地方の側で新しい施策を検討し始めるやいなや、何らかの新たな財源を検討する必要が生まれてくる。全国の三二〇〇を超える基礎的自治体にとって、現行の地方財政制度を基本において考えると、大方の自治体は何も実行に移せなくなってしまう。

そのために地方財政制度の見直しが多方面で議論されるようになってきているが、現在の日本経済は容易にそれを移す環境にはない。わが国にとって、国、地方の抱える累積債務六六六兆円や地方自治体が抱える地方債の累積一三〇兆円は、それぞれ小手先の対策では克復できないような極めて深刻な国と地方の財政赤字の状況を示している。特に国の抱える六六六兆円という国債累積債務は、わが国の通貨である円の評価を引き下げ、国際的には株式市場に対する外国人投資家の不安さえも生み出し、多くの企業が景気を上向きにさせているのにもかかわらず、株価は深刻な低い水準に低下していこうとしている。国は少なくとも財政健全化の方向に努力をしているという姿勢を示す必要があるし、一方、地方自治体は国に依存して従来のように地方交付税を頼り、国と県の補助金に頼って地域振興をするという方策を期待できない。自分でその財源を確保する方向に自治体の財政構造を向かわせる必要がある。

たとえば、二一世紀には全国の市町村は三二〇〇から少なくとも一〇〇〇、あるいは三〇〇か四〇〇という規模にまで合併または広域での連合を計る必要が生まれてきているし、地方自治体は補助金行政からアングロサクソン型の新契約国家（NCS：New Contract State）型新事業手法による新公共部門経営（NPM：New Public Sector Management）の方向に向かっていくことを余儀なくされている。従来型国庫補助事業は大方峠を越えている。

たとえば省庁再編によって建設省と運輸省と国土庁と北海道開発庁が統合される。建設省が行っていた国土事業、一級河川の整備、砂防、ダムの建設、国立公園や下水道の整備、運輸省が行ってきた空港や新幹線や港湾整備、国土庁が考えている過疎や離島あるいは条件不利地域の振興、新産工特制度のような地域指定による都市基盤整備への助成措置などは、一つの省庁に統合されると同時におおむね既に事業が概成し、それらの事業を次第に縮小していくプロセスにある。

また、国土交通省には統合されなかったが、農林水産省が実施している圃場整備や農地整備や干拓事業なども、峠を越えて既に縮小段階に入っている。いま問われているのは農村集落の環境を保全する集落排水事業や農村地域を結ぶ広域農道の整備などで、農村集落排水の整備率は未だに二割程度であるが、広域の整備はすでに七割の水準を超えている。道路も河川もダムも公園も下水道も空港も港湾も圃場整備も農道整備も干拓も、戦後の公共事業の積極的な推進によって、おおむね終了を宣言できるまでにあと一〇年といった期間を残すにすぎなくなってきている。

つまり、戦後、国の義務としてきた仕事は大幅に縮小し、外交や経済援助や国防や法律などの仕事に限定され、先進国義務という内容が多くなってきている。他方、地方自治体が実施しなければならない仕事は猛烈にふえている。教育や福祉、医療、環境、ゴミ処理、産業廃棄物処理、都市計画、交通計画、まちづくり、地域振興、農村振興、地域産業振興など基礎的自治体に委ねられるべき仕事はますますその必要性を高めているように思える。

2　地方自治体の新事業手法——新契約国家の時代

財源が保障されない自治体が市民の必要とする基礎的自治体に課されたサービスを供給するためには、

①　財源を新たに確保すること

②　行政改革やそれに伴う事業再評価手法に基づいて効率的なサービスの供給を行い、事業費を新たな分野に振り分けること

③　小規模な自治体は市町村合併や一部事務組合、あるいは総合的な事務組合を組織し、協力して必要な財サービスを供給する手法を追求すること

④　新事業手法を導入し積極的に新公共部門経営ニューパブリックマネジメント（ＮＰＭ）型事業を推進することなどを考えることができる。

これまでにも、エコマネーを導入し、ボランティアの担い手を地域人として育成していく手法や、公共部門とのパートナーシップ、国が主導権を握って法制度を急いで整備したＰＦＩ（Private Finance Initiative）型事業手法（民間主導の公共事業）の導入や、再開発の財源を将来の資産価値の増加を前提に、固定資産税や都市計画税や売上税の増収を先取りして資金調達するＴＩＦ（Tax

Increment Financing）事業、あるいは積極的な民間への委託、アウトソーシング、リースといった事業手法など新公共経営の考え方は急速にわが国の自治体のなかに拡がってきている。もともと外国には公共投資といった概念はなく、銀行借り入れで資金調達をして事業を行い、結果として増加する税収によって調達資金を返済する手法などの新しい資金調達の考え方が拡がってきている。

また、地域振興の考え方は拠点整備という考え方に変わってきている。アメリカで実施されている地域再生事業支援制度であるEZ（Empowerment Zone）（地域に対する投資税額控除、免税債の発行、投資補助制度など）の整備手法や、EU特にイギリスで進められているPFIやSRB（Single Regeneration Budget）（中心市街地再生のための総合再生予算制度）、さらには政府機関であるEnglish Partnership（都市再生公社）といった政府の資金供給計画を積極的に利用することによるなど、核となる地域にその地域が経済の事実的拠点になるまで徹底的に一点に集中して投資する経済効率性を重視した投資手法が採用されてきている。

これらの拠点開発型集中投資の手法は、既に旧建設省の時代には統合予算方式と呼ばれ、また旧通産省ではプラットホーム型予算という名前で実行に移され、わが国でも導入が一般的になってきている。新公共部門経営あるいは新事業手法の導入という、借り入れ資金を基礎に採算の取れる事業展開を行う、あるいは採算が取れるように事業を展開させている方式が多様に模索されていて、これらは世界共通の地域振興策といえる。これらの事業手法は新契約国家という名前で呼ばれ、アカウンタビリティーを確保するために個々の事業の目標達成度を明確にするためのベンチマークを設定し、それらの事業が実施された後に、以前と比べて確かに地域が魅力的になり、その地域の経済が自立し、雇用や新しい事業が新たにその地域に生み出されたかどうかという成果を確認する作業も同時に行われてきている。

選挙で市長が選ばれる。市長はシティーマネージャーを任命する。教育やスポーツに関連する行政サービスを監督するシティーマネージャー、福祉や医療を監視するシティーマネージャー、道路建設や公園の整備や下水道の整備を監視するシティーマネージャー、地域の経済やひいては雇用、あるいは産業の創出に責任を果たすシティーマネージャーなどが民間企業の経営者や弁護士や公認会計士のなかから選ばれ市長によって任命される。納税者に対して税に見合うサービスが効率的に供給されているかどうかという観点から、供給側は情報公開し、パブリックコミットメントという名で事業に関する市民の意見を問い、アカウンタビリティーを高めながら目標となるベンチマークを効率的に達成するために事業を民間に委託し、それに見合う支払いをし、公共部門は基本的に監査の役割を果たしていく。このようなスタイルの公共部門の経営が先進諸外国では主流である。

官民という名の対比でサービス供給をどちらがより効率的に行うことができるかを考えてきた日本型の硬直的な考え方は世界では通用しなくなってきている。わが国では、一九六〇年代の社会主義を模索する人々による地方自治の考え方が根強く残っている。公共部門が民間経済に様々な局面で依存する行政のあり方を想定することは極めて難しかったといえる。ＰＦＩ方式によって学校教育、福祉、医療、環境などの仕事が公務員ではなく民間の事業者によって実施されていくことについて今日ではほとんど違和感が無くなってきている。消防署や刑務所や病院の経営が、あるいは地下鉄や道路建設や空港の整備が民間で行われることは日常的なことになってきているが、わが国では三〇年前にはこのような状況を考えることもできなかったし、民間企業が公共部門より丁寧に社会的責任を果たすことができるなどとは考えてみることすらできなかった。

新契約国家の時代に入ると、行政の仕事は契約に基づいて、財・サービスを供給する事業者に対して契約どおり事業を遂行しているかどうかを確認することが必要になる。事業者は相互に競争的な環境にあり、創意工夫をこらし、より効率的に財サービスを供給する技術や手法を編み出してくる。このようなプロセスが全国の自治体で着実に導入されることになると、わが国の分権時代の地域振興策は従来と大いに異なるものになっていく。リスクの分担や詳細な契約に不慣れであり、また会計士や弁護士の人材も不足している現状のなかで、こうした新しい時代にどのように適応していくかが課題である。

地方自治を担う自治体の職員に期待される能力も大いに異なってくる。従来は民主的で、中立的で、科学的といった公務員の原則があり、公務員は誰に対しても思い入れせず肩入れせず、どちらかというと誰に対しても親切であるよりは、誰に対しても思い入れをしないという意味で不親切なことが期待されてきた。分権時代に必要とされる地域振興を主体的に担っていく自治体の職員は、当然政策形成能力があり、実行力があり、政治に働きかける能力をもち、法律的あるいは経営的あるいは公会計専門的能力を要求されるかもしれない。行政手続き、行政情報、説明責任など、いま求められている民主主義制度に基づく行政運営の原則を十分に理解し体得しており、実行できる能力をもっていなければならない。これまでは誓約書を書いて、生涯様々な現場を経験しながら総合的公務員としての能力を求められていた自治体の職員のイメージは大いに変化する可能性がある。おそらく総合職型の職員から専門職型の職員へと期待され必要とされる職員像は完全に変わっているだろう。自治体における行政職員の果たすべき役割は、これまでとは全く異なったものになるに違いない。

第二節　地域振興の考え方

1　地域振興の評価の視点

市長は公約に近い政策体系をもって市民に訴え、選挙という政策をオーソライズする儀式を通過して、在任期間自分自身の政策を実行しようとする。地方自治体においては、全国に共通の義務教育や環境基準の維持や民政制度の確保や福祉サービスの提供など、市長の方針とは無関係に維持しなければならないサービスも国から委託されて実行しなければならない。国の政策の実行にあたって、基礎的自治体だからこそ市民に対して国民として一定水準のサービスを享受できる条件を確保することが可能になる。

これらの事業を国の期待するとおりに提供する義務は、地方自治体にとってそれほど大きなテーマとはならない。というのは、地方が固有の価値を付加することができる範囲が極めて限られているからである。これに対して、地域に固有に供給することができる自治事務を実施するには、相応の専門的知識が必要となる。

都市計画法が改正されて都市計画、特にマスタープランを作成しまちづくりを実施する能力と権限は地方自治体になければならない。また、農地法が改正され、農業基本法が改正され、農村振興も基礎的自治体の固有の仕事となってきた。まちづくり、地域振興といった地域にとって最も重要なテーマは、まさに国や都道府県の仕事ではなく市町村の仕事になっている。地域を魅力的につくる、地域の行政サービスを魅力的なものにすること、地域の都市基盤を整備することなどは、その地域が地域の個性を発揮するのに欠くことができない条件である。

これまでのように教育や福祉や環境整備といった、国が一定のガイドラインを定義し、その範囲のなかでサービスを供給するという仕事については、地域は国の指導のもとでそこにうまくやり、その方式を学ぶ程度でよかったが、都市計画マスタープランづくりや地域振興や農村振興を担う場合、常にその自治体は周辺地域との競争下にあり、他の地域との広域連携や広く地域連携や共同行動を取り入れながら、他方で他の地域との競争上、地域に固有の個性を生み出しながら、他の地域とは違う自分たち自身の町を形成していかなければならない。たとえば、

- 開発にウエイトを置くもの、環境にウエイトを置くもの
- ハードにウエイトを置くもの、ソフトにウエイトを置くもの
- 若者にウエイトを置くもの、高齢者にウエイトを置くもの
- 生活環境にウエイトを置くもの、生産環境にウエイトを置くもの
- 広域連携にウエイトを置くもの、拠点整備にウエイトを置くもの
- 都市と農村の連携にウエイトを置くもの、都市間の連携にウエイトを置くもの
- 国内都市との連携にウエイトを置くもの、国外都市との連携にウエイトを置くもの
- 情報通信革命のさなかＩＴ技術の導入にウエイトを置くもの、情報技術にウエイトを置くもの
- 特にインターネット技術にウエイトを置いて将来の行政のあり方をＩＴベースで考えていく発想をもつもの

● 次第に国際化する日本経済社会において国際化をベースに行政サービスを提供していく自治体
● 廃棄物処理や公害対策といった環境問題にウエイトを置く自治体
● 自動車依存を捨て自転車、徒歩、公共交通にウエイトをおく地球環境を展望した政策を追求する自治体

など、多様に総合的に地域振興策は追求されていく。人々の価値観も多様になっており、人々は自分の価値にあった自治体に移動して居住するような、従来にはなかった行動をとれるような新しい時代がくるかもしれない。居住選択にあたって子供の教育を考える、職場への近接を考えるなど、人々は従来以上に選択にあたって自分自身の価値と地域のあり方を対照して考える場合も出てくるかもしれない。

このような状況で、それぞれの事業が成功しているかをいったいどのように判定すればよいか。これまでは福祉行政について相互に比較しながらその事業の評価を行うことができたし、道路整備や公園整備や住宅建設についてそれぞれの個別の事業ごとに費用便益分析などを利用して評価を行うことができてきた。ところが、基礎的自治体のもっとも重要な仕事が地方分権化で地域振興やまちづくりや農村振興といった内容になるに従って、その事業の内容は、ハード・ソフトはもちろん、教育、福祉、住宅、道路、公園、環境、雇用あらゆることを目標にしながら複合的に周辺の経済社会まで考慮に入れて政策を実施しそれを評価しなければならなくなってきている。

地域振興の成否を判定する視点は、地域振興を担う専門家が評価することも一つの考え方であるが、分権の時代にはその評価の視点をそこに居住する人、そこに集まってくる人々の価値観と分離して考えることはできない。

大都市では、大都市のリノベーションといわれる大都市地域が克服しなければならない問題が生まれている。産業構造が変化して重厚長大型の産業は撤退し、そこに巨大な空地が現れた。巨大空地を活用する大規模な開発を、どのような内容でどのような手法で行うべきかは、大都市を取り巻く大きな視点に基づいて有効活用を考えるべきである。大都市地域の中心市街地には数多くの連担しない空地が現れてきた。もと工場であったもの、もと密集市街地であったもの、もと木造住宅の密集地域であったものなど様々である。

都心居住という概念が生まれ、郊外よりも常に整備されている都市基盤や利便施設を期待して、若者ばかりでなく高齢者が都心に再居住しようとしている。あるいは、古くなった住宅を大規模に建替えて、都市全体が防災上も安全に、しかも地下にパワーセンターのような新しい機能を備えるような大規模再開発もそこここで実現している。密集市街地で防災上も危険で、住環境としては極めて劣悪であった敷地をもつ地権者が、複雑に入り混じった敷地が少しずつ再開発に委ねられて、住居と商業と業務が公園整備と共に機能的に融合・整備された新しい都市型空間として、大型の再開発によって次々に生み出されている。再開発が経済的に可能であるスペースはともあれ、全国の海岸線には重厚長大型産業が撤退したり、あるいは結局誘致されなかったために巨大な空地をつくり出しているところが数多くある。古い町では中心市街地の道路整備が進まず、駐車場が不足する商店街を荒廃させながら、仕方がなく建設されたバイパス沿いに大型商業拠点が次々に立地して、車利用の生活利便性追求の生活スタイルによって町は大いに郊外開発を進展させていった。

結果として、中心市街地は空洞化し、郊外にはフランチャイズ方式のレストランやテナントが入れ替わり立ち替わり事業を展開している。その地域に固執する理由のないまま不安定な事業展開が行われている。利益が小さくなれば地域の雇用や経済の問題を考慮することなくさっさと撤退し、より利益のある所に移っていく地域性のない事業者が全国展開する。地域が魅力的な地域開発、地域振興を実施するためには、当然他の地域から参入してくる商業者や事業者の存在は必要であるが、地域に思い入れのないまま利益が減少すると同時にその地域を見捨ててしまう事業展開の仕方、安普請の建物と、その場しのぎの事業展開で、地方都市はたちどころに荒廃してきてしまった。この過程で失ったものは多い。

自然に恵まれた農村景観は壊され、里山という美しい日本的風景も次々に消えていった。明治維新のころ外国から訪れた多くの人々が日本の農村風景を見てガーデンシティーと名づけたそのような空間はかなり大都市から離れた地域にならないともう存在していない。エッジシティーといわれるような焼き畑農業的まちづくりは日本には存在しなかったけれども、地方の都市はそれぞれいまその中心になる産業を失い、中心になる担い手を失って途方にくれている。

中心市街地の空洞化、臨海の工業専業地域の大型空地、平地農村や里山開発の対象となる農村地域、これら三つの典型的な再開発エリアが日本には多数現出している。そこにどのような人が居住し、どのような事業を行う拠点となりうるのか。地方自治体の固有の事務となった地域振興や農村振興といったまちづくりの役割が、地方自治体の責任で実施されなければならない。都市計画、地域振興、農村振興はすべて市町村の責任になった。市町村合併、中核都市、都市連合という制度によって地方自治体はその有様を選択できる状況にある。地域間の競争は周辺自治体との広域連携や地域連携を軸にしながら、大きな視野で検討されなければならなくなってきている。その場合、居住者の視点、農業生産者の視点、工業生産者の視点、商業者の視点、あるいは工場経営者の視点、農村地域内でのオフィスの立地などなど、従来の発想にない新しい観点から地域の振興を考えてゆかねばならない。

国の補助金や交付税に依存するのではなく、市場に依存して金融機関からの借り入れを中心に魅力的な事業展開を可能にするような計画に基づいて、地域が自立できるような集中集積投資によって地域の自立性を確保しなければならない。その場合、教育も福祉も医療も環境も産業廃棄物処理も交通もすべて新しい産業の種としてそこに雇用を生み、新たな事業をつくり出す魅力的な事業の源泉としてみなされる。民間事業者レベルで新事業手法に基づいて新公共経営の方式で、これらの事業がＩＴ技術をベースにしながら地域の産業の拠点、起業の中心となり、地域に固有の方式で地域の人材を用いる地域限定のパートナーシップを活用し、雇用を創出しながら事業展開されなければならない。その場合には、地域固有の賃金水準、地域固有の環境基準、地域固有の教育システムや、地域固有の交通システムが導入されることになる。分権時代の地域振興というテーマは、その場合、単なる地域の経済政策という側面から、まちづくり、地域づくりといった総合的視点に位置づけられた個々の事業の複合的な産物になっていると考えられる。

2　農村振興の考え方

農村振興という概念を正確に表現することは難しい。農村振興、漁村振興という言葉は地域振興という言葉の延長線上にある。しかし、地域振興の概念は地域にある資源を有効に活用して、低度未利用の資源を効果的に活用する仕組みを整えることである。地域の資源、土地、農地、人、歴史や文化、史跡や今ある建物を地域の産物に置き換える工夫をつくり出すことである。農村では、農産物や海産物が需要を失っている場合には生産物を変更しなければならない。逆に、生産に必要な資源の一部が次第に失われて生産できなくなる場合には、資源の確保が必要になる。一定の需要が確保されているのに地域は生産を止めてしまわなくてはならない状況に陥ってくる。農村振興では資源を効果的に活用するという仕組みを整えるだけでは解決しない問題が多いのである。

一九八〇年代に入って、わが国の一人当たり国民所得が九〇〇〇ドル程度になったとき、農業だけでなく、商業も工業も家業型といわれる、親から子へと受け継がれてきた事業が撤退のスピードを速めることになった。理由は先端産業や日本を代表する産業の生産性が上昇して、国際競争力をもち、雇用者の所得を高く保つことができるようになってきたからだ。農業や林業、漁業では日本の主力企業が支払う賃金水準に匹敵できる所得を確保できなくなってきたからである。子供は親の事業を引き継ぐ義務を感じなくなってきただけでなく、これらの事業で将来世代を豊かな生活に導くことができるという自信を、親の世代はもてなくなったのだ。しかし、ここまでくるには多くの努力が払われてきた。一町歩に満たない小規模経営農家の経営規模の拡大が進められてきた。圃場整備が進み大型機械も導入されて、生産性向上の努力は惜しみなく国策で進められてきた。その結果として、将来の生活を保障することができなくなったのだ。

もちろん、農村や漁村が農業生産者と漁業者からだけなっているわけではない。どちらかといえば、すでにすべての農山漁村でこれらの人はマイノリティになっている。

農村の人口減少、離農、農業者の高齢化、嫁不足といった問題は指摘されて四半世紀を経ているし、それが改善されてきたというデータや証拠は見つからない。農村を振興するというより、農村のコミュニティが崩れて、蓄積されて伝承されてきた地域の祭りや、その重要な構成要素である舞や歌や物語が失われていく地域もある。農業の生産基盤が整備されて、その過程でＮＰＯの代表例となる土地改良区という組織が形成されて機械化が進むと、農業の生産性が向上し、営農の仕方も栽培される作物も少しずつ変化する。集落排水が整備され、水洗トイレになり、新しい農村の形やライフスタイルをつくりあげてきている。

国土空間からみると、中山間地域といわれる条件不利地域と大都市郊外の開発の波に晒され続けている農業地域とがあり、農業は両面から変化の波に挟まれているだけでなく、農業という産業それ自体が、大規模型・アメリカ型農業の産物とアジア労働集約型農業地域の産物とに挟まれて、ＷＴＯの自由貿易ルールを課されて逃げ道が閉ざされている。その農地はかけがえのない多面的機能を国土全体に与えており、管理が必要で、農業者の管理機能に注目して、その労に支払う制度も確立された。それでも、世界の市場で競争力を発揮する自動車や電算機、コンピュータコンテンツが日本経済を先導して、一人当たり所得を三万ドル確保する水準に達すると、家業型の農林漁業や商業や地場の工場はそれだけの所得を保障することが難しくなり、若い世代はそれを見限ってしまう。わが国では産業のリストラが国際競争力を確保するために進行しているが、一方で中心産業の生産性向上が図られれば、二重に雇用が狭められてくる。

3　新ライフスタイル国土空間

農業基本法が改正されて、新基本法は食料・農業・農村基本法とする形をとり、①食料の安定供給の確保、②農業の多面的機能、③農業の持続的な発展、④農村の振興という四つの基本理念を踏まえた新たな農業農村整備事業を展開することとなった。食料の自給率を高め、生活環境の整備を軸とした農業農村の多面的機能を発揮できるように、自然環境の保全や整備、地域資源の循環を保ち、豊かで美しい田園空間を創造することによって、農村の整備が農村の活性化につながり、都市生活に潤いを与え、安全で美味しい食料を確保することが目指されるようになっている。

農村は戦後大きく変貌して、農業生産の場として純化する一方で、都市周辺は農政の大きな方針転換、混住が進み、農村集落は農業者の居住域というよりは、多様な住民が居住する場所へと変貌してきている。さらに若者の定住や雇用機会の拡大のために工業団地の誘致や大型店の導入が図られてきた。そのために、農村振興という幅広い内容を示す言葉が農政の柱へと位置づけられた。そして、従来、農業基盤整備事業を実施してきた構造改善局が農村振興局へと名称を変更した。

農村が活力を維持し、若者の定住を確立し、雇用の場や優れた生活環境が創造され、子供たちを育てる自然に恵まれた絶好の環境が維持され、大都市地域ではけっして創造することができないような新しいライフスタイルを追求できる貴重な国土空間として農村を位置づけることが課題である。

農村の疲弊、商店街の疲弊、地場産業の疲弊が語られるようになって四半世紀が経とうとしている。多様な農村を一括りで論じることには問題があるが、生活の場としての農村には長所短所が様々ある。短所としては、①日常的な買い物が制限されている、②公共施設、医療施設へのアクセスが限定されている、③若者がいない、④魅力的な雇用の提供者が少ない、⑤自分で新たな会社を立ち上げる人材も少ない、⑥移動を支えるのは車と道路になる、⑦未だ全国には七千もの土地改良区があり、それが良質のコミュニティをつくってきたが、維持できなくなっているところも数多くなっている。そして良質の農村コミュニティは、他方で都市的匿名社会の自由さを望む若者の行動を束縛することもある。

また、長所としては、①地域のイベントには旺盛な参加意識がある、②地域への愛着も強く、選挙への関心も強い、③家は広く家賃も安いし、空家も多い、④当然広い家に住め、持ち家を得やすい、⑤通勤が楽、⑥買い物施設、教育施設、医療機関、公共機関、文化施設へのアクセス時間は、混雑度を含めたアクセシビリティを考慮すると、十分農村の方が有利になる。しかし、公共交通機関の整備水準が低いので、高齢者など自分でハンドルを握ることができない人は全く移動が制約されてしまうという短所もある。

インターネット、BS、CSの浸透によって、情報アクセスは世界中どこにいても変わらなくなった。しかしディジタルディバイド問題は世界共通に深刻で、おそらく日本でも、ふれる機会や習う機会、仕事に使う機会が少なくて、優位性を生かすことができない。

農村においてネットワークの高度化が進み、IT技術が活かされて、情報機器を十分に使いこなすことができるのであれば、土地も安く、生活もしやすく、自由な時間を多く使え、あるいはテレワークやテレコミューティングを利用して仕事以外に資源を集中して、魅力的な生活を獲得することができる。農村地域にエンパワーメントゾーンの核となる機能集中拠点施設を整備するアイデアもある。工場を誘致するというのではなくて、オフィスワークを農村で行うことも十分可能であり、都心と比較して大きなメリットもあり、デメリットと比較して移転を考慮する可能性もある。新しいライフスタイルを追求するのであれば農村こそ二一世紀ニューライフスタイル革命の拠点であるかもしれない。

そのためには魅力的で、人々の生活の場として選択される自然条件や社会環境、地理的条件、都市的基盤の整備水準、教育環境など積極的にニューライフスタイルを追求できる条件を設定しなければならない。

第三節　都市計画法と地域振興

1　都市計画法の見直しの論点

現行都市計画法は、高度経済成長過程で都市への急激な人口や諸機能の集中が進み、市街地の無秩序な外延化が全国共通の課題として深刻化したために制定された。一体の都市として総合的に整備、開発、保全すべき区域を都市計画区域として指定し、無秩序な市街化の防止や計画的な市街化を図るために、市街化区域と市街化調整区域を区分・線引きしたものであった。

三〇年が経過して都市的生活と都市的活動をめぐる社会経済環境は一変した。人口の増加は見込めなくなり、各種産業の立地も交通・情報通信網の発達で立地上の制約要因は無くなってきている。所得は上昇して、質の高い住まい方を人は求め、まちづくりへの参加意識も拡がっている。特に環境保全、地域における自然や緑地景観の保全、地球温暖化対策も喫緊の課題である。

都市化社会から都市型社会へと社会は安定成熟し、都道府県や市町村が地域住民と一体になって、地域特性に応じて個性豊かな都市を整備し、次世代に残すべき貴重な環境の保全に取り組む必要が認識されている。

加えて都市計画の担い手として、地方自治体、特に市町村の役割の拡充が地方分権一括法で保証される。それゆえ都市計画制度それ自体が地域の実情にあった制度へと変更されて、市町村に都市計画審議会の設置が義務づけられてくる。この審議会の責任領域と国や都道府県の責任領域がオーバーラップしてくるといった事態の解決は、これまでわが国には発生しなかったようなものだが、あるかもしれない。

空港や高速道路の整備について、国や県はそれぞれ環境アセスを実施して、その事業の環境負荷の大きさを示すことになるが、空港や高速道路がたとえ計画者が国や県であっても最も影響を受けるのは市町村の住民であるし、逆に市町村が計画をした事業の場合、国や県の環境アセスが終わらないかぎり、市町村の都市計画審議会は環境アセスの結果がでないかぎり議論を進めることができない。

このような問題は、行政裁判のような形で一つひとつ状況に応じて問題を解決していくしかなく、そのプロセスで、国と地域の主権をどのように取り扱うのか決定されていくはずだ。同様の問題は農村振興についても発生する。

2　産業と自然の交わる三つのエリアから

日本の国土は、二一世紀のグランドデザインによると、都市化社会から都市型社会への移行を最も基本的な日本人の生活変化として捉らえている。しかし、農村での都市型生活の保障が、国、県、市町村、そして土地改良区といった事業主体との間で役割の重複と国と地域の主権のずれを顕在化させる恐れがある。

図3−1に示されたエリア1、エリア2、エリア3は、わが国の国土利用上の変化を生じさせてい

図 3-1

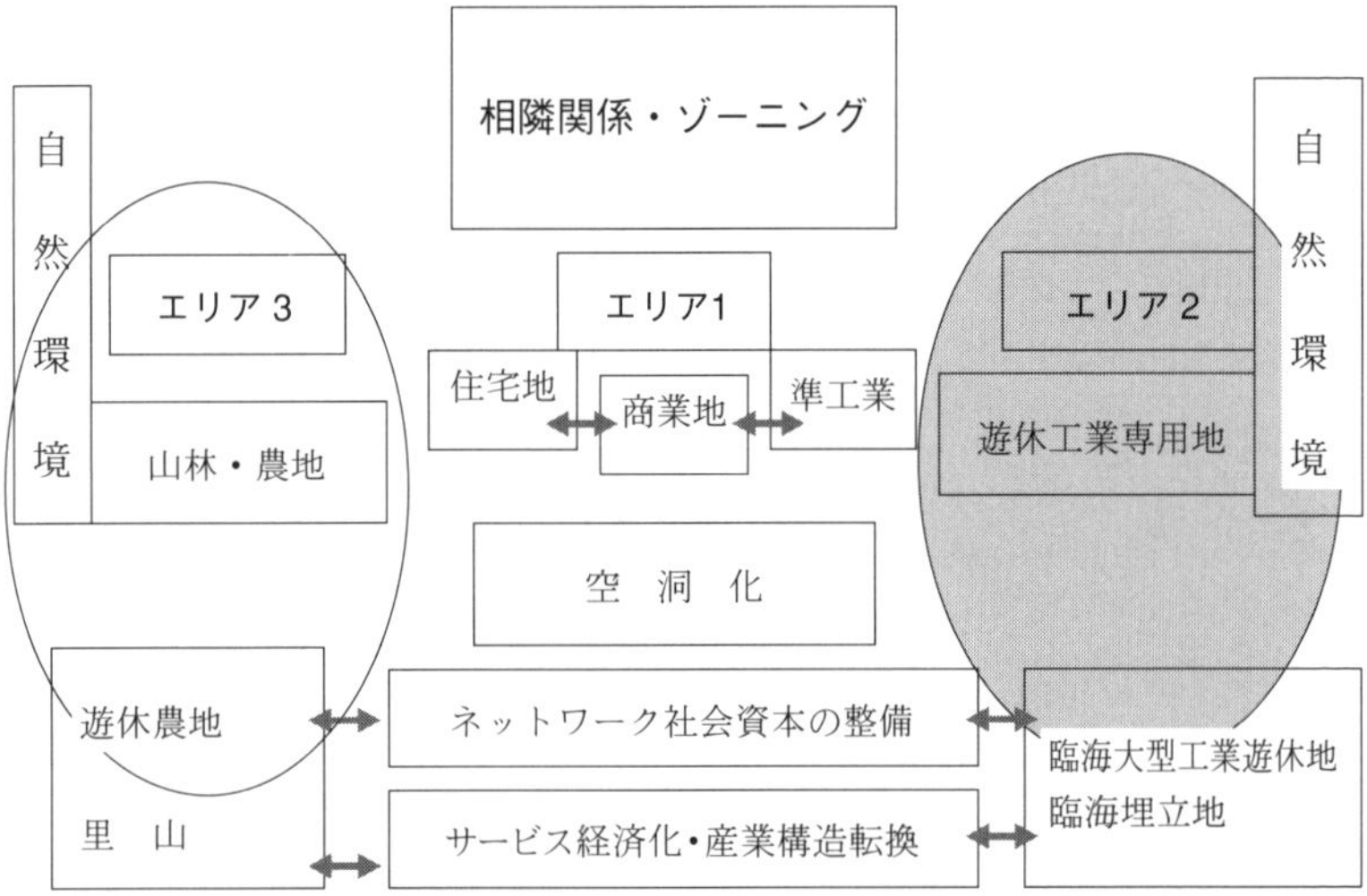

る代表的な三つの地域ということができる。人々の価値観が多様化して土地の利用についてのそれぞれの考え方は、現在の土地利用制度や都市計画制度や農地法の制度がつくりだされた時代に想定されたものとはまったく異なっている。

土地利用制度を大きく変更させている最も重要な要素は産業構造が大きく変化してきたことである。昭和三〇年代において農地、都市計画区域あるいは港湾地域に想定されていた土地利用は、わが国の産業構造がサービス経済化へと変化するなかでまったく変わってしまった。それに加えて、自動車社会が国土を高速鉄道網や道路網によってネットワーク化されたことによる土地利用の変化も大きな意味をもっているかもしれない。さらに、現在ＩＴ技術が進展し、高度情報化が浸透し、情報通信ネットワークが国土全域に整備される状況を踏まえると、わが国の土地利用、国土利用の体系は変革を迫られているという表現に尽きる。

エリア１は都市計画制度で想定された住宅地、

商業地、業務地、工業用地といったゾーニングがそれぞれの用途の土地利用を促進する社会資本整備と一体となって、相互にスムーズな土地利用ができるための相隣関係を重視した。経済学的な言葉でいえば、外部不経済を減らし、外部経済を高める、機能の集中と分散を意識的に形づくった土地利用計画であった。魅力的な住宅地を形成するということから、居住環境を魅力的にするという考え方で整備されていくと、住宅地域のなかに魅力的なレストランや美術館が配置されることは容認され、かつてのような住居機能純化、住宅と公園と植樹された街路に下水道といったコンセプトから複合多機能型居住地域が求められてきている。商業地は家業型の商業が後継者問題で継続できなくなり、特に商業で家計を担うには、従来の商店経営では大手企業に就職したときに得られる所得水準を確保することが困難になり、子供の代では商店を継ぐことを止め、魅力的な仕事に就職するという動きが一般的になって、商店は後継者を失って高齢者の代でその事業を打ち切るということになってきた。

とりわけ全国の中核都市、あるいはそれに準ずる地方の中心都市でさえ、中心市街地はその商店が撤退し、その敷地が駐車場や空き店舗のまま放置されるといった事態が全国ほぼ共通に生まれてきている。自動車社会が進展すると商店街への買い物は車の利便性によって大きく左右され、商店街の期待に応えて道路を拡幅しようとすると地権者の納得を得ることができず、結果的にバイパスを都市の外側につくりあげていくという方向になってしまった。その結果、未線引き地域のバイパスに大型店が立地し、顧客が大型店の方に自動車とともに流れていくと、中心市街地の商店主たちは、それらに追従して郊外に事業を展開するようになる。そのプロセスで事業が安定的な収入を確保できるかどうか確信をもてない金融機関は、中心市街地の土地を担保に、かつ事業経営が安定的で確定的なものになる確信から、全国展開するフランチャイズ型の事業運営のみに資金を供給するといった問題が発生し、結果として地方都市の中心市街地は空洞化し、郊外は全国どこにでもある大型店で占められ、気がつけば都市の郊外は全国展開する似たり寄ったりの大型店やファミリーレストランなどの事業形態だけになってしまった。

これに対して、大都市の商業業務地域は、かつては中心商業や業務が経済成長とともに拡大し住居地域にはみ出すよりは、準工業地域にその機能を拡大していくという意味で、工業地域での拡大を図ることになり、大都市では準工業地域だけが競って開発されていくという動きをとってきた。しかし、大型の工場がわが国の産業構造の大きな変化に伴って次々に撤退して空地を生み出すようになると、新しい業務地域の開発は大きなプロジェクトに基づいて次々に進行するようになり、首都圏では大都市のリノベーションという形で工業地域の土地利用転換が迫られるようになってきた。

エリア2は、第二次産業全盛期にわが国の経済活動の拠点とみなされていたウォーターフロントに面する港湾地域に隣接する大規模な工業用地を想定している。新産業都市工業特別地域、通称、「新産工特」の制度が、全国に工業都市を整備するために想定した土地利用は、港湾を整備することによってその背後地に石油コンビナートや倉庫群の利用を想定して、そこに大規模な労働力を配置し、わが国の重要な産業拠点を形成するというものであった。それらの都市をネットワークする整備に加えて高速道路網や鉄道網が形成され、わが国の基幹産業として成長を予定されていた。

ところが、第二次産業は究極にそのシェアを減らし、製造業はＧＤＰの二割を切る段階になると、全国ではあらゆるエリアで空地や未利用地があふれてしまっている。首都圏だけでも一九〇〇〇ヘクタールもの空地があふれている。その利用の仕方にアイデアもついていかないという状態になっている。臨海の埋立地はテーマパークに変わったり、ショッピングセンターに変わったり、新たな展開を続けているけれども、遊休しているこれらの港湾隣接の工業用地がすべてそのような用途に用いられるとはかぎらない。静脈産業といわれている、これから拡大が期待される環境リサイクル関連の企業の立地が期待されるとしても、その遊休地の一割を満たすかどうかわからないし、今後ますます工業用地の遊休地は拡大していく傾向にある。

エリア３は、従来、未線引き白地といわれた都市計画区域外で農業振興地域からも外れた、かつては最も美しい自然環境を提供してくれていた里山とか雑木林のエリアである。

エリア３は、二一世紀の日本人にとって緑と水とＩＴに支えられた距離を超越した新しい働く空間として期待されるエリアの一部でもある。従来、開発の力が及ばなかった都市郊外、あるいはその外側で日本の自然の美しさを残す里山や農村の風景が残っている場所である。多くの地方都市は、中心市街地の空洞化を抑制するために郊外の開発を抑え、成長管理型都市政策を導入しようとしている。このことは自動車社会の論理を追求する外資系の企業や大型店の論理に適合せず、開発はその外側のエリアに伸びることになってしまった。全国の美しい日本の原風景を崩壊させる工場誘致ではなく、大型商業施設を導入する動きが頻発しているし、農村集落周辺では農村の人口が増加しないにもかかわらず後継者用住宅が次々に建設され、農地が削られ、すでに農地の総量は日本全体で四九〇万ヘクタールにも低下してきている。

農業サイドでは、従来の農業公共投資から農業農村環境整備というコンセプトに農業政策の方針を変更し、農産物の確保という大原則から、安全で安心して食べることのできる食材の確保、日本の国土の自然環境をより高い水準に確保するための環境政策、あるいは農村集落の雇用を確保し、農村の所得を高める農村振興という新たな政策が加えられて、農政の四本柱として新しい農業基本法を確立している。構造改善局は農村振興局という名前に変え、その目的をより明確にしようとしている。

高度成長期には多くの労働力を農村から都市へ流出させたが、農村地域工業等導入促進法に基づく工業団地は一八〇〇箇所にも及び、すでに一三〇〇箇所では工業団地は稼動し、そこで四五万人の労働力が雇用されている。しかし、二一世紀を展望するとき、日本の産業は製造部門をアジア各国にゆだね、その主たる産業としてＩＴを中心とした情報通信関連事業、サービス業の方向へとその主要な部分を移している。工業団地が果たす役割は今後相対的に低下していくに違いない。

さらに、建築技術や建築デザインは飛躍的にその技術水準を高度化させて環境と融合し、環境負荷を生み出さないような建築方式や水処理のシステムは、簡単に導入することができるようになってきている。大規模型のオフィスではなく、小規模分散型で自然と融合できるようなオフィス建設が、工業団地をつくって整備をするよりは遥かに自然と共生的であることがわかってきている。このようなときに農村につくり出される雇用が、従来と同様に製造業中心と考えることは、時代の流れを正確に理解したとはいえない。農村振興と農村へのオフィス誘致の可能性はその意味で議論するに値するテーマである。

アメリカやヨーロッパの国々におけるオフィスの展開は、大都市のセンターコアに金融の拠点を置き、インテリジェントビル、スマートビルの建設を進める一方で、小規模なオフィスが山の中に立地されたり、水際に立地されたりする。働き手が自然環境のなかでの能力の発揮を期待するオフィス建設の動きは、ソフト産業が個性とともに拡大していく現代社会では大きな世界の趨勢の一つと考えることができる。ところが、残念ながらわが国では、先端産業のＩＴで装備された情報通信関連事業者が最も美しい国土の緑や水に接して働くコンセプトは生まれていない。農村振興と工業団地、農村に大型店の誘致といった外部からの活力注入という形の地域振興策はすでに行き詰まりをみせている。

農林サイドでは、水利を考慮しながら連たんする二〇ヘクタール以上の優良農地を最終的に確保することで、わが国の将来の農地を四〇〇万ヘクタールの水準に維持すれば、人口ゼロ成長時代のわが国の食料や、食料の安全や、農村振興や、環境の保全が確保できると計算している。農村地域の環境整備を日常的に行っているのは七〇〇〇ものNPOである土地改良区や土地改良区が弱体化して、地域農村振興を市町村が担うといった、多様な農村振興の方向が生まれてきている。現在、このエリア3においてどのような条件をクリアすれば、そこが魅力的な日本経済の担い手となりうる新しい産業と、農村で生活する若い世代や女性労働力の受け皿となりうるかについて、真剣に検討しなければならなくなってているのだ。

わが国は商業であれ、工業であれ、農業であれ、親から子供へその事業を後継する事業の展開は大きな壁にぶち当たっている。どの家庭でも少子化が進み、子供たちに商業や工業や農業をあるいは流通業を継がせるという形態の事業の連続性を維持することは極めて難しい時代になってきている。子供たちにとって魅力的な人生を考えると、自分のやりたい仕事を追求することであることは当然である。住み慣れた町に住み続けながら、その地域の自然を保全しながら、親の職業であった農業ではなく、時代の先端をいくIT技術など新しい産業に身を置きたいと思うのは当然である。そのような働き方が選択できるような農村振興策が、土地利用計画とともに確立されなければいけなくなってきている。全く同じ論理が商業地域についてもいえ、また中小企業者や地場産業の立地している準工業地域の土地利用のあり方についても同様の検討が求められるようになってきている。

日本全体としていえば、そして面積の広さから議論すれば、産業構造の転換によって生じてしまった大規模な臨海工業地帯における空地や、中山間地域といった農業後継者を見つけることができないために生まれてくる営農が放棄された農地ができること、あるいは主を失って山林が整備されないまま放置されることは、バランスのとれた自然環境を維持することを困難にし、都市の居住者にも深刻な影響を及ぼしてしまう。

エリア2とエリア3では自然環境を再構築するという大きなテーマのもとで、より高度な複合機能の土地利用を可能にするような、それぞれの基盤を整備、充実させなければならないのである。

第四章　まちづくりにみる多様な価値観

現在、全国各地で様々なまちづくり運動が行われている。それは景観整備であったり、歴史的資産・伝統文化などの地域資源を活用するもの、あるいは「住みやすさ」を目指すソフト志向や情報化へ特化した事例など、種々の態様がみられる。新しい国土づくりのビジョンは、二一世紀社会を見通しながらも、いま現実に起こっている市民主体のまちづくりの動きも踏まえることが必要と思われる。

本章では、景観形成を花づくりにより効果的に行った事例、伝統文化をふまえ自らの「ものさし」を探った事例、そして自治意識に基づく新たな価値基準を現在創りつつ事例を紹介し、第Ⅱ部の国土づくりに関する仕組みや制度に関する問題点の考察へとつなげることとしたい。

第一節　花のまちづくり――北海道恵庭市

北嶋　雅見

(1)　恵庭市の概要

北海道恵庭市は、道都札幌市と新千歳空港のほぼ中間に位置する人口約六万五千人の都市である。かつては農業を中心とした町であったが、生活環境や交通アクセスの良さから工業団地や文教施設などの基盤整備が進んでおり、これに伴って市内各地で大規模な宅地開発も進められたことから、近年人口は大きく増加している。

とりわけ、一九七〇年の市政施行後、旧市街地よりも戸建住宅を中心とした新興住宅街への人口集積が進んでおり、持ち家比率も六三・六一％（一九九五年・国勢調査）と都市部としては相対的に高い。現在もこれら地区への転入者が相当数認められることから、今後も住宅取得者による人口の増加が予想される。

このように恵庭市は、大都市近郊によく見かけられる典型的なベッドタウンと指摘することも可能な、比較的歴史の浅い新興住宅街をいくつか抱えた都市であるが、この中の一つ、恵み野地区からはじまった「花のまちづくり」が全市的な取り組みへと転換しようとしている。

(2) 恵み野地区の概況

恵み野地区は、恵庭市中心部から約二キロ北側に位置した約四一〇〇戸程の戸建住宅からなる新興住宅街で、主に札幌圏通勤者を対象としたベッドタウンとして、現在も人口が増加している地域である。宅地開発以前は畑地や原野がほとんどであったことから地区の歴史も浅く、恵庭市の花であるスズランが多く原生していた地域からも離れていたことから、地域としてみると花との関わりもほとんど認められない。

また、同地区は、その歴史自体が二〇年ほどであり、基本的に他地域からの移住者がほとんどであったことから、地域に根づいた慣習などが比較的少なく、また町内会などのつながりも希薄であったことから、現在みられるような組織的な住民活動などについての歴史的な裏づけも少ない。

しかしながら、その後の人口増加に伴い、一〇年程前から主に専業主婦といった層を中心に自然発生的に文化サークルなどが組織されるようになる。これらのサークルは、慣習などに縛られることが少なかったことから、個人の志向に沿った比較的自由な活動を実現していた。目的やメンバー構成も多種多様なものとなっており、例えば当時の代表的なものとしては、子供たちへの読み聞かせを目的としたサークル「おはなしさんた恵夢」や恵み野商店街の夫人を中心にした「ラ

図4-1　恵庭市の街並み

ベンダークラブ」などが挙げられるが、これらの取り組みは、どのサークルもほとんど共通して時間に余裕のある女性たちが中心となっていた。

とはいえ、このようなサークルが地域に点在していたものの、縦横の連携が充分にあったわけではなく、地域的活動を可能とする土壌は、この当時もまだ整備されていなかった。

(3)　恵庭市の花に関する取り組み

このような同地区の歩みと相前後して、恵庭市における花のまちづくりの基礎は一九六一年の「花いっぱい文化協会」の設立にまで遡る。

同協会は、今でこそ町内会や学校、商店街などの約一〇〇団体の会員に支えられて様々な取り組みを展開しているが、当初は恵庭市に入植した秋田県出身者七名の有志によるものであり、この背景には、多分に当時毎日新聞社の呼びかけで全国的に広がった「花いっぱい運動」の影響があったものと思われる。

また、このような取り組みと同時期に、稲作などから花卉生産へのシフトがはじまっており、旧制農業高校であった現在の恵庭北高校が地域への園芸指導を行っていた時期とも重なっていることから、これらの要因が重なって花のまちづくりの土台が形作られたものと考えられる。

その後もこれらの取り組みは地道に続けられたが、花のまちづくりが意識的に取り組まれるようになったきっかけは、一九九〇年の第一回恵庭・花のくらし展の開催であった。同展は、当時大阪で花と緑の博覧会が開催されたことなどから、市制施行二〇周年の記念事業として行われたが、そのイベントにおいて、恵庭市は新興住宅街が多いだけに洋風な家屋が多く、「恵庭」を英語にすると「ガーデンシティー」になることから、世界的に名高いガーデンシティーであるニュージーランドのクライストチャーチ市を参考としたまちづくりを行うべきではないかといった指摘を受けることとなる。

このため、翌九一年二月、市職員、市民、園芸関係者などの有志がクライストチャーチ市を訪問し、花のまちづくりに向けた強い動機づけがなされたが、その後、恵み野地区を中心とした活発な取り組みにつながることとなる。

(4)　恵み野地区が花のまちづくりに至るまで

この視察を契機として、同地区で報告スライド上映会などが開催されたことをきっかけに、現在も活動の中心的役割を担っている数名の女性たちによって、恵み野花づくり愛好会が一九九一年に誕生した。この背景としては、街自体が新しいことから、きれいな町としての誇りや愛着をもっているものの、時間の経過に伴って古びた町になってしまうことへの抵抗や、個々の住宅はきれいでも町全体を見渡した場合、雑然とした場所も多く、よりきれいな町にしたい、クライストチャーチ市のような街にしたいといった強い動機づけがあった。

これらが行動として表れたのが、同年以降毎年開催されているフラワーガーデンコンテストである。このコンテストは、恵み野花づくり愛好会やラベンダークラブなどの強い働きかけにより、恵み野西商店街が中心となって、クライストチャーチ市の事例を参考として実施しているものであるが、当初は公募で個人の庭先の美しさを競っていたものが、その後応募に関係なく地区全域の庭を対象に審査を広げて美しい庭を探し出す「恵み野花探偵団方式」に代わっている。近年のガーデニングブームが追い風となって、これらの取り組みの認知度、注目度を高めたことから、活発化が図られていったが、

図 4–2　経常的に花と関わっている割合

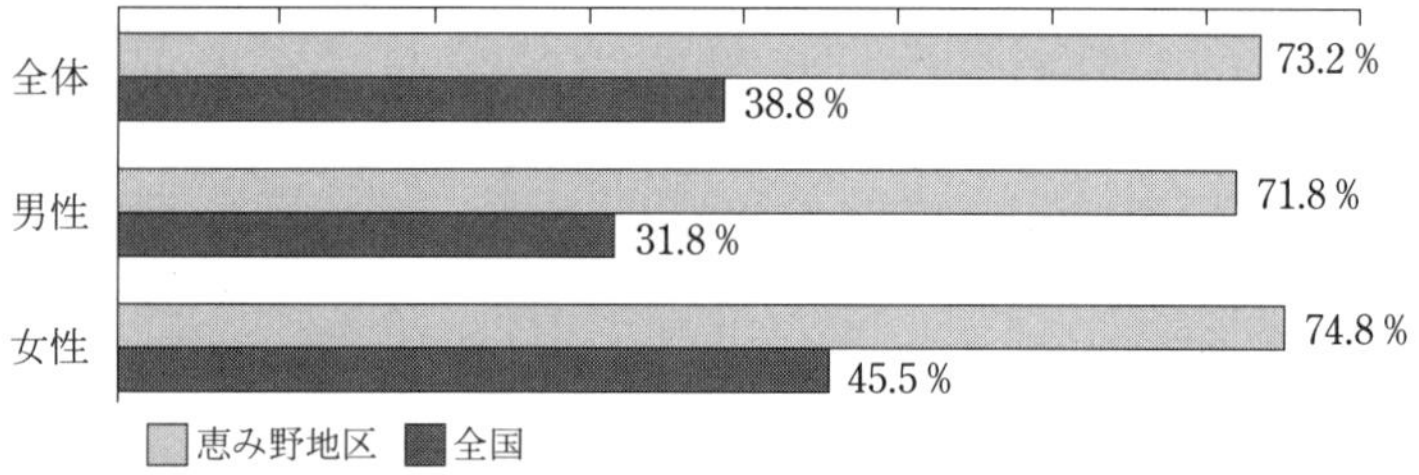

出所：1.「恵み野地区」：女性を主役としたコミュニティーの創造〜恵庭「花のまちづくり」〜（(社)北海道未来総合研究所・1999）より，アンケート調査にて花との関わりで「毎年継続的に」と回答した比率を抜粋.

2.「全国」：レジャー白書2000（(財)余暇開発センター・2000）より，「園芸，ガーデニング，農作業など」の参加率（1年間に1回以上行った人の割合）を抜粋.

その場は個人の庭先に止まることなく、地域景観などへも広がりをみせている。

例えば、恵み野花づくり愛好会では、恵み野西商店街の公共の土地である通りに花を植えてフラワーロードにしようという提案を行ったことがある。この提案は、それぞれの区画に面した家が自費で花代を負担して、各自が維持管理まで行おうとするものであった。当然、当初は反対も多かったが、結果的に女性を中心にした有志の作業提供などにより実現にこぎ着け、現在はフラワーロードとして定着するまでに至っている。このような取り組みは、いわばNPOによる市民参加の典型ともいえるが、現在もその活動の場は広がっており、道路や学校などの花壇整備のボランティアのほか、高齢者世帯など庭の維持管理が難しい場合には作業支援を行うなど、新たな視点による取り組みも生まれている。

これらは、もちろん第一義的には地域の美観整備に貢献するものであるが、花を媒介した会話やつきあいも自ずとふえることから、新興住宅街などでは不足しているといわれる地域のネットワークやコミュニケーション醸成についても大きな役割を担っている。そして、これらをさらに推し進めて同地区内に点在する組織をより地域的な取り組みへと昇華させるため、地区全体を対象とした美しい恵み野まちづくり推進協議会が行政なども巻き込んで組織されることとなり、更に一歩進んだまちづくりへと進んでいく可能性も高まってきている。

(5)　恵み野地区住民の花に対する意識

このように同地区で花のまちづくりが盛んになった背景の一つとして、古くからのつきあいや慣習にあまり根ざしていない新興住宅街の住民が、いわば「共通語」として花を共有出来たことが挙げられる。確かにつき合いを通じて花との関わりをもったケースも考えられるが、いずれにせよ同地区は花やガーデニングを楽しめるだけの環境に恵まれていたこと、そしてその環境が住民の誇りにもつながっているが、このことは花に対する関わりにも端的に表れている。

(6)　恵み野地区の花のまちづくりの「いま」

現在の恵み野地区における花のまちづくりは、夏期を中心に年間一万人以上の観光客を受け入れ、また地元旅行代理店による同地区商店街、住宅街などを対象としたツアーが組まれるなど、異常ともいえるほどの注目を集めているが、市内他地区でも同地区の取り組みに触発された事例がいくつか見受けられる。

漁町《いざりまち》商店街は、中心市街地に位置する古くからの商店街であるが、同地区の影響を受けて一九九六年頃より通りや店先を花で飾るようになった。これらの取り組みは、やはり商店街の夫人たちを中心にしてはじめられており、当初は一部商店からの反対も多かったが、現在は商店街の活性化を目的として同商店街振興組合の事業として行われている。このことによって、即座に顧客がふえたり、売上が伸びるといったことは実感としても少ないようであるが、花を通しての会話が弾むなど、地域とのつながりは深まっており、商店主、顧客ともにその評価は高い。これらの取り組みは、やがて全国花のまちづくりコンクールなどの表彰にまで至るが、同商店街の南側に隣接する泉町商店街でも花に取り組む商店などが現れており、徐々にではあるが地域的な広がりがみられはじめている。

しかしながら、全国規模のコンクールで表彰されたり、見学者や視察が相次ぐなど高い評価を受けているのはこれらの一部地域にすぎず、積極的な愛好会などの活動も個々に行われがちであることから、同市全体に浸透した取り組みとはなり得ていない。

このため、先に示したように、市内各地の連携を図るべく恵庭花のまちづくり推進会議が組織されたが、同会議はこれまで同地区の花のまちづくりの中心的役割を担ってきた主婦などが発起人となって準備が進められ、花いっぱい文化協会などのほか、花苗生産組合などの農業団体や商工会議所、青年会議所などから構成されている。その目的はあくまでも行政に頼ることなく花のまちづくりを実現させようとするものであることから、市民主導の推進母体としての役割を担っており、今後の取り組みが期待される。

(7)　花のまちづくりにつながった要因

以上により、同地区あるいは恵庭市において花のまちづくりが広がっていった要因がいくつか指摘できる。

まず、同地区は住環境に恵まれていることから、「きれいな街に住んでいる」という自覚が生まれ、景観に対する意識を高めることに結果的につながっている。このことは、花との関わりの程度などにも表れている。

次に、同地区の歴史は二〇年ほどであり、また他地域からの移住者が多いことなどから、地域独自の習慣や風習などが少なく、人的関係も比較的希薄であったことなどがある。これらに縛られることのない自由な活動が行われやすい環境下にあったことと、数名の地元住民のリーダーシップによりこれら諸活動の組織化が図られたことが後の飛躍につながっている。

また、社会的な背景をみると、クライストチャーチ市への視察が、結果として非常に必然性の高い動機づけとなった。この視察は、もちろん世界屈指のガーデンシティーである同市の現状を知る機会であったことは確かであるが、歴史的背景や住民意識、行政対応などの違いから、同市の取り組みを即座に実現可能な参考事例と捉えることはできない。このことよりも、ガーデンシティーに対する「あこがれ」といった抽象的な感覚が住民意識を刺激したことが、その後の花のまちづくりにつながる大きなきっかけとなっている。

また、ガーデニングがクライストチャーチ市への視察とほぼ同時期にブームとなっていったことも指摘できよう。ブームとなったことによって住民の動機づけがいっそう進み、そして最終的にはこれらの要素が密接に関連づけられたことによって、現在の花のまちづくりにつながっている。

第二節　「絵金文化」を核としたまちづくり――高知県香美郡赤岡町

畠中　洋行

(1) 赤岡町の特徴

● 高知市から東へ約二〇キロ（車で約三〇分）、高知空港から約四キロ（車で約五分）の位置にあるまち。

● 面積一・六四平方キロメートルで、全国で二番目に小さいまち。

● 人口三六〇〇人と少ないが、プラスエネルギーの高い人がたくさんいるまち。

● 老齢人口の割合二七・四％と高いが、それを逆手にとれるほど年寄りが元気なまち。

(2) まちづくりに取り組むに至った背景

赤岡町は、交通の便が良かったことから、幕末の頃より、高知市に次ぐ商都として繁栄していた歴史ある商人の町である。しかし、栄華を極めた赤岡商店街も、一九七三年に新国道が開通したころから徐々に衰退し始めた。さらに、大型量販店の進出により致命的なダメージを受け、今では、かつての繁栄の面影を残すのみとなっており、まちの人々には危機感が募っていた。

そうしたなか、まちを元気にしようと取り組みを始めるグループが生まれてきた。一九九三年には、

図4-3　赤岡の街並み

絵金の屛風絵に描かれている歌舞伎の場面を自ら演じてみようと町内の有志が集まり、「土佐絵金歌舞伎伝承会」が誕生し、絵金祭りでの歌舞伎の上演や県外団体との交流など活発に活動し始めた。

この動きに影響を受けて、九五年には、地元主婦を中心に産品開発グループ「やつゆ会・金木犀」が発足した。また、同年一一月には、商店街のメンバーが中心となり、商店街で楽しい催しを繰り広げる「冬の夏祭り」を始めた。こうしたグループの活動が始まったことにより、まちに少しずつ活気が生まれてきたのである。

しかし、この時点では個別の活動にしかすぎず、お互いの活動を連携し、バージョンアップしていくことが望まれた。そしてそのため、活動の目標となる共通の「ものさし」（理念・ビジョン）を探し出す必要性が出てきた。そこで、九七年一月から九八年三月までかけて、前記三つのグループを中心に商工会・行政が加わり、「絵金文化を核としたまちづくり」をテーマにワークショップを繰り返すなかから、「ものさし」を見つけだした。

さらに、九八年度には、議員・県もメンバーに加わり、ワー

図 4-4　絵金と絵金祭り

ローソクの灯りで楽しむ屏風絵

絵金祭り

赤岡は,「絵金」という独自の文化をもっている.「絵金」は,幕末の絵師弘瀬金蔵の通称.江戸で狩野派を極め,藩のお抱え絵師として活躍していたが,偽絵事件にまきこまれ,城下追放となる.諸国を放浪した後,赤岡に流れ着き,赤岡商人の庇護のもと,絵を描き続けた.そのため赤岡には「絵金」の描いた芝居屏風絵が多数残っており,国際的にも高い評価を受けている.これらの絵は,年に1度,7月の第3土・日に商店街の軒先に飾られ,ローソクの明かりに浮かび上がる.この祭りは,「絵金祭り」として有名である.

クショップのなかから浮かび上がってくるまちづくりへのアイデアを、広く町全体の人々にも理解してもらうとともに、町の政策に体系的に位置づけることを目的に、「HOPE計画」策定事業（旧建設省の補助制度）を活用して、「赤岡住まい・まちづくり物語」のストーリーが描かれた。

(3)　ワークショップによる計画づくりの進め方（キーワードは「参加型」・「パートナーシップ」）

「赤岡住まい・まちづくり物語」（HOPE計画）のストーリーを考える話し合いでは、赤岡の住民のパワーを大いに活かし、合意形成のプロセスを大切にすることを心がけて、ワークショップが重ねられた。

このワークショップには、前述した住民による三つの活動グループを中心に、商工会、行政、議会、県がメンバーとして加わり、水平な関係で議論を進めるなかで、お互いの役割分担が明確になり、信頼感もましてお互いのパートナーシップが形成されてきた。

また、町外からプランナー、デザイナー、大学教授も加わることにより、地元の人々（土の人）だけだと住み慣れてしまってなかなか気づかないまちの魅力を、「ヨソ者」（風の人）の視点で発見してもらい、議論の素材にするという関係性も形成してきた。

このように皆で話し合いを重ねていくなかで、「街並み」「絵金文化」「人の魅力」という、赤岡町ならではの資源・資産をまちの宝物として活かすことを基本に据えて、街並みを構成している魅力的な建物、路地等をどのように保全、活用、整備していくべきかについての施策の体系をまとめた。

(4)　まちづくりの進捗状況

これまでに、地元赤岡の魅力・宝物を見直すため、町内外に広く呼びかけ、赤瀬川源平氏ほか路上観察学会のメンバーを探偵団長として招いて「赤岡の不思議探し…赤岡探偵団」を開催した。そして赤岡探偵団の内容に一味加えてまとめた本『赤岡探偵手帳スペース歩く町スペース赤岡町』を発行して町内全世帯へ配布した。さらには「子どもたちにも伝えたい」という想いから、町内の親子を対象とする「親子赤岡探偵団」を開催した。このほか、空家活用策の実践として、元銭湯を演芸場に仕立て「不思議」をキーワードにした催しを行う「旭湯お喜楽演芸場」を開催してきている。同じく元銭湯を学習会の場として実施した「赤岡横丁クラブ」等、ソフ

図4-5　赤岡町を案内する本

図 4–6　赤岡探偵団の様子

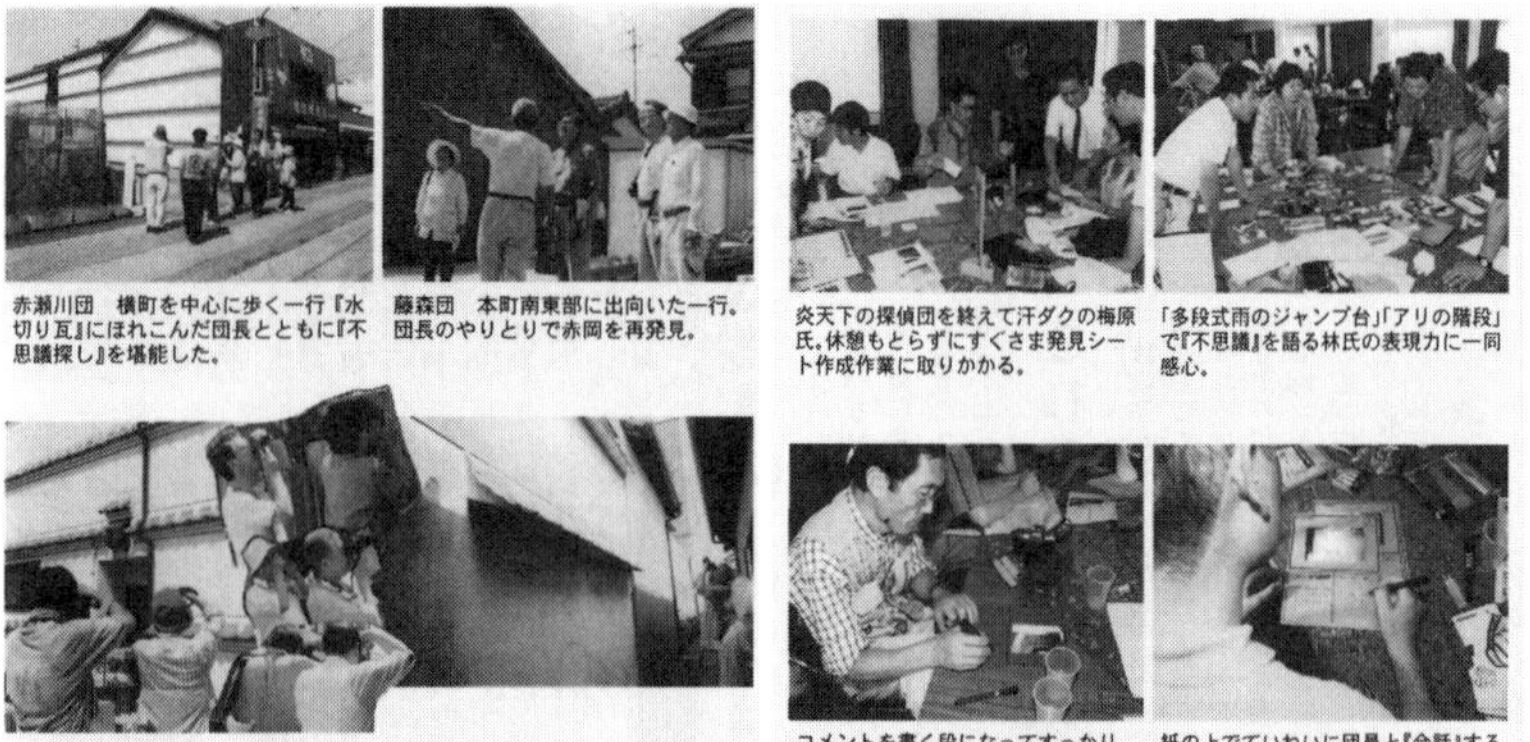

赤瀬川団　横町を中心に歩く一行『水切り瓦』にほれこんだ団長とともに『不思議探し』を堪能した。

藤森団　本町南東部に出向いた一行。団長のやりとりで赤岡を再発見。

炎天下の探偵団を終えて汗ダクの梅原氏。休憩もとらずにすぐさま発見シート作成作業に取りかかる。

「多段式雨のジャンプ台」「アリの階段」で『不思議』を語る林氏の表現力に一同感心。

団長が発見した数々の『不思議』を同じアングルで狙う『団長の視点』カメラマンたち

南団　弁天通りを歩く先々で「変なモノ」「面白いモノ」を次々発見。

コメントを書く段になってすっかり『作家』の顔つきになった赤瀬川氏

紙の上でていねいに団員と『会話』する南氏。どのコメントもやさしさとユーモアがたっぷり。

赤岡町では、地元で常識破りの創造的な活動に取り組んでいる元気な人々が集まり、じっくりと赤岡のまちづくりについて語り合ってきました。その中から、赤岡のまちの宝物を探し出し、丁寧に育てていくための「ものさし」を見つけだしました。

そして、自分たちが暮らしやすくなり、自分たちが楽しめるまちのあり方を、自分たちで見つけた「ものさし」を当てながら考えました。考えたことのいくつかはカタチにもなりました。

思いついて、考えて、実行して、また思いついて、考えて、実行するという取り組みが『赤岡の住まい・まちづくり物語』なのです。

まちのものさし

- 誰もが寄り道したくなる何かが起こりそうな不思議なまち
- 誰もが昔を思い出すまち
- 元気でおもろいまち
- 老人を逆手にとるまち
- 泊まってみたくなるまち

（平成8・9年度『赤岡バージョンアップ大作戦』より）

ト面では計画と実践がバランス良く進捗している。

一方、ハード面では、空家になった民家を買い上げ「ミニ絵金館」として整備する構想や、農協が貯蔵用に使っているしっくい壁の蔵を活用して「絵金屏風絵収蔵庫」として整備する構想、あるいは絵金歌舞伎等を上演する「芝居小屋」の復活構想、「街並整備事業」等が計画にあげられているが、予算面の問題があり、まだまだ時間がかかりそうである。しかし、そのなかで、「ミニ絵金館」「絵金屏風絵収蔵庫」については一定目処がたっており、二〇〇一年度には、整備に向けた動きが本格化しそうである。

(5) 赤岡のまちづくりの特徴

赤岡のまちの人々は、「はじめに街並み保全ありき」という考え方ではなく、絵金文化を育んだ先達の精神性・風土性を検討するなかから、古き良きものはできるだけ大切に残しながら活用していく、そして、新しいものとの組み合わせも考えることで、自分たちの価値観を表現するという方向性を選択した。そしてその方向性をもとに、まちの身の丈にあった考え方で取り組みを進めている。

何かをつくるために始めたのではなく、自分たちのまちを舞台に、自分たちがいかに楽しめるまちにしたいか、そのためには何をすればいいのかということについて、ワークショップによる話し合いを重ねてきた。そのなかで見つけ出したまちづくりの方向性に基づいて、いろいろな案を出し、企画し、実行し、評価し、見直しを進めている。また、こうした過程において、「土の人」と「風の人」との知恵のネットワーキングも図っている。

まちづくりの方向性を見つけ出し実行に移す主体は、地元住民である。既存の組織の長に集まってもらって話し合うという形態をとらずに、実際に地元で創造的な活動に生き生きと取り組んでいるグループのメンバー（母体は、「土佐絵金歌舞伎伝承会」「やつゆ会・金木犀」「冬の夏祭り実行委員会」の三つの団体）を中心にしている。そして、行政主導とか、住民主導とかの区別はなく、行政・議会・商工会はあくまで、メンバーの一員として一緒に考え、一緒に行動している。

また、それぞれの団体が、それぞれの分野で活動を続けながら、この計画にかかわっている。そして、この計画の策定、実行のプロセスを通じて、それまでの個別の活動から、お互いに協力し合いより良いものをつくっていく形ができてきた。計画を実行していくなかで、「まちの宝物ホメ残し隊」という一歩踏み込んだ、発展型のグループもでてきている。このように、「皆で取り組みましょう」から始まるのではなく、まずは一人ひとりが何をやるかから始まり、そして皆で何ができるかへと発展していくという、成長する主体という点も特徴だといえる。

(6)　これからの課題

「住まい・まちづくり」というテーマは、非常に大きくまた困難なテーマであり、計画自体も幅広くなる。その全てを実行するには、長い時間と多額の経費を要する。今あるまちの宝物（建物、路地、街並み）を残し活用していくにしても、住民の理解が必要であるし、建物の買収、修復等の経費も必要になる。

住民の理解を得るためには、現在の活動を継続しながら、地区を絞って話し合いを重ね、まちの約束ごとをつくっていくことも考えなければならない。また、住宅を建替えたり修繕したりする際の適切なアドバイスや助成制度の検討も必要となる。

まちの宝物的な建物を残すにあたっては、ただ残すのではなく、所有者もまちの人も皆が残して「得した」と思えるような活用策の提案をしていきたいと考えている。さらに、資金的な援助を行政だけに頼るのではない、ＮＰＯ的活動組織のあり方を検討する時期にきているといえる。

第三節　新しい価値基準をふまえたまちづくり
――名古屋市西区浄心地区・愛知県岩倉市・福井県和泉村

藤本　芳徳

二〇世紀のまちづくりは、いわば「土づくり」であったといえよう。新世紀、わが国においては、住民の地域への関心とまちづくりへの参画についての意欲はますます高まり、地方自治の推進、情報通信システムの革新的変化などを背景に、新しい考え方や枠組みでのまちづくりが芽吹きつつある。

本節では、まちづくりを、「地域における自治意識にもとづく住民活動」すなわち、ある地域を愛する人がその地域をより良くしようとして自らの能力を発揮すること、と位置づけ、「協働」、「コミュニティビジネス」、「インターネット」をキーワードにした三つのまちづくり事例を報告する。

1　名古屋市西区浄心地区「浄心のみどりを育てる会」――「協働」

(1)　浄心地区の概要

浄心地区は、名古屋市の北西に位置し、地域の中心商業地として発展してきた下町である。昭和一〇年頃には現在のまちの骨格が形成され、市電、市バスのターミナルや多数の繊維工場が立地し、昭和三〇年代までは大いに繁栄した。

昭和五〇年代以降、地下鉄開通によるターミナル性の喪失や繊維産業の衰退などにより拠点性が低下し、現在も人口は減少傾向にある。これを受けて、同市は車庫跡地の再開発、緑道の整備、商業地整備モデル事業などの地域整備事業を推進してきた。また、同地区の「弁天通商店街振興組合」などの有志が、地域イベント「いっぷく茶屋」を毎月定期的に開催するなどまちづくりに努めてきた。

このようななかで、同市が地区の目抜き通りの電線類地中化工事を一九九九年度から三カ年度で実施することになった。これに伴い、街路樹、植栽、舗装、街路灯、駐輪場など、商店街の街路の機能および景観を再構成する必要が生じたことから、同商店街では、地域活性化に向けて「まちづくり研究会」を組織し、独自の街路整備構想を作成するなどのまちづくり活動をすすめていた。

一方、同市は事業実施において地元意向を確認する場として同商店街を位置づけ、不定期に事業案の説明や意向把握を行ってきた。しかし同商店街は地元の合意形成に有効な枠組みをもっていなかったことや、行政の計画案と地元案との調整システムがなかったため、施工間際になっても歩道の断面構成が決まらない状況にあった。

(2) 新たな提案

先述の商業地整備モデル事業を受託し、浄心地区を担当した経緯から、二〇〇〇年六月、同事業で構想されていた「商店街を中心とする地域組織でのまちづくりルールの検討」と、実践活動としての「行政に頼らない緑の管理システムの確立」をめざした「協働」による合意形成プロセスおよび事業企画提案を、同商店街理事会および市関係課に対して行った。

図4-6　街路の様子

この提案は、個別課題に追われ見通しをもった活動ができずにいた同商店街と、住民対応に苦慮していた同市の問題意識をとらえ、双方に受け入れられた。そして、コーディネータとしての役割を果たしつつ、緑の管理をテーマに同商店街のほか既存の地域組織からなる合意形成の場づくりと、そこでの合意形成の実現をめざして関わることとなった。

(3) 調査活動のスタート

同商店街の運営は、数名からなる理事会において行われている。それまで、理事会は必要に応じ不定期に開催されていた。理事会で街路樹の選定をテーマに話し合いを進めるため、一カ月に一度定期的に理事会を開催することを提案し、理事会運営の方法として合意された。この理事会において、緑化事業への地域住民の関心を高め、その管理・運営についてのルールづくりに向けた、商業者と地域住民による緑化イベントを提案した。しかし、早急に検討すべき課題は街路樹の選定である、という意見が大半を占めたことから、街路樹の樹種についての合意形成から議論を進めることとなった。

具体的な活動としては、まずは先進事例に学ぼう、ということで、二〇〇〇年六月に、街路樹の「里親制度」をもつ愛知県田原町を理事らと訪れ、地域住民の自主的な街路樹管理のあり方について、地元の商業者や町職員との交流を行った。次いで七月には、歩道整備について、同市から提案された具体案を詳細に検討するため、実際に歩道上にプランを描き、車いすで走行する「歩道の断面構成を考えるための現地調査」を実施し、理事らと現場で議論を行った。

こうした活動を続けるなかで、理事会で樹種を決定する前に住民意向を把握する必要性を説いたところ、ある理事から住民も交えた枠組みで検討を進めるべき、との意見が出された。そこで、一〇月、地区の全商業者と来街者を対象に、好みの樹木や緑の自主的な管理への参加意識など、行政との協働による街路樹育成に向けた住民意向を把握するためのアンケート調査を行った。

⑷　浄心のみどりを育てる会の発足

このような議論を重ねるうち、理事会で、理事から住民参加の議論の場として「『浄心のみどりを育てる会』という名称の新しい組織が必要ではないか」との提案がなされた。その場に集まっていた理事がこれに同意し、商店街の理事長T氏を代表に、商店街とは別の組織として設置運営していくことが合意された。これは、協働を進めるためには、商業者が地域住民と一体となって地区の環境整備について話し合うべきこと、そのために商店街とは別の組織を作る必要があることを認識したためであると考えられる。

こうして「考える会」が発足し、先述のアンケート結果を参考に、園芸の専門家を交え再度検討を行い、「育てる会」として市民の声が反映された樹種案を決めた。また同市に対し、アンケートの結果と合わせて商店街としての決定案を報告した。市は案を受け入れ、双方の合意のもとで街路樹の種類が最終決定された。この「協働」のプロセスを経て、相互の関係が改善され新たな信頼関係が構築された。

このように、行政から地元の合意形成を迫られる、またその行政とも合意を形成しなければならない、という関係において、短期間での合意形成のみならず、新しいまちづくりの事業名称や枠組みまでが自発的に提案されたことは、筆者らの予想を超えるものであった。

(5)　今後の展開と課題

「育てる会」は、同商店街の理事の英断により発足したが、舗道整備や放置自転車対策など、地中化工事にはまだ多くの課題が残されている。二〇〇〇年一二月「育てる会」ではリーダーのT氏とともに、地元の「まちづくり計画」に基づく四パターンの舗装タイルの仮舗装を行政に求め、通行人を対象とするアンケート調査を行った。

ただし、こうしたプロセスと決定事項を住民に伝える方法が限られていることから、「井戸端ニュース」として動向を伝えるミニコミ誌を不定期に発行して補っている状況であるが、まだ住民や理事以外の商業者の関心は十分喚起できていない。

一方、自主的な緑の維持管理体制づくりに向けて、地域住民を対象に「ガーデニングイベント」や「井戸端会議」を提案し、「ハーブ教室」を理事の協力で実施したところ、関心を寄せる複数の住民や市区役所のまちづくり担当者が参加し、さらなる協働への流れができつつある。

今後は、実際の緑化作業などを通じて緑とふれあう場を設け、住民に対して地域への関心を高めてもらうとともに、地域住民と商業者が一体で行う自主的な地域の緑の管理についても意識を高め、参加と組織化を図る必要がある。同市も自主的な任意の街路樹管理組織への補助事業をもつことから、今後の組織の成長について担当者レベルでの期待も高まっている。こうした諸々の課題を解決するため、現在ポケットパーク整備に向けた住民提案の方法について、研究分担者が地元と知恵をしぼっている段階である。

2　愛知県岩倉市「岩倉コミュニティビジネス・ＣＯＭ」――コミュニティビジネス

(1)　岩倉市の概要

岩倉市は、名古屋市中心部から北へ約一二キロに位置する人口約五万人の郊外都市である。名古屋駅から私鉄電車で約一五分と通勤に至便なことから、住宅地として順調に人口が増加している。駅前西側の新しい市街地は街路も整備され中低層のマンションが多数立地しているが、東側の旧街道沿いの低層の商店街は経営者の高齢化などから著しく衰退している。

同市は、サクラ並木で有名な五条川の保全活動や、音楽をテーマとした活動など、小規模ながら特徴ある市民活動が活発に行われている。しかし、商業面では商圏人口が少ないことなどからふるわず中小商店の廃業が増加しており、中心市街地から中小商店が消滅する可能性も現実味を帯びて語られるようになっていた。

同市では、一九九八年度、九九年度の二カ年で、市全体の商業活性化に向けて「中小商業活性化ビジョン策定調査」を実施した。この調査の結果、同市内の既存の商業者組織には新たな時代に対応した共同事業を担う体力がないこと、別の表現をすると「施策の受け皿を新たに作らなければならない状況」であることが明らかになった。

(2)　新たな提案

調査終了時点では、新しい担い手といっても組織の影も形もなく、意見をもつ商業者を集めることから始めなければならなかった。そこで二〇〇〇年四月、同市の担当者は「活性化ビジョン」のパンフレットを手に、約四〇〇ある商店を個別訪問し、新たな活動への自発的な参画を呼びかけて歩いて回った。

この「活性化ビジョン策定調査」を受託し、浄心地区と同様、調査・計画を担当した経緯から、「活性化ビジョン」に謳われた事業の具体化、すなわち、「絵に描いた餅をひとつでも食べられるようにする」ことをめざして支援することになった。

そこで、市街地マップづくりをひとつのテーマに、商業者主体の任意のまちづくり組織の形成に向けて、具体的なまちづくり事業を展開することを目的に支援活動を行った。すなわち、「商店街」という地縁組織ではなく、まちづくりのテーマに魅力を感じ、やりたい人が自発的に参加するまちづくりの仕組みを作り出すことをねらいとした。

(3) 組織づくりの着手

「活性化ビジョン策定調査」では、商業者団体の代表などからなる委員会とワーキング部会を設置したが、それと並行して一般の商業者の参画を図るため任意組織の「若手商業者の会」も設置した。全くの白紙からのスタートであったため、手がかりとして、これらへの参加者に対し、二〇〇〇年五月、まずは若手商業者だけの懇親会を開くことを呼びかけた。これに応じた商業者が、市内飲食店を会場に懇親会を開催し、市職員、筆者らが同席し問題意識などを聞き取った。

こうした会を二度もったところで、七月には、具体的活動のための組織づくりを出席者に対してもちかけた。呼びかけに対して数名の商業者が集まり、まちづくりについて話し合う「若手経営者の会」が発足した。代表は、発足準備会での話し合いの結果、市内でアウトドアグッズ店を経営するI氏となった。

「若手経営者の会」は月一回の定例会が開催され、事業内容、会則、役割分担などを議論しながら、商業者相互の情報交換を進めた。その後、合計二三名で総会を開き、岩倉という地名にこだわった活動をすることと、先の新しいまちづくりの概念から「岩倉コミュニティビジネス．ＣＯＭ」という名称を決定し、一一月に正式に会が発足した。

やる気のある商業者による自主的活動の発足は、ビジョンのひとつの方針でもあったため、行政としても活動費助成の検討など側面的な支援が始まった。

(4) コミュニティビジネスの体現

若手商業者が新しい活動に寄せる期待は、現在の硬直化した組織的活動への不満の裏返しでもある。

そこで、申し合わせとして「他人のアイデアは否定しない」、「やりたいことがある人は自発的に呼びかけ自分で企画して実現していく」、などがリーダーのＩ氏から示された。

参加者の年齢層は四〇歳代以下で、いわゆる若手の世代が集まった。現段階では、既存の枠組みを超えて地域やまちづくりに関する問題についても意識を共有できる場を自らつくり出すことができた、という点で、メンバーは大きな達成感を感じている。すなわちこれまで共同事業の必要性は感じながらバラバラだった商業者が「共感」をもったことで自発的行動へと結びついたのである。また、地域で事業を営む事業者が集まった組織であり、従来の組織的活動では期待し難かった、自分の事業に役立つ共同事業の実現にも期待を寄せている。

まちづくり活動の具体化に向けて、同市と同市商工会では、意欲的商業者支援のための補助事業を創設した。こうした働きかけに対し、商業者が補助金を有効活用しながら活動の具体化を図る、というサイクルが動き始め、事業提案や合意形成に強いインセンティブを与えている。

こうした流れを全面的に支援しているのが同市のＫ主幹であり、不安定な組織づくりのプロセスを見守りながら会の結成にまで誘導したことは、時代を先取りした行政として高く評価されよう。

(5)　コミュニティビジネスとしての活動メニュー

まちづくり事業としては、次の事業が推進されている。まずは会の認知を図るため、情報提供ツールとして、インターネットホームページの制作、タウンマップの作成、ミニコミ誌の作成、コミュニティボード（店内掲示板）の設置などを進めている。また、情報発信イベントの企画・実施として、民間によるオペラ公演への組織的支援を検討している。さらに、ボランティア活動の活性化とその経

図 4–7　成果を示すメンバーたち

済的波及効果を主眼にローカルマネー（地域通貨）による地域資源の循環を検討している。

この活動ではあり方として、有力者の「大盤振る舞い」や、無償の「ボランティア」ではなく、まちづくりを事業対象としてとらえる考えが強調されている。これを、「コミュニティビジネス」として位置づけ、共同事業を収益をあげつつ継続性をもって取り組むことや、個店の営利につながる活動を共同で実施し、さらにそれらを市民や顧客に還元することなどを活動のめざすべき方針としており、こうした新しいまちづくりへの理解と参画が若手商業者のなかで進みつつある。

(6) 今後の展開と課題

商業者主体の組織化は、「自店の発展のための共同事業」という参加者に共通する価値基準があったことから、短期間での合意形成が実現した。リーダーのI氏は、この会での活動は「事業をやりたい」という意欲をもつ参加者が自発的にリードしていく姿勢を掲げている。

今後、共同事業の具体化において、活動に割ける時間や熱意はメンバーにより異なること、参加のモチベーションの異なる市民や市民活動団体との連携も発生することが予想される。事業の継続性を考慮し、協調型のリーダーシップをとりながら、アイデアを具体化するための自発性の尊重と、活動を継続させるための負担の平準化、さらには事業収支とのバランスのとれた事業展開ができるよう、常に進め方をガラス張りにし、メンバー間で検討を続けることが必要である。

現在事務処理は主にI氏が自店で行っている。今後、活動が本格化するにつれ、会議や事務作業のスペース、専用サーバの設置場所として、継続的に利用可能な運営拠点が必要となることが予想され、空き店舗の活用が地域の活性化としても期待される。

活動に関する合意形成の場は定例会であり、日常的な意見交換の必要性、リーダーの事務的負担の軽減などから、各メンバーは連絡用にパソコンを導入することとなった。現在、利用環境が整ったメンバーからメーリングリストを使った連絡網が活用されているが、それぞれが情報化のメリットを生かす方法を実践を通して獲得する必要がある。こうした環境の活用と中身にあたる情報の創造、自店経営への機動的な応用が必要である。

この取り組みが愛知県、また全国のコミュニティビジネスのモデルとして成長していくことが期待される。

3　福井県和泉村「和泉村ファンクラブ」――インターネット

(1)　和泉村の概要

和泉村は福井県の最も内陸部、岐阜県と県境を接する、行政面積の九三％を山林が占める林業主体の山村である。人口は一九六〇年の六二六六人をピークに、現在八〇〇人余りにまで減少している。

近年は東海北陸自動車道、中部縦貫自動車道の開通により、中京方面からの交通利便性が高まった。同村を流れる九頭竜川には九頭竜ダムが設置され、湖畔は新緑や紅葉が美しく、夏はキャンプ、冬はスキーと県内外からの観光入り込み客は多い。

九頭竜ダムの建設の際、多数の村民が村を離れたという経緯があり、その関係もあって一九九一年から二つ目の例で取り上げた愛知県岩倉市との間で正式な交流が始まり、九六年九月には友好都市提携が結ばれ、九九年六月にアンテナショップ「ウッディ和泉」が同市内に開設された。

(2) 新たな提案

本事例は、地元からの要請としてではなく、全く弊研究所からの提案として和泉村に持ち込んだ企画である。この活動に取り組んだ理由は、インターネットを使えばある地域の外部からも物理的距離を越えて地域の一員としてまちづくり支援に取り組めるのではないか、という発想に基づく。

また、中山間地に対して何らかのきっかけをつくれば「ファンクラブ」のような任意の応援団が組織され、これを母体に継続的に支援していくことで、長期的には実際に村に定住したり、定住まではいかなくても常連客として親戚のような存在になる人が出てくるのではないか、という新しいまちづくりの方法論の実証について期待をもっている。

その他、インターネットそのものに対して、住民相互の距離が大きい過疎地域での意思疎通の方法として、また地域の情報化の促進、アンテナショップのリアルタイムの管理、さらにはテレワークへと、さまざまな活用が考えられる。

和泉村を選択した理由として、岩倉市内に設置されたアンテナショップが、都市側の交流の窓口として活用可能であること、すでに自治体ベースの交流活動が展開されていたこと、観光資源が豊富であること、村としての情報化施策はホームページ開設程度の状況で多様な提案の余地があったこと、愛知県外かつ水系の異なる圏域にあり地縁的影響が低く、中山間地としての特性がありなお訪問が容易な位置にあること、などである。

そこで、インターネットによる外発的な山間地の情報化という地域づくり手法の開拓に向けて、インターネットを活用し、村外に居住する同村のファンと村民との、遠隔地におけるコミュニティどうしのコミュニケーション支援と、交流ツアーの具体化に向けたインターネット上での合意形成のあり方を探りながら、広域における交流活動による山間地コミュニティの活性化を図ることを目的に各種の実験を行った。

(3)　ホームページの開設、交流の開始

まず、企画案を和泉村に対して説明し、了承を得たうえで、この研究の土台となるホームページを研究分担者が作成、弊研究所のサーバー上に開設した。

◆アドレス・コンテンツ

http://www.chimonken.or.jp/nira-a/izumi/

●和泉村BBS……参加者どうしの意見交換のための掲示板

●LINK…………和泉村に関係するページのリンク集

●和泉村って?……和泉村、ウッディ和泉の紹介、など

ホームページを開設後、ウッディ和泉の開店一周年記念イベントが岩倉市の同店で開催されること

になった。これに合わせて、二〇〇〇年七月、同店の協力を得て協賛イベントとして店頭にノート型パソコンを設置し、買い物客や通行人に掲示板への書き込みやチャットへの参加を呼びかける、インターネット交流実験を行った。

実験に際し、村内のインターネットユーザーを発掘し、実験当日に岩倉側からの問いかけに返答してもらうよう協力を要請した。期間中の書き込みは、一日目が四件（同村一件、店頭二件、その他一件）、二日目が一一件（村一件、店頭九件、その他一件）、二日間で合計一五件あった。また、これを機にアドレスと実験内容を書いたチラシを作成しPRを行った。

このイベントでのインターネット体験の呼びかけに対して、四〇歳代くらいまでの人は男女をとわず比較的抵抗なく参加をしてくれたが、五〇歳代以上では日常パソコンを利用しているという人以外は消極的であった。

イベントの後も、研究担当者がインターネットユーザーを対象にインターネット上で実験への参加を呼びかけた。参加者の年齢層は、二〇歳代から四〇歳代前半までと若いことが特徴的である。インターネットは、仕掛け方によっては、これまでまちづくりの現場になかなか出てこなかった若年層を引き込むための一つの手段として、大きな可能性をもつといえるだろう。

ねばり強いインターネットユーザーへの呼びかけにより、徐々に掲示板への書き込みが増えていき、同年一二月には、のべ三〇人程度、村内でインターネットを使う人も含めて常時一〇人程度が掲示板を使ってコミュニケーションをとる体制がつくられた。

(4)　村内でのインターネット活用実験

この成果を受けて、現在取り組んでいるのが、村内でのインターネットによる「むらづくり会議(仮称)」の実現支援である。これまで支援してきた村外のメンバーをインターネット上で「和泉村ファンクラブ」として組織化し、村がこのメンバーを実際に受け入れる現実の交流ツアーづくりに向けた話し合いをインターネット上で行う実験を、民間の通信事業者と連携して実施中である。

図4-8　ファンクラブの掲示板にアクセス中

今回利用した機材はN社のテレビ接続型のインターネットで、家庭用テレビと電話回線があればどこでもインターネットが利用でき、いわゆるキーボードを使わなくてもリモコン型のスイッチでメール交換もできるシステムである。

このシステムを使って、同村の協力により村民からモニターを募り、二〇人規模で二カ月間、村内でのインターネット利用による議論を実施している(二〇〇〇年一二月から開始、〇一年二月終了予定)。議題は「ファンクラブ」とどのような交流をしていくか、具体的には「ファンクラブ」がツアーを組んで同村を訪問する際、どのようにもてなすか、といったテーマで、インターネット上で議論を展開しひとつの合意をつくることを目指している。

(5) 今後の展開と課題

この実験では、居住地、日時などにとらわれず参加できるというインターネットの利点を活かし、同村の住民だけでなく、同村に興味をもった他地域の住民も巻き込みながら参加者を拡大していき、従来の友好都市の枠にとどまらない、物理的距離を越えた個人の集合によるサイバー空間上の仮想コミュニティを形成し、そのなかでの新たな合意形成手法の確立と、実体のあるコミュニティとの接続を目指した。

今後の課題としては、掲示板上での合意形成に向けて、参加者同士のコミュニケーションを活発化させることに尽きる。そのためには、村内のインターネット環境を整え、村の内外においてサイバーコミュニティづくりのための情報発信と人材発掘を図り、交流を促進していくことが必要である。

村外からのUJIターンの潜在的ニーズは高いが、長引く不況の影響もあり、住宅や就職先の斡旋などの村側の体制が追いついていないのが現状である。また、村からの募集要項と希望者の要望がかみ合わない状況も見られる。

同村が定住の地として選ばれるためには、制度の充実はもとより、恵まれた自然環境や地域コミュニティの魅力、また働き場があることをアピールしていく必要がある。そのため「和泉村ファンクラブ」の機能を拡張した「特別村民制度」などの交流の仕組みとテレワークなど産業への応用を段階的に推進し、同村への関与に対するインセンティブを設けて、村外住民の定住や交流を支援していく事業や制度が必要である。

また、村内でのインターネットの活用も様々な可能性があると同時に具体的な推進方法に課題がある。ホームページの設置自体はさほどハードルの高いものではないし、外部からのアプローチが可能であることもこの実験で実証された。問題は、運営者（世話人）の主体性である。ホームページの円滑な運営に必要なことは、世話人のきめ細かな配慮と一定頻度の更新作業を引き受ける責任感である。この事例でも、実験終了後もホームページを存続させていくために、研究分担者が関与し続けることは大切であるが、参加者のなかから将来の世話人となりうる人材が現れることが望ましい。

第II部　国土づくりのソフト・インフラストラクチュア

第一章　日本の土地利用計画・規制体系の問題点（限定性）と展望

大方　潤一郎

第一節　英・独・米の土地利用計画・規制の基本構造

総合的土地利用計画という観点から日本の土地利用計画や規制体系の問題点を考えるにあたって、まずイギリス、ドイツ、アメリカという異なる体系をもつ国の制度について概観しておきたい。

1　イギリスの土地利用計画と規制の体系

イギリスの都市・農村計画制度は、自治体が都市計画の将来目標を示すものとして策定するディベロップメント・プランと、これを参照しながら具体的な規制を行っていくプランニング・パーミッション（裁量的計画許可）の二段階の構成を特徴としている。ディベロップメント・プランは、県

（county）及び市区町村（district）のレベルでつくられ、大都市では市区町村がユニタリー・ディベロップメント・プランをつくっている。これらは、あくまでも参照するもので規制に直結するものではなく、具体的な規制を目的とするゾーニングに当たるものではない。許可の基準を中央政府が設けたり、緩めたりという動きはあるが、原則としてプランニング・パーミッションが裁量的に運用される建前になっているので、特に、開発の立地規制ということについては、行政が裁量的総合的に運用できる体制になっている。最近では、農地なり林地なりの現状の土地利用を損なわない規制であれば補償は不要という考え方が確立しており、成長管理についてはイギリスの場合はほとんど問題が生じないと考えられる。

2　ドイツの土地利用計画と規制の体系

ドイツの場合には、市町村レベルで建設基本計画（ＢＬプラン）が策定される。ＢＬプランの策定は市町村の固有の事務として市町村の権限と責任に属するが、他方、ＢＬプランは国土整備と州の地域計画の定める諸目標に適合しなければならないとされている。ＢＬプランは土地利用計画（Ｆプラン）と地区詳細計画（Ｂプラン）の二つの計画からなり、Ｂプランは F プランを前提にして策定されるべきものであるが、Ｆプランそのものは勧告的レベルのものであって、主として新開発・再開発を行おうとする具体的な地区についてのみＢプランを策定するという構造になっている。Ｂプランは計画であると同時に、何が建築できるかという規制の図を兼ねており、法的拘束力をもっている。これをもとに建築許可が運用される。

特に成長管理という面からいうと、Ｂプランがない都市の周辺部で建築許可申請がでた場合には裁量的な許可という方法をとる。既成市街地の場合は、従前と同じあるいは周辺と調和しているということであれば許可がされるが、既成市街地でない場合でも基本的には従前と同じならば許可され、また景観（ラントシャフト）を乱さないという条件で許可ができることになっている。農家用住宅や農業用倉庫でもこうした制約のもとで、許可制で開発が認められていることになる。

3　アメリカの土地利用計画と規制の体系

アメリカの都市計画は、国ではなく各州ごとの法律（授権法）によって行われ、具体的な計画・規制の制度は自治体の条例として定められる。このためアメリカの都市計画制度は極めて多様である。

最近広がりつつある仕組みとして、アメリカの都市計画学会がグローイング・スマートというモデル法を提言している。まず、複数の行政単位が集まった広域な都市圏域について広域都市圏プランをつくって、日本の線引きに当たるような都市成長境界線や都市成長区域という線引きをする。こうした線引きや広域都市圏プランで示された人口フレームなどに適合するように各市町村は基本計画を策定する。広域都市圏プランは、強制的な場合も勧告的な場合もある。基本計画をもとに各自治体はゾーニングを定めて運用する。通常のゾーニングの他に、特定地区プランに基づくスペシャル・ゾーニングが指定される場合もある。こうしたゾーニングのもとで、敷地分割規制とゾーニングによる建築許可が運用される。

アメリカでは無補償での開発禁止は憲法上困難とされるが、たとえばオレゴン州のように、州によっては線引きの外での開発を州法で原則として禁止しているところもある。また、ワシントン州などのように、直接禁止するような法はないが、下水道や道路などの公共施設ができていないと許可できないという条例を設けて制御しているところもある。いずれにしてもある種の線引きをしながら都市圏の成長管理を行う制度が広がりつつあるといえよう。

第二節　日本の土地利用計画・規制体系の複雑性・限定性

こうした諸外国の制度に対して、日本ではゾーニング型という点ではアメリカの制度に類似しているが、市町村の行政区域内について、一貫した観点による総合的な土地利用計画と規制の体制が不在であることが特徴的である。このため、①市町村域の内部が目的も方法も異なる計画・規制の区域に引き裂かれている、②未線引き白地地域や都市計画区域外では、農業振興や山林保全の観点から特に保護される区域を別にすれば、一般に開発の立地自体を抑止することは困難となっている、③立地する開発の用途・形態についても、ほとんどコントロールすることができないのが実態である。結果として、農地や山林の中に多種多様の土地利用や開発が虫食い的に拡散し混在していくことが止められない。といった問題が発生している。こうした問題点を土地利用計画と規制の体系のなかで検討したい。

1　国土利用計画法と五個別法による体制

日本の土地利用に関する計画と規制の制度は、まず次の①〜⑤に掲げるように、国土を目的の限定された縦割りの個別計画・規制法の区域に分け、所管別に運用する体制となっている。

① 都市地域では、都市計画法により都市計画区域を定め都市計画を策定する。この都市計画に基づいて開発許可その他の市街地形成上の規制が行われる。

② 農業地域では、農業振興地域の整備に関する法律（農振法）により農業振興地域（農振地域）を定め農業振興地域整備計画（農振計画）を策定する。この農振計画に基づいて農用地等を指定して農地転用許可（農地法）による農地保全規制が行われる。

③ 森林地域については、森林法により森林計画区を定め地域森林計画を策定する。この地域森林計画に基づいて保安林等を指定して山林保護の規制が行われる。

④ 自然公園については、自然公園法により自然公園地域を定め公園計画を策定し、特別地域、特別保護地区などを指定して開発を規制する。

⑤ 自然保全地域については、原生自然環境保全地域・自然環境保全地域として、自然環境保全法による保全計画を定め特別地区などを指定して行為を規制する。

このように、それぞれの法律のもとで個別の計画がつくられ、その計画に依拠するかたちで規制が行われる。しかし、それぞれの計画の目的も区域の広がりもバラバラなので、重なり合う地域やどの計画区域にも入らないところが広く存在することとなる。

形式的には、前記の五個別法による個別計画・規制の上位に、国土利用計画法による国土利用計画と土地利用基本計画（県レベル）を置き、個別計画の区域の配置を調整することとなっている。しかし、国と県の国土利用計画は、地目別の土地利用の総量を目標設定するだけで、計画とは言い難いものである。県が策定する土地利用基本計画は、実態としては行政内部で個別に調整される各個別法の計画区域の範囲を追認した地図にすぎず、積極的に土地利用を調整しようという機能は果たしていない。また、市町村は、議会の議決によって、国土利用計画を定めることができるが、あくまで任意で、内容も形式的なものが少なくない。

このように、土地利用にかかわる規制は個別法による計画に依拠して発動する仕組みであり、国土利用計画は各区域の土地利用について抽象的な方針を示すことはあっても、各地域の土地利用の内容を具体的に描くことは予期されていないのである。

2　個別法による計画・規制の限定性

国土利用計画法が、積極的な土地利用調整の機能を果していないだけでなく、個別法による計画や規制もさまざまな限定性を抱えている。

(1)　都市計画法における限定性

まず、都市計画は対象が都市計画区域に限定されている。都市計画区域外では建物の建築にあたっての接道義務さえもない。都市計画区域に編入しようとすると、一方で区域設定に厳格な基準があるため、小さい市町村では、結局全域が市街化調整区域として指定されてしまう傾向がある。一九九二年に都市計画区域外にも建築基準条例を定めることが可能になったが、用途規制はできないことになっている。ただし、こうした点については、二〇〇〇年の都市計画法改正で都市計画区域外について「準都市計画区域」を定めて用途形態規制や開発規制を運用できるようにしたり、一ヘクタール以上の大規模開発については開発許可の適用ができるようにしたり、逆に調整区域については、区域を定めて開発規制を緩和できるようになり、改善が図られつつある。

次に、計画決定権とマスタープランの策定主体が錯綜しているという問題がある。まず都市計画の策定について県と市で決定権が重複している。マスタープランについても整備開発保全の方針（県が線引き済みの都市計画区域について策定。ただし二〇〇〇年の改正により全都市計画区域について策定することとなった）があり、市町村のマスタープラン（都市計画の基本的方針）もあるという、わかりにくい構造になっている。

線引き制度や開発許可制度についても限定的である。

①　市街化区域あるいは未線引きの都市計画区域では、基本的に宅地開発の立地規制はできないので、安全と公共施設整備に関わる一定の水準さえ満たせば、許可は義務的に行わなければならない。しかも、一般に市街化区域は過大に設定されているので、全域を公共施設の完備した市街地として整備することは困難である。このため市街化区域内においてむしろスプロールが著しいという実態がある。

②　「開発」に対する規制でありながら、その対象は「主として建築物の建築または特定工作物の建築の用に供する目的で行う土地の区画形質の変更」ということになっていて、青空駐車場、資材置

き場、廃車野積み場、土砂採取などは開発行為にあたらず、都市計画法や建築基準法の対象にはならない。つまり日本の土地利用規制は「土地利用」規制ではなく、建築に対する規制にすぎない。

③　開発許可の対象に「裾切り」があること。特に未線引き区域内では、三〇〇〇平方メートル以上が対象となるので、一〇〇〇平方メートル程度のミニ開発などは開発許可の対象にならない。四メートルの道路があれば虫食い的に建物が建ってしまう実状がある。

④　開発完工後の計画担保力が希薄である。アメリカのサブディビジョン・コントロールのように、敷地の規模・形状を維持する効力がない。開発後敷地を複数に分割することも可能であるし、複数の土地を合体してマンションを建築することも自由である。開発の目的が倉庫であっても数年後に住宅にすることも不可能ではない。宅地化が抑制されている調整区域でも分家住宅は建つし、分家住宅が空き家になれば都市のサラリーマンに売ってはいけないという規制もない。日用品商店や医院の場合にはアパートが付属して、実態は住宅になっているということもある。農業用倉庫でも中の使い方によっては何にでも使える。このように、調整区域であっても盛んに開発が行われる実態がある。

⑤　一九六八年の新法制定当初、都市計画法七条では、すべての都市計画区域において線引きを行うべきことを規定しながら、附則で、当分の間、線引きを行わなくてもよいとした。今日でも面積としては都市計画区域の約半分が未線引き都市計画区域であり、そのうちの大半が都市計画法上の制限がきわめて緩い白地地域である。農業振興地域が重なる場所もあり、そうでないところもある（**図1-1参照**）。そこでは、用途規制もないまま建ぺい率七〇％、容積率四〇〇％の建物が自由に建てられている。ほとんどコントロールがない状態で市街地が広がっていくことになる。これに対して一九九二年から、建ぺい率五〇％、容積率一〇〇％まで規制ができることになったが、工場や宅地開発に対

図 1-1　都市計画区域と農業振興地域の指定区分面積（1993年3月現在）

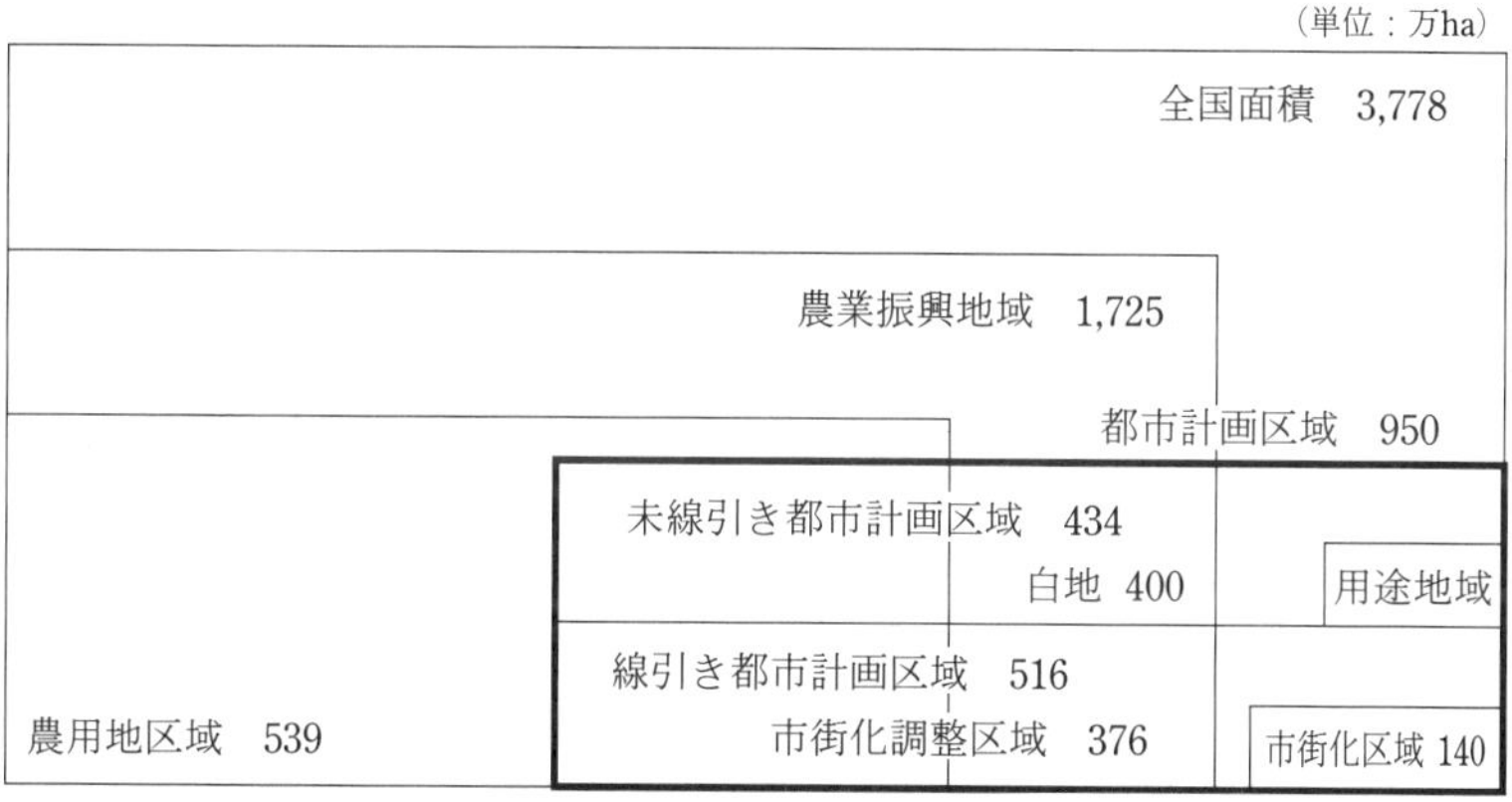

出典：農林水産省「食料・農業・農村基本問題調査会農村部会（第3回）農村地域の定住条件と土地利用」1997*[1]より作成.

しては実態としてほとんど意味のない形態規制である。二〇〇〇年の改正で、これを用途地域の規制で一番厳しい第一種低層住居専用地域並みの規制（建ぺい率三〇%、容積率五〇%）ができるようになったが、かつての緑地地域制度のように建ぺい率一〇%という規制は今の法規制のもとではできないのである。

また、用途地域で規制する内容も用途と形態規制のセットメニューになっていて、きめ細かいまちづくりを行うには使いづらいという問題がある。特別用途地区を用いて自治体独自の規制が可能となったが、現在のところ従来政令で定められていた枠を超えて独自の特別用途地区を設定しているところはない。また、特別用途地区は白地地域には指定できないが、二〇〇〇年の改正で白地地域については「特定用途制限地域」を指定して用途の制限ができるようになった。

⑵　その他の個別法における限定性

農振法や農地法においても次のような限定性の問題がある。

①　白地地域や調整区域の一部には一般に農振法のもとで農振計画が設けられることになる。農振計画は単なる土地利用計画ではなく、各地域の農業振興に関するマスタープランとしての性格をもっている。

②　農振計画において土地利用規制と直結するのは、農用地利用計画において即地的に示された農用地区域（農振農用地）指定である。農振農用地であれば農地転用許可がなされず、結果的に宅地化が禁止されていることになる。

③　一方農振農用地以外（農振白地）は容易に農地転用（宅地化）が可能である。宅地化する場合の開発の内容について農政側は一般に無関心である。

④　しかも農振農用地だから全く開発ができないかというと必ずしもそうではなくて、農用地指定を個別に除外した上で農地転用許可を受け宅地化する道が用意されている。このため、広域農道の沿道などでは商用地などの開発がどんどん進むことになる。

⑤　また、森林法の下では、保安林・国有林以外の民有普通林は容易に宅地化できる。一ヘクタール以上の開発許可要件も、一定の森林を残地すれば許可されてしまう。結果として市街地の周辺にあって重要な平地林、斜面緑地などは保全がきわめて難しいことになる。

さらに、自然公園法は普通地域での保全力が弱く、自然環境保全法は対象が極めて限定的であるという問題点を抱えている。

第三節　顕在化した諸問題と「まちづくり条例」

1　顕在化した諸問題

このような土地利用計画・規制制度の下、わが国では都市縁辺部の開発を適切にコントロールすることが困難である。特に早い時期から問題が顕在化したのはゴルフ場開発であった。こうした制度上の問題に対処するため、たとえば岡山県では、一九七二年にまず土地利用調整に関する要綱を定め、これをさらに実効性あるものとするため、翌年に県土保全条例を制定している。神奈川県でも土地利用調整要綱によって一定規模以上の開発を対象とした事前協議・指導の仕組みによって古くからコントロールを行ってきたが、単なる要綱ではシステムを維持していくことが困難となってきたことから、九六年土地利用調整条例を制定している。

また、産廃処分場や、砂利取り場、廃車野積み場などの立地に対しては、都市計画区域外の小さな町村などが、独自の土地利用規制条例を制定し、都市計画法でいう開発行為に当たらない「土地利用の改変」についても、自治体独自の許可対象とするといった取り組みが行われてきた。また米子の都市計画区域（線引き済み）の一部にあたる鳥取県日吉津《ひえづ》村では一九八六年に「土地利用条例」を制定し、主に砂利採取をコントロールするため、一〇〇〇平方メートル以上の開発行為（砂利採取も土地の形質の変更ゆえ開発行為に当たるとしている）について村長との事前協議および村長の同意を義務づけた例もある。

一九八〇年代半ば以降の、いわゆるバブル経済の時代には、リゾートホテルやリゾートマンションの乱開発が地方の風光明媚な町村に拡散した。こうした町村の多くは未線引き都市計画区域や都市計画区域外にあるため、リゾートマンションやホテルなどの立地はもとより、その形態すら有効にコントロールする手段がなかった。当初、開発指導要綱によってこうした問題に対応してきた真鶴町では、九三年に独自の「土地利用規制規準」と「美の規準」を含むまちづくり条例を制定した。

バブル経済の波が引いた後も、道路網整備と自動車所有の普及を背景として、人口の増加する地方都市圏の縁辺部では、田園地域（特に未線引き白地地域）へのミニ開発拡散型スプロール現象が起こり、これに対しても規制を行うための条例を制定する動きが出てきた。また、ロードサイドへの大型店やパチンコ店の乱立など車依存型の交通体系に立脚した新たな郊外化もこうした地域で進行している。最近は中心市街地の衰退と郊外の大型ショッピングセンターの「対立」問題で、商工会等がモデルまちづくり条例を全国に配布したという動きもある。バブル経済期のリゾート開発が外発的な開発の波であったのに対し、ポストバブル期においては地域内発型の郊外開発の波が地方都市縁辺部の町村に及んでおり、これに対し景観形成の観点や農地保全の観点から、あるいは積極的なまちづくりの観点からさまざまなまちづくり条例が制定されつつあるといえよう。

2　「まちづくり条例」による対応

(1)　まちづくり条例の系譜

まちづくり条例は大きく三つの系譜に整理できる。

一つは、地区まちづくり型条例の流れである。一九八〇年に地区計画制度が創設され、これにともない市町村は地区計画の策定手続を条例として定める必要性が生じた。この時、単に法定地区計画を定める手続だけでなく、地区計画に至る前の緩やかな「地区まちづくり計画」の段階で実効性ある「まちづくり」を進めようというねらいから、世田谷区や神戸市はまちづくり条例を制定している。地区まちづくり協議会が地区の計画を提案し、これを自治体の計画として位置づけ直し、これに基づき、地区内の開発や建築について事前の届出・協議・指導勧告を行うという一連の手続を定めた制度である。これが、さらに都市全体の基本計画の策定や従来の開発指導要綱を統合して総合まちづくり条例へと発展する。

二つ目は、主に都市計画白地地域・都市計画区域外での土地利用調整型条例の流れである。都市計画区域では開発許可申請の際公共施設管理者の同意が要件となるため、これに関連させて要綱を運用することが可能であったが、都市計画区域外や初期の未線引き地域では開発許可制度がなかったため、要綱で制約することができず、別途条例が必要であった。地方の都市計画区域外の小さい市町村で開発基準条例をつくった例は早くからある。一九八〇年代後半からは、リゾート開発等の立地規制が問題となり、単なる開発基準ではなく立地基準を独自の土地利用計画として定め、そのもとで事前届出・協議・勧告、さらに開発協定締結、地元住民への説明会・同意取得の努力義務などの手続を定めた土地利用調整型まちづくり条例が広がりつつある。

三つ目は、歴史的街並保存条例から景観条例に至る流れである。たとえば倉敷市では従来から伝統的建造物群保存地区（「伝建地区」）の制度が適用されない周囲の地区までを美観地区とし、伝統的美観を保存するための規制を行ってきたが、一九九〇年に伝建地区周辺の一部を対象とする「倉敷市倉敷川畔伝統的建造物群保存地区背景保全条例」を制定し、さらに景観づくりを強化している。この条例は、従来の伝統美観保存条例の指定地区の周囲で今後開発等が予想される区域を指定し、この区域で対象となる行為の計画に、教育委員会との協議・同意を義務づけたものである。一般に、景観条例では、核となる伝建地区の周囲に独自の「景観形成地区」を指定し景観形成計画策定した上で、その景観形成基準に従い地区内の開発・建築について事前届出・協議・勧告を行う、さらにこれらの地区の背景となるより広域的な地域（あるいは全市域）について、大規模建築の景観的コントロールを事前届出・協議・勧告によって行う、というスタイルのものとなる。

(2) まちづくり条例の基本的性格

まちづくり条例の基本的性格は、事前届出・協議・勧告の仕組みを定めた手続条例である。土地利用コントロールに法的強制力はなく、その点では開発要綱と変わらないが、手続についての強制力と透明性は確保されている。コントロールの実効性については、地元住民や世論の圧力を背景に地権者・事業者に協力を求めていく必要があり、そのためにも計画や基準が住民の総意として定められたものであることが重要である。

一般的に、まちづくり条例の下では、市町村長と事業者が協議を行うことになるが、その際に、市町村側の一貫した基準として、従来の開発指導要綱に定められていた技術基準その他を条例によって位置づけることになる。独自の土地利用計画を定めて運用する場合もこれを協議の基準として位置づけることになる。条例本文中に用途や形態の規制基準を明記することはしない。また、市町村全体の計画とは別に、重点的な地区について地元住民協議会による地区まちづくり計画の策定手続を定めている例も多い。

また、まちづくり条例では、一般に、手続違反に対する罰則はあっても、勧告に従わない場合は事業者の氏名公表にとどまる。しかし、現実にはよほど事情がこじれていなければ勧告に応じないというケースは起きない。事前に計画や基準が明確であれば、それに抵触してまで無理に開発を進めようとする事業者は現実には想定しにくい。計画や基準が曖昧なところに問題の発生原因がある場合が多い。なお、都市計画区域外では「土地利用の改変」を独自の許可制とし、罰則を用意した条例もある。条例の適用対象は、都市計画法の開発行為に限定せず、「土地利用の改変」、「三階建て以上の建築」や「共同住宅」の建築などにも及ぶ場合が多い。こうした用途や形態の規制に及ぶ内容であるため要綱ではなく手続条例が必要となるともいえる。

第四節　自治体総合土地利用計画の課題

1　ゾーニングと開発レビューの役割分担

(1)　ゾーニング型土地利用調整の可能性

ゾーニング（地域制）とは、市域の全部あるいは一部について、いくつかの地域の範囲（ゾーン）を指定し、各ゾーンにおいて許容される土地利用をあらかじめ明確な基準として明示しておき、これに従って土地利用をコントロールしようとする計画・規制の方法である。問題は各ゾーンの境界線の位置や許容する土地利用の性質を、事前に（つまり実際の開発の企画が存在しないうちに）様々な事態を想定して明確に定める必要があることである。

たとえば将来の開発立地動向が不透明な段階にある自治体の場合、土地利用配置の方針は恣意的なものになりやすく、そのような方針のもとで宅地化を凍結するゾーンと促進集約するゾーンを区分するとなれば、それぞれの地権者が自分の有利な選択を主張することになって住民の合意は容易には形成されず、かつての線引きの際に経験したように、開発を促進するゾーンは過大となり、促進ゾーンのなかでスプロールが進行する結果となる可能性が高い。ゾーニングとして土地利用計画を事前に明確化しておく方式ではなく、個別の開発案件が生じるたびに、住民の積極的な参画を求めながら、その立地の適否をも含めて協議のプロセスを進めていく、いわば「計画アセスメント積み上げ」といった過程を通じて、徐々に自治体の土地利用像を煮詰めていくような方式を取らざるをえない市町村が多いのではないかと考えられる。

また、まとまった開発が短期間に進行する場合ならともかく、個別の敷地開発が長期間にわたって積み上げられていくような場合、地区の将来の空間像を詳細にわたって事前に描ききることは、現実問題としては不可能といえるだろう。開発の用途や形態に大きな幅をもたせながら、将来の宅地化を予定する土地を区分するのが精一杯のところであろう。もちろん、この種の詳細計画を、集落単位での地元合意型地区計画として策定することも確かに有力な方法であり、たとえば、神戸市のように現実にこうした方式を採用し成功している例もあるが、従前の規制が緩い未線引き白地において、こうしたミニ線引き的な詳細計画を策定することは、合意形成の面で大きな困難が予想される。

(2) 開発レビュー型コントロールの可能性

このように考えると、土地利用区分については、事前確定的な基準を示したゾーニング型の計画・規制だけでなく、開発地の周囲の状況や開発の内容に応じて柔軟な対応を可能にする開発レビュー型（あるいはアセスメント型）の個別審査を通じた開発容認の機会を織り込むことも重要である。また、一般的なゾーニングのように許容する土地利用の用途や形態を仕様として定めるのではなく、各ゾーンについて、開発が満たすべき性能基準を定めて、個別に開発を審査し認定していくコントロールの仕組みも、都市の縁辺部の実態や分散型の田園居住ということを考えると検討に値する。

たとえば、「保全ゾーン」についても、農地の宅地化を全面的に禁止するのではなく、既存の宅地に連担する場合や、隣接する農地との境界部に農地利用への配慮をしたり、植樹を行ったり、建築様式に配慮して既存集落における景観との一体性を確保するなど、周囲の状況や実際に開発されるものの性質を個別案件ごとに審査し、開発を総合的に判断した上でこれを許容する仕組みである。しかし、どのような開発がどのような順序で出てくるのかが予想しがたい事前の段階で、特に隣接する土地利用との関係について、個別の開発が満たすべき性能基準を設定することがそもそも可能なのかという問題もある。また、開発相互の連坦性や開発のまとまり（グレイン）、開発の内容や質に応じて、立地を容認したり抑制するようなコントロールを行う場合の土地利用計画の表現の方式や、計画と連動する開発基準の記述の方式とはいかにあるべきかも検討課題である。

たとえば真鶴市の条例では、およそのゾーニングはあるが、事前に確定された性能基準が明示されているわけではなく、開発の案件ごとに開発の具体の場所に応じて、「美の基準」に則った開発評価の基準（クライテリア）が注文一品生産的に設定され、これに即して開発協議が行われる。これも一種の開発レビュー型のコントロールといえる。こうした、いわば環境アセスメント的なコントロールの手法は深く検討する価値があろう。

このような事後的に開発評価の基準を設定するという観点に立てば、開発の案件が申請された後の住民説明会などの場を通じて、各地区の緩やかな開発ガイドラインを地区住民が臨機応変に策定するという協議会合意型の基準設定方式も考えられる。ただし、このように事後的に性能基準が設定され、事前に明示されない場合、開発の立地自体を事前に排除する効果を期待しにくいという問題点がある。開発を予定して既に資金を投入してしまった事業者との協議が紛糾する恐れもある。環境アセスメントについて、事業アセスメントでは開発の立地自体を抑止することが困難であることから、早期の段階における計画アセスメントの必要性が提唱されているが、同様の問題が生ずる恐れがある。いずれにせよ、こうした事後の基準設定方式については、場当たり的になる危険を常にはらんでおり、公平性が確保できるか、腐敗をどう防ぐか、事後の基準設定でそもそも開発立地の調整が可能かなどという点を充分に吟味しておく必要がある。

2　分散的田園居住と「コンパクトな市街地」

都市計画法における市街化区域の観念は、街路網や公園・学校などの公共施設基盤が整備され、市街地の中に農地などを介在させない完全に市街化した「完全（完備）市街地」が連坦して広がることを理想とするものである。すなわち限定された市街化区域を指定し、この区域内がおおむね一〇年以内に完全市街地として完備され、その外側に農村的空間が広がることを想定するものである。市街化調整区域内においても、まとまったニュータウン的な開発は想定されていたが、小規模な虫食い的開発が拡散することは想定されていない。なぜなら、一九六八年に新都市計画法が制定された当時の日本は、一般世帯の自動車保有率も低く、法制度が描く都市像は、伝統的な鉄道通勤型の空間としてイメージされていたからである。

ところが、その後の現実は、市街化区域が当初の想定に反して過大に指定され、また開発許可対象とならない小規模な開発が市街化区域内に多発し、さらには市街化区域内農地の宅地並み課税が先送りされたことなどから、市街化区域は、農地が混在し都市基盤が未整備なスプロール的な市街地となり、「完全市街地」とはほど遠い状況となっている。市街化調整区域にもさまざまな建物や資材置き場などが虫食い的に立地した結果、一面に田園風景が広がっているようなのどかな環境は必ずしも望めなくなっている。こうした状況を可能にしているのが車依存型交通体系である。先駆的な「まちづくり条例」を設けたような自治体においても、一般に、計画の内容や、住民のまちづくりに対する感覚は、車依存型生活様式の展開に棹さすまでには至っていない。

他方、日本の農村は水田経営に主力を置くため、欧米と比較して居住密度が高く、また農地は細分化され、農道も密に整備されている。農家の多くは第二種兼業農家でその生活様式は都市化し、自動車利用も急速に普及している。都市近郊の農村の実態は、すでに小規模な郊外市街地と化しているのである。こうした実情から、上下水道はもちろん、コンビニ、喫茶店・レストラン、娯楽施設などの都市的なサービスや施設の整備も不可欠となっている。広域農道沿道の大規模店舗の出店やコンビニの立地等についてはむしろ地元では歓迎される場合が多い。

このように自動車利用の急速な普及に伴い、従来は考えられなかったような場所に都市的な生活の場が拡散していく。日本では、大都市中心部を除けば、都市でも農村でもない拡散的居住空間がいたるところで展開しようとしている。これを分散的田園居住と呼ぶなら、これは基本的には自動車利用の利便性を基礎としてはじめて成立する生活空間である。しかし、二酸化炭素の排出抑制や、これと深く関係する将来的なエネルギー危機を想定した場合、はたしてこうした車依存型の生活空間を、なお発展しつづけるべきか否かを改めて問い直す必要があろう。また、既存中心市街地から遠く離れた別荘住民の定住化が進行している状況や、高齢化社会を考えた場合、車利用の困難になった高齢者に対する公共輸送サービスや、公的サービスの提供をどう図っていくべきかという問題の検討も必要である。

一般に、地球環境問題、エネルギー問題の観点からは、交通目的のエネルギー消費を抑制することが可能な「コンパクトな市街地」の形成が要請されている。日本全体の都市生活を視野に入れた場合、エネルギー多消費型・車依存型生活様式からの脱却は必要不可欠な目標であるとするなら、コンパクトな市街地こそ求められる都市像ということになろう。このコンパクトな市街地の従来モデルは伝統的な都市観としての「連坦完全市街地」であった。しかし、一方で、都市縁辺部の農村や、中山間部の農村の実態を考えると、都市的空間の分散的配置もまた不可避である。農山村の住民が、すべて現居住地を離れて連坦完全市街地となりうる都市に居住できるわけではない。また、農地や山林を維持する農村の居住は国土保全の面からも食料供給の観点からも維持する必要があり、しかも当面の農村居住者の多くはサラリーマンという都市的居住者でもある。

このような前提を踏まえると、伝統的な連坦完全市街地ではない、分散しつつも、一つひとつはコンパクトな集住地域が広がり、それらが公共交通によって結合された集約的分散、すなわちコンパクトな分散居住の形態を可能とする田園居住空間の検討が必要であるといえよう。こうした居住形態の実現のためには、土地利用調整計画の重要性はいうまでもないことである。

3　「中心市街地活性化」と広域調整

近年、特に「中心市街地活性化」の観点から大規模店舗の郊外立地コントロールを主目的とした「まちづくり条例」に対する期待が高まっている。こうした背景から二〇〇〇年の都市計画法の改正でも、都市計画に用途地域が定められていない土地の区域についても、特定用途制限地域として定めた場合には、条例で建築物の用途の制限を定めることができることとなったところである。問題は現実に各自治体が市民の合意を踏まえて立地規制区域を条例による土地利用計画や、法による特定用途制限地域として定められるかである。

現存する土地利用の保全や、特定の土地利用の誘導を目的として、これを阻害する開発の一つとして郊外大規模店舗の立地を規制する計画を定めることは可能だが、郊外全域を制限地域として塗りつぶすことは、「郊外に大型店はいらない」という強い市民の決意が必要になり、困難であろう。となると、戦略的な場所に大型店立地誘導ゾーンを定めて、そこに望ましい業種・業態の大型店立地を誘導し、中心市街地と一定の役割分担の下に両立させるような構想をたてることが必要となろう。

中心市街地活性化の観点から郊外への大型店の立地を、土地利用規制を通じて抑制しようとする自治体もあるが、自治体内の縁辺部での立地を抑制しても、近隣の自治体が同様の施策をとらないかぎり、大型店は隣接市町村や隣接県に立地するだけである。このことに対応して、県・市町村の連携による土地利用調整の体制を組んだ条例（岡山県・神奈川県）も存在するが、この場合も、県が積極的な立地調整の計画をもっているわけではない。

個別自治体内部の土地利用調整についての計画や、実現のための条例のあり方については、多くの事例も存在し、概ねの方向性も見えつつある。しかしながら、個別自治体の区域を超えた広域的調整のための計画のあり方は未だ不明確である。広域的調整の仕組みを欠いたままでは、市町村の間で好ましい開発の誘致競争、迷惑施設の排斥競争が起きる恐れがある。郊外大型店の立地については、郊外中小自治体と中心都市の誘致競争が現に起きつつあるし、産廃処分場等の迷惑施設については郊外中小自治体の押しつけ合いが始まる恐れもある。

市町村による水平的調整は現実に可能なのかどうか。また、県レベルの土地利用マスタープラン策定は可能なのだろうか。その場合、県・市町村の役割分担はどのようにあるべきなのか。さらに県レベルで広域調整が達成され、大規模店の立地がコントロールされたとしても、隣接県への大規模店の立地と消費の流出も懸念される。国土レベルでの調整も大きな課題となるのである。

第二章　これからの土地利用計画のあり方とその課題—法的視点から

山下　淳

第一節　規制・計画・法

1　コントロールないし調整の論理

行政が、私的な活動をコントロールしようと介入するとき、そこにはなんらかの利害調整が行われているとみることができる。例えばある私的な活動とそれがもつ潜在的な危険とがあらかじめ調整され、社会的に「危険」「有害」な行為として禁止・制限されることになる。その際、利害調整は、行政によるコントロールのための基準として、あらかじめ法令に明記されることになる。つまり、立法者があらかじめ利害調整を行い、その結果は例えば許可基準として一般的抽象的なかたちで示される。例えば建築確認処分を受け建築が行われることによって周辺住民の日照等に影響か生ずるとしても、それは、建築基準法（以下「建基法」という）の日影規制・斜線規制においてすでに利害調整が行われているともみることができる。個別の案件ごとに、あらかじめ一般的抽象的な基準に準拠して処理されるから、「一般ルールによる個別利害調整モデル」と呼ぶことにしよう。

一般ルールによる利害調整は、一つには、法律―政令―省令―処理基準（内部マニュアル）といったかたちで具体化されるし、二つには、委任条例といったかたちで地域的に区分化されることになる。また、まちづくり条例や宅地開発指導要綱等による法令等の許認可基準の上乗せ・横出しは、一般ルールによって調整されるべき利害の範囲を拡大し、あるいは利害調整の結果を微修正する仕組みだともいえる。

しかし、調整すべき利害関係が多様化ししかも錯綜してくると、あらかじめ一般的抽象的な判断基準を設定しておき、基準をクリアしているかどうかという単純な処理では対応しされない。それに対処するのが、「計画による包括的利害調整」だと考えられる。計画においては、通常、行政が行うべき具体的な判断・行動が法令上指示されることがない。例えば法令の定める要件を満たしていれば許可しなければならないといった行動プログラムが示されていない。それに代えて、法令は、計画の目標や方向性を示したり、あるいは考慮すべき事項、他の計画との整合性などを例示することにとどまっている。目的的にプログラムされているといわれるわけだが、それを踏まえて、実際の計画策定過程において、関係する利害が相互に比較衡量される。

土地利用をめぐってははやくから計画的な手法が展開してきた。これは、一つには、即地的な要素をもつためでもあるが、二つには、土地利用を具体的な敷地単位ではなく、一定の地域的なひろがりのなかで調整しなければならず、三つには、土地利用を配分するにあたって考慮しなければならない利害関係が多様で交錯しあっていることによるのであろう。

いずれにしても、土地利用をめぐる利害調整においては、ポイントは、許認可等の具体的なコントロール手段それ自体にではなく、その判断の枠組みを提供しているのが、法令等の一般的抽象的基準による調整なのか、それとも計画による包括的な比較衡量に基づく利害調整なのかにある。

もっとも、右のモデルは、わが国ではいくつかの限定のもとで動いているともいえそうである。

2　個別法の論理による土地利用規制のシステム

わが国においては、地域の土地利用をめぐる包括的な利害調整を行う総合的な土地利用計画は、存在しないといってよい。

第一に、周知のように、国土利用計画法は都道府県の土地利用基本計画によって国土を五つの地域に区分することを予定しているが、その実現は、もっぱら都市計画法（以下「都計法」という）、農業振興地域の整備に関する法律（以下「農振法」という）といった個別計画法が受けもっている。そして、それぞれの個別計画法が、これまたそれぞれの目的に応じて、自らのテリトリーを設定し（＝区域設定）、設定された区域のなかだけをその守備範囲とするというシステムが確立している。

例えば都計法は、都市の健全な発展と秩序ある整備を図るための法律であり、したがって、都市（計画）的な観点からみて必要な空間――都市計画区域――に限ってその対象とするのであり、それで十分だというわけである。したがってまた、土地所有者等によって私的に営まれる土地利用の観点からみれば、すべての地域の都市的な土地利用が都計法によって規律されるわけでもない。

あるいはその結果、各個別法の区域区分は、場合によっては重複がありえるし、逆に、どの個別法のテリトリーにも含まれないという空白地域が発生することもある。

第二に、こうして個別法に基づいて設定された区域のなかで「土地利用計画」が策定される。例えば、都市計画区域のなかに市街化区域と市街化調整区域、用途地域等の地域地区などが決定される。そして、土地利用計画（ゾーニング）を実現するために、個別具体の土地利用規制手段がおかれる。例えば開発許可制度であり、建築確認制度等である。施設や事業等の計画の場合には、そのための公共事業制度が計画実現手段となる（例えば、都計法五八条による都市計画事業制度）。

私的な土地利用活動を規制する効果をもつ、いわゆる「拘束的土地利用計画」とよばれる制度は、個別の計画法に基づく土地利用計画とその計画実現手段としての規制手法のセットなのだと考えられる。

3　計画と計画実現手段

土地利用をめぐっても、例えば急傾斜地の造成など危険防止の観点から一般ルールによる利害調整の仕組みがある（例えば、宅地造成等規制法）。また、農業的土地利用に関しては、農地法がすべての現況農地の権利移動や他用途への転用について、「一般ルールによる調整」を設けてコントロールしている。

土地利用計画も、やはり許認可等の具体的な土地利用行為をコントロールする手段によって、実現される。つまり、計画は、許認可等の計画実現手段を通じて、私的な土地利用のうち、計画の内容に適した行為を許容し、逆に計画にそぐわない行為を排除することで、徐々に実現されていくことになる。

しかし、わが国の土地利用計画は、既に個別法の目的に沿って設定された区域のなかで、しかも、個別法の目的の枠のなかでの計画化なのであるから、そもそも利害調整それ自体についても当初から限定された包括性ないし総合性しかもちえない。

また、計画実現手段も、計画を実現するための手段であり、その意味で、第一に、計画の趣旨目的からみて合理的な範囲に限定されざるをえない。例えば、市街化調整区域は市街化を抑制すべき区域であるから、原則として開発行為は禁止されるが、市街化調整区域に特有の開発行為は許可不要とされる（都計法二九条但書二号）。計画的な市街化を損なうことがない大規模開発は認められる（都計法三四条一〇号）し、また、市街化区域に適さず、むしろ市街化調整区域に適した土地利用も積極的に許容される（都計法三四条三号、七号、八号等）。

第二に、コントロールの対象となる行為も計画の趣旨・目的から限定される。例えば、都計法における「開発行為」とは、建築等を目的とした土地の区画形質の変更（都計法四条一二項）に限定されているが、それは、市街化区域・市街化調整区域のゾーニングで問題となっているのが都市化・市街化のコントロールだからにほかならない。市街化をもたらさない開発行為は視野の外におかれるし、おかれなければならない。他方、農振法においては、その規制目的は農用地区域の農用地の質的量的確保にあり、市街化のコントロールを目的とするわけではないから、規制される開発行為も建築目的のそれに限定されない（農振法一五条の一五）。

さらに、わが国においては、計画実現手段が硬直的に設計されてきた。すなわち、土地利甲計画の類型に対応して、法令によりその適否の判断基準が定められてきた。そのため、具体的に即地的なゾーニングを定める際には、計画権者に広範な計画裁量が認められるとしても、いったん設定されたゾーンにおいて、どのような土地利用が許容されるのか、あるいは排除されるのかについては、全国画一的に基準が定められているのが通例であり、したがって、計画にあわせて弾力的に設計し、あるいは地域において自由に処理することができにくい仕組みとなっている。

都計法の開発許可制度が典型であろう。開発許可の基準は、都計法とその施行令、さらには通達等により詳細に基準が定められており、許可権者である都道府県によってその運用に差異があるとしても、事実上、一般ルールによる許可制として理解されてきたところがある。二〇〇〇年改正によって地方公共団体の条例によって開発許可基準を一部弾力化することが可能となったが、そもそも計画それ自体のなかで（つまり、市街化区域と市街化調整区域を即地的に指定する際にそれとセットで）、地域の特性にあわせて開発許可の基準を強化あるいは緩和できるような仕組みが必要なのではないかとも感じられる。

以上にみたように、わが国においては、土地利用の調整には、ひとつには、一般ルールによる個別的調整モデルと計画による調整のモデルがあり、ふたつには、計画による調整とその実現手段が、個別法の論理のために、その機能が限定されているという構造がある。そこで、以下においては、農業振興地域の整備に関する法律と農地法を素材にして、これらの構造的特色がどのようなかたちで現れてきているのかを、整理し検討してみよう（第二節）。そして、個別法の理論を超えた計画的な調整の必要性が生じているのを明らかにし、そのための方向性を示すことにしよう（第三節）。

第二節　農業振興地域制度

1　区　域

国土利用計画法の土地利用基本計画における五つの地域区分のうち、都市地域の土地利用規制・調整を担うのが都市計画法であり、それに対し、農業地域の土地利用規制・調整を担うのが農地法・農業振興地域の整備に関する法律である。農業振興地域の整備に関する法律は、一九六八年の新都市計画法の制定、とりわけ市街化区域と市街化調整区域のいわゆる線引き制度が導入されたことを契機に、いわば農業サイドがそれに対抗するかたちで農業的な土地利用の観点から農用地の確保を目的のひとつとして、六九年に制定された。

⑴　農振法の概要

農業振興地域制度は次のような構成になっている。①まず、国が「農用地等の確保等に関する基本指針」を定める（三条の二）。②それを踏まえて、都道府県知事が農業振興地域整備基本方針を策定し、③さらに、基本方針に基づいて、農業振興地域を指定する。④指定された農業振興地域について、市町村が農業振興地域整備計画を策定する。

ところで、農振法は、九九年に（ア）地方分権改革と（イ）食料・農業・農村基本法によって大きな改正を受けている。すなわち、（ⅰ）これまで通達によって定められていた部分が、法律またはこれに基づく政令・省令に明記されるにいたった。つまり、「法化」がすすめられた。（ⅱ）そして、国が「農用地等の確保等に関する基本方針」を定めることとされ（農振法三条の二。二〇〇〇年三月一七日策定）、そこでは、①農用地等の確保に関する基本的な方向、②農業振興地域の指定の基準に関する事項、③その他農業振興地域の整備に際し配慮すべき重要事項などが盛り込まれている。基本指針は、都道府県知事が定める農業振興地域整備基本方針の指針となるべきものであり、そして、都道府県の基本方針では、①農用地等の確保等に関する基本方向、②農業振興地域の指定予定地、③その他の基本的事項が定められる。

また、（ⅲ）通達は廃止されたが、技術的な助言として、制度の運用について詳細な「農業振興地域制度に関するガイドライン」（二〇〇〇年四月一日農水省構造改善局長）が出されており、都道府県も補充的なガイドラインを定めている。

要するに、従来の詳細な通達によって行われてきた運営がなお維持されようとしていること、このようなかたちで都道府県、あるいは市町村による農振制度の運用が制約されることが指摘できる。

そして、（ⅳ）国、都道府県、市町村の関係も、改正地方自治法の類型にしたがって、整理・再構成されているが、なお、都道府県の基本方針や市町村の整備計画には、同意に基づく協議や勧告・指示など強力な関与手段がおかれており、ガイドラインでは、事前協議・相談制度なども残している。このような協議の過程を通して、法令の基準、基本指針や基本方針の遵守が図られるようになっている（図2−1）。

図 2-1　農業振興地域の整備に関する法律の概要

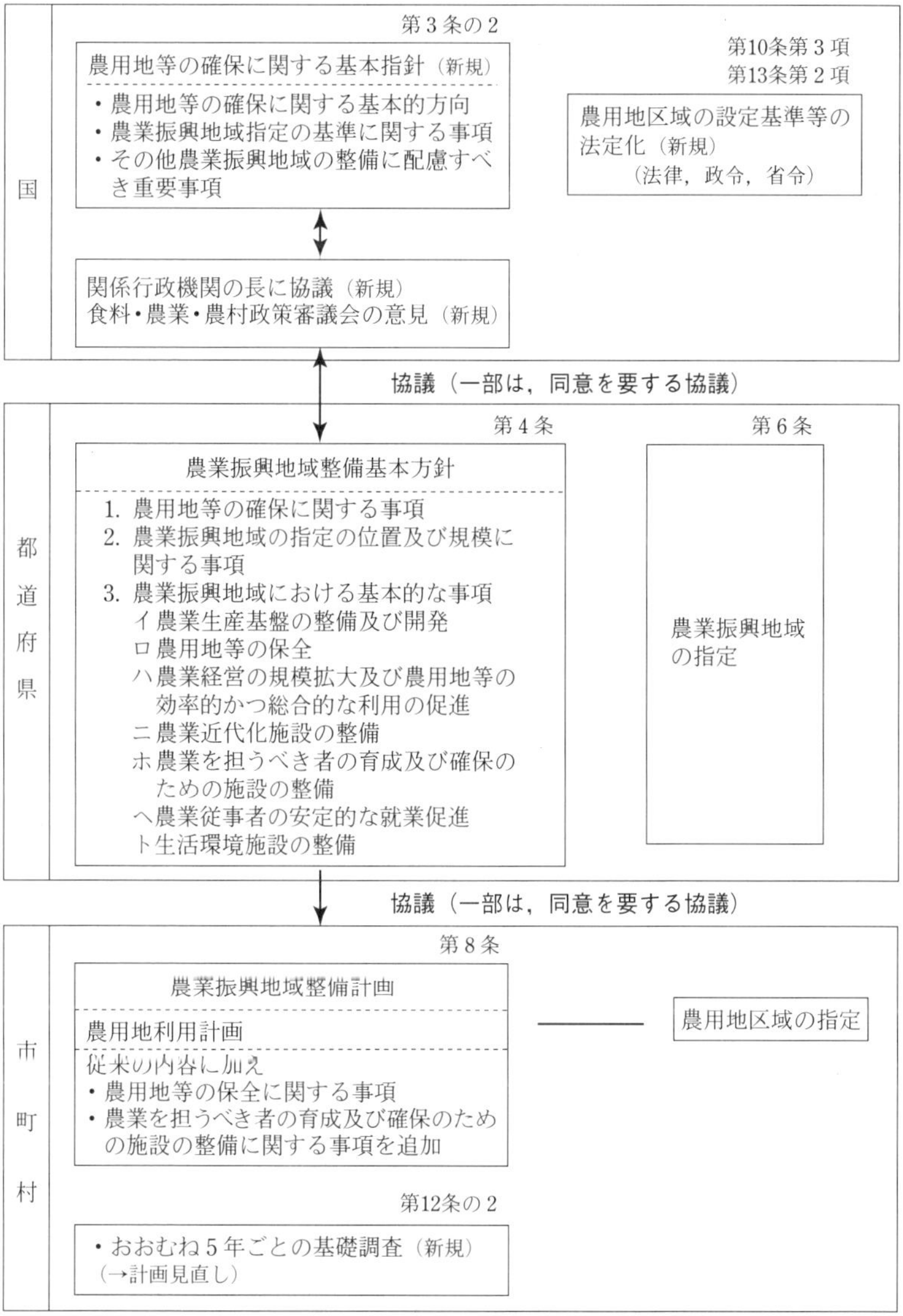
国
第３条の２
農用地等の確保に関する基本指針（新規）
・農用地等の確保に関する基本的方向
・農業振興地域指定の基準に関する事項
・その他農業振興地域の整備に配慮すべき重要事項
関係行政機関の長に協議（新規）
食料・農業・農村政策審議会の意見（新規）
第10条第３項
第13条第２項
農用地区域の設定基準等の法定化（新規）
（法律，政令，省令）
協議（一部は，同意を要する協議）
都道府県
第４条
農業振興地域整備基本方針
1. 農用地等の確保に関する事項
2. 農業振興地域の指定の位置及び規模に関する事項
3. 農業振興地域における基本的な事項
イ農業生産基盤の整備及び開発
ロ農用地等の保全
ハ農業経営の規模拡大及び農用地等の効率的かつ総合的な利用の促進
ニ農業近代化施設の整備
ホ農業を担うべき者の育成及び確保のための施設の整備
ヘ農業従事者の安定的な就業促進
ト生活環境施設の整備
第６条
農業振興地域の指定
協議（一部は，同意を要する協議）
市町村
第８条
農業振興地域整備計画
農用地利用計画
従来の内容に加え
・農用地等の保全に関する事項
・農業を担うべき者の育成及び確保のための施設の整備に関する事項を追加
農用地区域の指定
第12条の２
・おおむね５年ごとの基礎調査（新規）
（→計画見直し）

(2) 農業振興地域の属性

さて、農業振興地域の対象となる地域は、その自然的・経済的・社会的諸条件を考慮して一体として農業の振興を図ることが相当と認められる地域で、①その地域内に農用地等として利用すべき相当規模の土地があること、②地域内における農業の生産性の向上その他農業経営の近代化が図られる見込みが確実であること、③その地域内にある土地の農業上の高度化を図ることが相当であると認められること、である（農振法六条二項）。実際の農業振興地域は、広く農村地域を対象としたものとなっていて、農用地以外にも、森林をひろく含んでいるし、また、集落、道路、農業用施設等用地を包括している。

逆に、優良な農地であっても、農業振興地域に入っていない農地も多数存在している。つまり、農業振興地域は、地域のすべての農業振興あるいは農業的な土地利用をその射程に入れるわけではない。

都計法が都市計画区域外の都市化・市街化に対して関心がないのと同様に、農振法も農業振興地域外の農業的土地利用には関心がない。個別法による区域設定とは、そもそも対処しようとすべきそのようなテリトリーの設定なのである。そしてこの関連では、農地法に基づく農地の権利移動・転用規制が、「農地」に着目して規制を行うがゆえに、いわば「区域」とは無関係にすべての農地を対象とするコントロール手段たりえているのとは対照的なところがある。

(3) 農業振興地域と都市計画区域

農業振興地域を都市計画区域との関係からみると、次のような状況にある（図2‐2）。

第一に、都市計画区域のうち、既成市街地か市街化すべき区域である市街化区域は、農業振興地域

図 2-2　農振地域と都市計画区域の関係

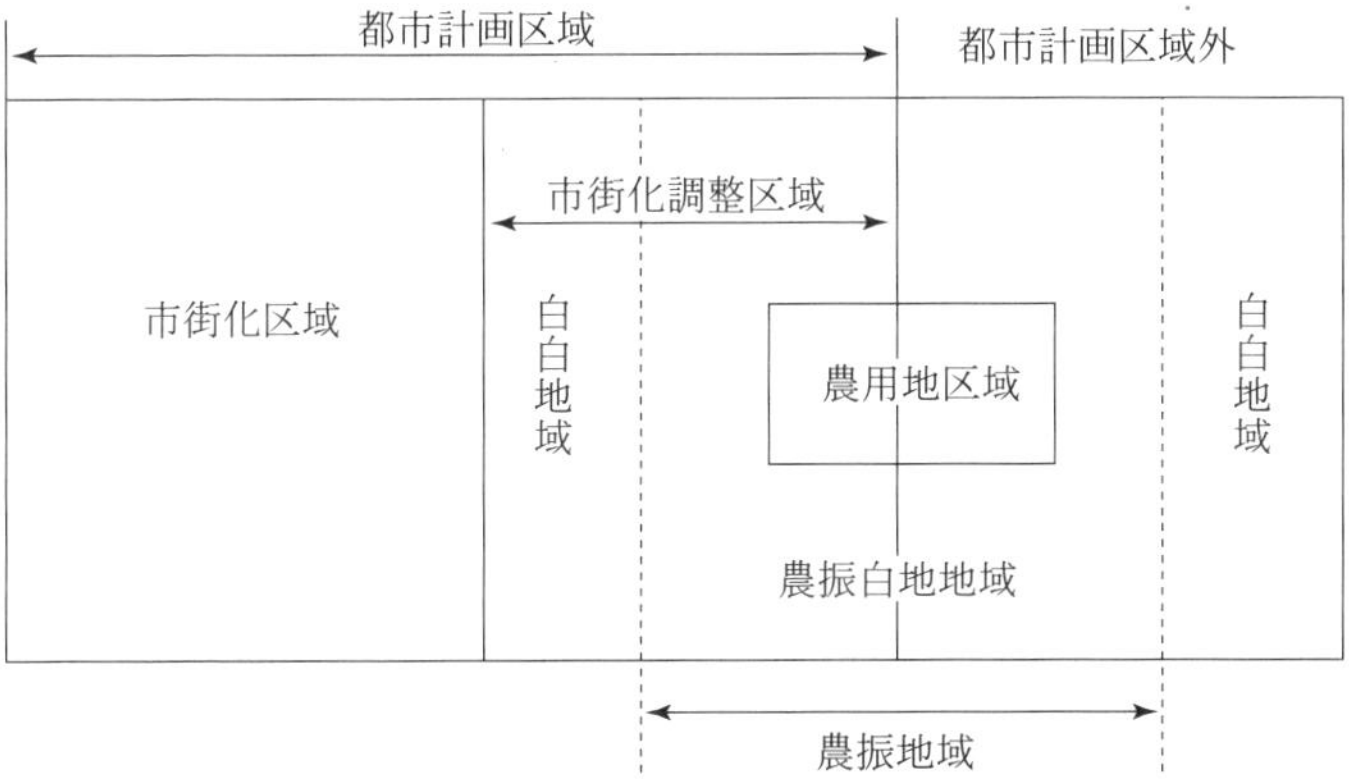

には組み入れることができない（法六条三項）。また、市街化区域では農地法の農地転用規制も緩和され、農業投資も原則として行われない。そのため、市街化区域内農地など、市街化区域内における農業的土地利用のありようも、生産緑地制度などもっぱら都市計画の論理で対応がなされることになる。ここでは二つの制度間のはっきりとした排他性がある。

第二に、市街化調整区域については、むしろ積極的に農業振興地域の指定が行われることになっている。つまり、市街化調整区域は、市街化を抑制すべき都市計画区域であると同時に、農業振興をはかる農業振興地域でもあるという、二つの制度間の重複と補完の関係が成立している。

第三に、市街化区域と市街化調整区域の線引きがなされていない都市計画区域（いわゆる非線引き都市計画区域）と農業振興地域の重複がある。

第四に、農業振興地域は都市計画区域に限定されるわけではないから、都市計画区域外の農業振興地域があり、第五というか、農業振興地域からも都市計画区域からも空白の地域がある。

都市計画区域との関係からみると、都市的土地利用と農業的土地利用の、いわば地域のマクロレベルでの調整が、都市計画区域と農業振興地域という区域の設定ではなく、むしろ市街化区域と市街化調整区域の設定との関係において図られている。都計法は、市街化調整区域の決定にあたって、国土交通（建設）大臣と農水大臣との協議の手続きを明記しており（都計法二三条）、逆に、農業振興地域の指定にあたっては、市街化区域・市街化調整区域の整備・開発・保全の方針に配慮することが求められている。

市街化区域と市街化調整区域の区域の変更は、同時に、農業振興地域（と、同時に、市町村の整備計画など、そこで行われる農振法上の諸制度）の変更をともなうことがあり、都市計画（市街化区域と市街化調整区域）の変更のための手続と農業振興地域の変更（と整備計画、とくに農用地利用計画の変更）のための手続が同時並行的に進行することになり、行政主体内部の都市計画部局と農振部局、あるいは市町村、都道府県、国の地方農政局・地方建設局など行政主体間の調整の手続きに多大の労力と時間を費やすことになる。

いずれにしても、このように多数のアクターを巻き込んだ調整過程であるだけに、市街化区域と市街化調整区域の決定（変更）ないし農業振興地域の設定が、現実には、地域のマクロレベルでの都市的な土地利用と農業的な土地利用のあいだのもっともシビアな調整過程と意識されることになる。

(4) 都市計画の土地利用計画制度

都市計画区域と農業振興地域とが重複するところでは、土地利用は、都市計画の観点からする制約と農業振興の観点からする制約と、それぞれ異なった制度目的からの制約をダブルで受けることになる。

ところで、都市計画区域において展開される都計法の土地利用計画制度は、次のような特徴をもっている。

（a）市街化区域と市街化調整区域は、都市計画区域において行われる土地利用計画（ゾーニング）であり、その実現手段として開発許可制をもっている。とりわけ市街化調整区域については、市街化を抑制すべき地域として都市的な土地利用を厳しく制限している（都計法二九条、三四条）。

もっとも、市街化調整区域であっても、市街化をコントロールするための手段が講じられている。容積率・建ぺい率などの規制があるし、地区計画を策定することもできる。

（b）非線引き都市計画区域であっても、そこでは用途地域の指定、特定用途制限地域（都計法八条一項二号、三項二号ホ）、地区計画を定めて市街化のコントロールを行うこともできる。

（c）しかし、都市計画区域（および準都市計画区域）も、たんなるテリトリーの設定にとどまらず、自ら土地利用計画的な性格をもっている。つまり、市街化区域と市街化調整区域の線引きや用途地域等の指定がなされていない都市計画区域であっても、開発許可制度や容積率・建ぺい率といった建基法の集団規定が適用になる（都計法附則第四項、建基法五二条、五三条）。

（d）都計法の二〇〇〇年改正により、都市計画区域外であっても「準都市計画区域」を設定することができ、（したがってそこでは当然に計画実現手段である）用途地域等の指定や開発許可制度が適用されることになった（都計法五条、二九条、建基法四一条の二）。インターチェンジ周辺、既存集落周辺、幹線道路沿いなどの市街化に対処するためである。またそれとは別に、一ヘクタールを超える都市的な開発に対しては、開発許可制度の対象とされる（都計法二九条二項）。都市計画区域外であっても、市街化の萌芽をとらえて（そのかぎりでは、都計法の目的のあくまでも延長上ではあるが）、都計法のコントロールを及ぼしていこうとするもので、テリトリーの発想を微修正している。

いずれにしても、都計法は、第一に、都市計画区域内の都市的な土地利用をコントロールする土地利用計画制度をもっており、それは、市街化を抑制する市街化調整区域においてもそうだといえる。しかし第二に、非線引き都市計画区域（と準都市計画区域）については、立地規制がなされていない。あくまでも都市的土地利用の水準をコントロールしようとするものであり、都市的土地利用を阻止しようとする機能までは備えていない。さらにいえば第三に、都計法は、都市的な土地利用のありようの枠組みのなかに、風致地区あるいは生産緑地などの例外はあるものの、農業・自然環境その他の非都市的な土地利用を積極的に位置づける計画手段を備えているとはいいがたい。

それに対し、農業振興地域は、次にみるように、それ自体としては土地利用計画という性格を有していない。農振法の諸制度が営まれるフィールドの設定にすぎない。

2　マスタープランとしての市町村整備計画

指定された農業振興地域については、都道府県の策定した基本方針に基づき、市町村が農業振興地域整備計画を策定する（農振法八条）。そして、整備計画は、大きく、（ア）マスタープラン的部分と、（イ）農用地利用計画（農用地区域とその用途区分）という、二つの性格の異なるものから構成されている。

(1)　市町村の整備計画の概要

整備計画は、おおむね一〇年を見通して、農業振興地域において総合的に農業の振興を図るために必要な事項を一体的に定めるものであり（法一〇条一項）、その計画事項は次のようになっている（法八条二項）。①農用地区域と区域内の土地の農業上の用途区分―農用地利用計画、②農業生産基盤の整備開発計画、③農用地等の保全計画、④農業経営の規模の拡大及び農用地等の農業上の効率的かつ総合的な利用の促進計画、⑤農業近代化施設の整備計画、⑥農業を担うべき者の育成・確保施設の整備計画、⑦農業従事者の安定的な就業の促進計画、⑧生活環境施設の整備計画、⑨森林の整備その他林業との関係。

農用地利用計画（①）が、一筆毎に地番の記載されたリストと平面図から構成されるのに対し、前記②～⑧の計画内容は、基本的な考え方や施策の方向性、あるいはその実現のための事業の種類と概要等が、文章表現と付図で記述されるにとどまる。

(2)　マスタープラン的性格

以上から明らかなように、整備計画は、土地利用計画にとどまるものではない。むしろ、総合的な農業振興をはかるための地域計画となっている。そして、制度改正の度に、計画事項は拡大される傾向にある（④⑦⑧は八四年改正により、③⑥は九九年改正により拡充されている）。つまり、農村の整備が政策課題として意識され、「農地」から「農村」へ、さらには「多自然居住地域」へと視野を広げるとともに、計画化されるべき事項も拡充してきたことがうかがえる。土地利用（農用地に限定されるとはいえ）も含めて相互に関連しあった農業振興のための諸施策をひとつの整備計画（マスタープラン）として策定することを通じて束ね、調整することによって一体性や総合性を確保しようとしているともいえる。農業振興地域については、いちはやく、マスタープランと拘束的計画の二層制のシステムが制度的には確立していたとみることもできるかもしれない。

しかし第一に、実際に作成される整備計画において、②〜⑧の部分は、量的にもわずかなものにすぎず、マスタープランとしての計画的な誘導力を発揮しているとはいえないところがある。

第二に、②〜⑧のマスタープラン的な部分の実現はもっぱら事業的な手法によることになる。整備計画に基づいてそれぞれの事業毎の実施計画の策定が想定されているということになるが、実際の事業と整備計画の関連、つまり、整備計画の個別事業に対する拘束力は明確ではない。逆に、整備計画に記載されたからといって事業化にメリットがあるわけではない。また、事業化にあたって整備計画の記述に拘束されるわけでもない。土地改良事業や農業構造改善事業等の実際の事業は、土地改良法等によることになるし、補助金等も個別の事業レベルの手続と関連づけられているにとどまる。

(3)　整備計画と都市的土地利用

例えば、農作業体験施設、就農支援施設、農業情報に係る情報通信施設、農業を担うべき者やその家族のための福祉施設・医療施設といった⑥の施設、例えば工場、流通業務施設といった⑦の施設、あるいは農用地利用計画に定められる農業用施設のうち農家等が設置・管理する製造・加工用施設や販売施設については、その位置・規模等が整備計画に定められるが、立地場所が都市計画区域ないし市街化調整区域内にある場合には、都市計画サイドからのコントロールを受ける。つまり、都計法の開発許可を受けなければ、施設はできない。そのため都計法の開発許可あるいは地区計画の決定がなされる見込みがないものは定めないという運用がなされている。しかし、これでは振興計画のマスタープランとしての機能は著しく殺がれる。

ここでは、整備計画が徐々に農村地域の振興のための総合的マスタープランへと展開してきており、したがって、そこには都市的な土地利用との調整が含まれているにもかかわらず、それが都計法の土地利用計画（とその実現手段）によって妨げられる状況が発生しているといえる。

3　農用地利用計画

整備計画のなかで唯一拘束的な土地利用計画としての性格をもっているのが、農用地利用計画である。

(1)　農用地利用計画の仕組み

農用地利用計画は、市町村の整備計画の一部として策定される。

農用地利用計画においては、優良農地の確保・保全のために、およそ一〇年間を見通して、農用地として利用すべき土地を対象として農用地区域を設定し、農用地区域内の農業上の用途区分を行う。

農用地区域には、次のような土地を含むことが相当とされている（農振法一〇条三項）。①集団的に存在する農用地で二〇ヘクタール以上の規模のもの、②土地改良事業等の施行区域内にある土地、③前二号に掲げる土地の保全・利用上必要な施設の用に供される土地・倉庫、④農業用施設用地、⑤地域の特性に即した農業振興を図るためその土地の農業上の利用を確保することが必要であると認められる土地。

対象として想定されている区域は集団的な、その意味ではかなりの規模の農地である。

(2) 農用地利用計画における土地利用区分

農用地利用計画は、農業上の土地利用の計画化をねらいとして、農地の自然的条件、交通・市場等の立地条件、その他の経済的・社会的条件も併せて考慮して、土地の農業上の最適利用を実現しようとするものといえる。

用途区分の種別としては、①農地、採草放牧地、②混牧林地、③農業用施設用地のほか、④特別な用途の指定がある。

九九年改正により導入された④は、①～③の通常の用途区分の範囲内で、区域の特性にふさわしい農業の振興を図るために必要があると認められるときは、特別の土地の区分を設け、農業上の用途をさらに細分して指定できるものである（規則四条の二第二項）。想定されているのは、とくに生産性が高く、地域農業の中核を担うような大規模な土地利用型農業を展開している農地、全国的にシェアが高い特産地、都市と農村の交流に資するとともに、緑地空間として保全・整備される市民農園、地形条件の制約からあるいは都市住民との交流資源として活用される棚田、温室団地・養豚団地・養鶏団地などがあげられている。

(3) 農用地利用計画と計画実現手段

農用地利用計画は、拘束的な土地利用計画であり、したがって規制的な計画実現手段が設けられている。

①　開発行為の許可制（農振法一五条の一五）――農用地区域内で開発行為を行う際には、あらかじめ知事の許可を必要とする。

②　農地等の転用規制（農振法一七条）――農用地区域内の農地については、農地法による転用にあたっては、農用地利用計画に指定された用途以外の用途に供することはできない。農用地利用計画には農業用の用途しか指定されないから、結果的に、農業用以外の土地に転用することはできない仕組みになっている。

③　勧告制度（農振法一四～一五条）――農用地利用計画の用途に供されていないときは、市町村長は勧告をすることができる。勧告に従わないときは、その土地を指定された用途に供するため所有権等を取得しようとする者と所有権等の移転について協議すべきことを勧告することができる。協議が成立しないときは、知事の調停を求めることができる。

④　特定利用権の設定協議（農振法一五条の七～一五条の一四）――市町村（または農協）は、農用地区域内の農用地で現に耕作されておらず、今後もその見込みがないものを、地域農業者の共同利用で活用するために、特定利用権の設定に関する協議を求めることができる。

(4)　中間まとめ

農用地利用計画とその実現手段については、次のことを指摘しておくことができる。

（a）　農用地利用計画は、農用地だけのための計画制度にすぎない。

したがって第一に、農用地利用計画でも土地の用途を定めるが、それは農用地としての利用の枠のなかでのものにすぎない。したがってまた、その用途区分が土地利用規制手段（の発動のための区分化、つまり、許可基準）と直接結びつくわけでもない。その意味で、建築に着目するとはいえ地域に発生する土地利用ニーズを包括的に取り扱う都市計画の用途地域制度等と対比できるものではない。

しかし第二に、農用地利用計画は、その制度枠のなかでは、計画としての仕組みは整っている。土地利用計画としての性格からして、農用地は、その現況が農用地である必要はなく、農用地として利用されるべき土地を意味している。計画実現手段も、開発行為の許可制があり、また農地等の転用制限が定められており、農地を確保し保全するという計画目的からは、十分すぎる担保手段がある。

第三に、とりわけ注目すべきと思われる手法に、勧告制度と特定利用権の設定協議の制度がある（もっとも、後者はほとんど活用されていないという）。農用地利用計画は、農地の確保という消極的な手段にとどまらず、計画上の用途に供されていない場合に、それを積極的に実現するための手段をおいているわけである。勧告という弱い手段であるが、都市計画においてその種の計画実現手段を導入する可能性が未だみえない段階で、このような手段は興味深い。

また、運用上、農業生産基盤事業等が優先的に農用地区域に投下されるという点では、事業手段とも一応のリンクがとれている。

（b）　農用地利用計画は、農用地を確保・保全することを目的とした計画制度である。農振法の開発許可制度や農地法の農地転用許可制度とリンクすることによって、農用地以外の利用をさせないというかたちの土地利用調整が行われているといってよい。したがって、非農業用土地利用との調整の仕組みは、そもそも内在させていない。これは、整備計画がそもそも農用地以外の土地利用を視野に入れていないことの当然の帰結であるともいえる。

そのため、農業用土地利用と非農業用土地利用との調整も、農用地区域に組み込むかどうかの判断レベルで取り扱われることにならざるをえない。

第一に、農用地利用計画の策定にあたって、一定の農用地を農用地区域に含めるかどうかという問題が出てくる。ここでは、まずなによりも、農用地区域設定のための基準が重要な判断枠組みとなる。基準は、かつては通達で示されてきたが、九九年改正により、法的な計画基準に高められ（法一〇条三項とそれを具体化する施行令と施行規則）、さらにガイドラインを通じて詳細に展開されている。

また、個々の土地所有者の思惑や、都市化の進展の予測も考慮されざるをえないし、逆に、農用地区域に組み入れることによる農業基盤整備事業の実施への期待もあろう。市町村の地域政策的な配慮も含めて、即地的に区域設定を行うにあたっては、計画権者（市町村）の広範な裁量的判断が入ってこざるをえないといえるが、市町村によってその基本的スタンスには大きな差異が見受けられる。現況農地をほぼすべて組み入れたところもあったようだし、逆に、市街地・集落近傍や幹線道路沿いをひろくはずしたところもあったようだ。一般的には、農用地区域の設定はかなり抑制的に行われており、強い市街化にさらされている中間的なゾーンが農用地区域からは切り捨てられているようでもある。

第二に、事後的な事情変更による農用地区域からの除外をめぐる問題がある。すなわち、農用地区域内の農地を農業用以外の土地利用へと転換する必要が生じたとしても、農用地利用計画ではそれを可能にすることができず、結局、農用地区域から当該農用地を排除せざるをえない。

(5) 農用地区域からの除外

農用地区域内の農地は、農地法上の転用許可がなされないため、農地以外の目的に利用する必要性が発生した場合には、いったん農用地区域から除外して農振白地地域に移さざるをえない。つまり、整備計画の変更が必要になる。

農用地区域からの除外は、（ア）五年ごとの基礎調査の結果に基づく計画の変更（農振法一二条の二）と、（イ）必要が生じたときに随時行う変更（農振法一三条一項）がある。問題となるのは、（イ）の取扱いであろう。個別の地権者からの申出を受けて、通常、一年に一ないし二回ほど行われている。手続的にみれば、市町村整備計画の変更は、改正前においては知事の認可が必要とされたが、改正後は、知事との協議を経ればたりる。しかし、農用地利用計画の変更については、「同意を要する協議」が義務づけられている。

また、農用地等以外の土地の用途に供することを目的として農用地区域内の土地を農用地区域から除外するために行う農用地区域の変更には、法令上一定の枠が設けられている（法一三条二項）。ひとつには、農用地とすることが適当な土地の要件（農振法一〇条二項）を満たさなくなった場合であるが、ふたつには、①農用地以外の用途に供することが必要かつ適当であって、農用地区域以外の区域の土地をもって代えることが困難であること、②農用地区域内における農用地の集団化、農作業の効率化その他農業上の効率的かつ総合的な利用に支障を及ぼすおそれがないこと、③農用地区域内の保全利用上必要な施設の有する機能に支障を及ぼさないこと、④土地改良事業等を実施した土地に該当する場合は、工事完了後八年以上経過していること（施行令八条）、である。

農用地からの除外（（イ）のケース）は、計画の変更でありながら、「個別の申請―許可」に類似した処理がなされている。つまり、個別の案件ごとに上記除外基準をクリアするかどうかという審査がなされている。つまり、ここでは「計画による利害調整」（のはず）が「一般ルールによる利害調整」の仕組みへと転換されてしまっている。

もっとも第一に、除外基準は、実際の運用にあたっては、抽象的にすぎるところがあり、そのため、市町村によって内部的により詳細な処理基準等を設定しており、それは、たんに法令（あるいは従来の通達）のそれを具体化したにとどまらず、より厳しいものあるいは基準の付加と評価すべきものがある。逆に、市町村によっては、本来想定しているよりも緩やかな運用がなされる可能性もある。都道府県としては、協議というかたちを通じて、法令の定める四要件をチェックすることになる。その結果、市町村としては、自らの土地利用構想上、農用地区域から除外することが適当と判断したとしても、県の同意が得られず、農用地以外の土地に転用することができないという事態が生じうる。

また、農用地区域から除外されても、現況農地であれば、最終的には、農地転用許可を受けなければ利用できない。大臣許可案件の場合には、除外の手続きのなかで農政局との協議がなされざるをえないし、国（農政局）あるいは県が除外の最終的な決定権をもつということになっている。

第二に、④のいわゆる八年要件は、営農条件に優れており、土地の合理的利用の観点からも、公共投資の効用が十分に発揮されるよう確保しようとするものであるが、それなりに判断が容易である。しかし、それ故に、市町村にとっては、どうクリアするかが悩ましい要件でもある。これまでは、「農村活性化土地利用構想」や「農業集落地域土地利用構想」の策定を根拠に除外することが可能だった（両構想は、通達に基づくものであり、廃止された）。つまり、法令上の根拠がないとしても、計画制度を介在させて、農用地区域からの除外と農地転用許可制度を運用しようとする試みであったといえる。

現行法では、「地域の農業の振興に関する地方公共団体の計画」を作成して、当該計画のなかで位置づけられた事業として行う場合にかぎり、除外できる（規則四条の四第一七号）。とすれば、市町村が条例等に基づき独自の土地利用調整のための計画を策定した場合に、そのような独自条例に基づく計画がここにいう計画だと都道府県・国によって評価されるかどうかが問題となってこよう。

4　農用地区域以外の農業振興地域の土地利用

農業振興地域であっても農用地区域以外の区域（いわゆる農振白地地域と呼ばれる）は、土地利用計画をもっていない。したがってまた、その利用に関しても、独自の権力的な規制手段をもたない。農振白地地域については、第一に、農地法の農地転用の取り扱いは、農振地域外の農地と違いはない。

第二に、農振法は、開発行為についての勧告・公表制度を用意しているが（法一五条の一七）、これは、あくまでも農用地区域内の農用地の農業上の利用の確保を図るためのものであって、農振白地地域の土地利用を誘導するための道具ではない。農用地利用計画の付随的側面援護手段にすぎない。言い換えると、農振白地地域については、土地利用計画が存在しない以上、計画実現手段もない。

ところで、農振白地地域における土地利用の誘導には、（ア）農地を農地として保全しようとするものと、（イ）農地を農地以外の用途に、あるいは農業用に利用されていない土地を都市的土地利用の枠内で別のものに転換する場合のそれが考えられる。

（ア）についていえば、農業振興地域の区域内であっても、かなりの現況農地が農用地区域からはずれているという状況がある。小規模な集団農地等は、そもそも制度的に農用地区域には組み込めないし、あるいは政策的な理由等から農用地区域に組み込まれなかった農地であっても、計画的に転用を図りたい場合があろう。このような農地に対する非農業用土地利用への圧力は、現状では、農地法の転用規制によって調整される。

しかし、逆に、このような農地をあくまでも農地として保全しようとするためには、一つには（いわば都計法の「準都市計画区域」ないし「特別用途地域」に倣えば）「準農用地区域」の制度化が考えられるであろうし、また、条例による市町村独自の土地利用規制（落ち穂拾い条例）を行うことが考えられよう。

（イ）についていえば、農地であれば農地法上の規制は受ける。また、同時に市街化調整区域内であれば、都計法上の開発規制を受ける。そうでなければ土地利用のコントロールがない。

5　農地転用許可の計画代替性

農地（現況農地）を農地以外のものに転用するには農地法に基づく許可が必要である（農地法四条、五条）。許可権者は、対象面積に応じて、都道府県知事（規模が二ヘクタール以下）と農林水産大臣に分けられている。

表 2-3　農地転用の立地基準

区分	営農条件，市街地化の状況	許可の方針
農用地区域内農地	市町村が定める農業振興地域整備計画において農用地とされた区域内の農地	原則不許可（農用地利用計画において指定された場合等は許可）
甲種農地	特に良好な営農条件を備えている農地	原則不許可（第一種農地よりも厳しい）
第1種農地	20ha以上の規模の一団の農地等良好な営農条件を備えている農地	原則不許可（土地収用法対象事業に供する場合などは許可）
第2種農地	鉄道駅が500m以内にあるなど市街地化が見込まれる農地または生産性が低い小集団の農地	周辺の他の土地に立地することができない場合等は許可
第3種農地	鉄道駅が300m以内にある等市街地化の区域又は市街地化の傾向が著しい区域にある農地	原則許可

(1)　農地転用基準

農地転用の許可基準は、従来は通達によって処理されてきたが、今次の地方分権を踏まえて、法律・政省令に詳細に規定されることとなった。もっとも、改正にあたっては、従来の運用は変えないことが前提とされており、従来の通達に規定されていた基準が、ほぼそのままに法令に取り込まれている。

農地転用規制は、そもそも自作農創設政策のもので食糧増産のための基盤確保と権利移動コントロールの実効性を担保するために設けられたものだったが、現在では、基盤整備が行われた農地や生産力の高い集団的な農地など、いわゆる優良農地を確保するとともに、無秩序な開発行為を防止するなど、広く土地利用調整の役割を担っている。

許可基準には、大きく（ア）立地基準と（イ）一般基準が設けられているが、注目されるのは立地基準であろう。

立地基準は、①農振農用地区域内の農地、②甲種農地（市街化調整区域内の第一種農地）、③第一種農地（集団的に存在する農地その他良好な営農条件を備えている農地）、④第二種農地（第三種農地の区域に近接する区域その他市街化が見込まれる区域内の農地）、⑤第三種農地（市街地の区域内または市街化の傾向が著しい区域内にある農地）の五区分によっている（**表2－3**）。そして、①、②、③の農地は、原則として転用は許可されない。④、⑤の農地は原則として許可される（農地法四条二項、五条二項）。すなわち、農地法の定める転用許可基準は、（1）農地の営農条件と、（2）市街化の状況に対応したものなのであり、それゆえ、農地それ自体の性格ではなく、場所・範囲などの位置的要素からつくられている。立地基準と呼ばれるわけである。

なお、農用地区域では、農用地利用計画で定められた農地以外の用途に転用するときのみ、許可される。また、市街化区域内農地は、便宜上、第三種農地に分類されるが、農地転用規制は、許可制ではなく、届出制に移行している（農地法四条一項五項、五条一項三号）。

(2)　計画代替的機能とその限界

そうすると、農地転用許可は、一つには、市街化区域あるいは農用地区域というゾーニング（土地利用計画）を前提とし、その計画実現手段と位置づけることができる。ここでは、土地利用調整は、市街化区域という都市計画の決定レベルで、あるいは農用地利用計画の決定レベルで処理されているはずである。

二つには、それ以外の区域に存在する農地については、許可基準（立地基準）というかたちで、都市的な土地利用と農業的な土地利用のあいだの調整が行われることになっている。つまり、都市的土地利用と農業的土地利用のあいだの調整は、あらかじめ立法者レベルで一般的ルールによって行われており、それに基づいた申請―許可を通じて処理される。しかし、許可基準は立地場所等に配慮したものとなっており、そのような意味で、転用許可を「計画代替的許可」と呼ぶことができる。

しかし、このような計画代替的許可制度には限界がある。

第一に、立地基準は、農地のおかれた都市化・市街化の状況を反映したものではあっても、地域の農業的・都市的その他の土地利用相互間を総合的に調整するわけではない。許可制にあっては、その趣旨・目的を超える機能は所詮担うことはできないのであって、農業的な利用の配慮の枠を超えられない。農業的利用の確保・保全の目的からすれば、周辺農地の農業的利用に有益かどうか、悪影響を及ぼさないかどうかに尽きるし、それで十分なはずであって、それ以上の利害の配慮をすることは、他事考慮として許されないはずのものだと理解される。

関連して第二に、農地法の転用許可制度は、これまたその制度上の趣旨からして、転用された土地がその後どのように利用されるかには関心をもたないし、もちようもない。いったん転用許可がなされた後の当該土地の都市的な土地利用の規制ないし誘導は、もっぱら都市計画法などの他の法制度に委ねられる。そのかぎりでは、一つには、市街化調整区域あるいは非線引き都市計画区域におけるように、転用許可制と都計法の開発許可制度との整合ないし齟齬が問題とされることになる。二つには、都市計画区域外においては、都市（計画）サイドからも十分なコントロールが及ぼしえないという問題点が指摘されることになる。

もっとも第三に、農地転用規制をもっぱら農地のもつ農業生産性の視点からのみとらえる理由はないともいえる。農地の保全が、指摘されるように、防災・自然環境保全・国土保全といった多面的機能をもつものであるとすれば、転用の許可基準にもそれを反映させて、たんに市街化の状況だけからみた優良農地の確保だけでなく、景観や環境保全的な考慮をもそのなかに取り込むことが望ましいといえよう。そして、このように判断の際の考慮事項を多様化すればするほど、その判断構造は計画裁量的な性格をもつし、農地転用許可制度の計画（代替）的機能は高まるともいえる。

第四に、農地転用許可制度は、計画実現手段ではなく、一般ルール調整に基づく個別的許可制度であるために、地域性を欠いているところがある。そのため、地域ないし市町村からは、地域の状況に応じて、あるいは地域のまちづくりの構想に基づいて、農地を転用していこうとする際には、農地転用許可制度が逆に邪魔だと感じられることになる。そのため、ひとつには、許可権限を市町村に移譲するという対応が考えられる。具体的な許可の際のいわば運用で弾力的に対応することが期待されているわけである。その際、許可基準が法定化され、しかもその規律密度が高いことは、許可の際の運用の幅を狭めることになるから、望ましいことではなく、むしろ許可基準を条例等に委任すべきだということになろう。それに対して、農地の保全・確保の必要性を強調する見地からは、市町村の開発志向に対する強い不信感があることも周知のとおりである。

第三節　計画的調整への展開

1　土地利用の交錯の意味

個別法の論理による土地利用規制システムの問題点は、個別法の論理の枠のなかで、区域設定（テリトリー)、拘束的土地利用計画、計画実現手段が展開されるところにある。もっとも、例えば既成市街地とか、あるいは純然たる農村地域とかにおいては、この問題点はさほど意識されない。現行の土地利用計画の仕組みは、いわばその論理の中核となっている土地利用を中心において(必ずしも空間的な意味ではなく)、区域の設定とか、コントロールする土地利用の種類とかを設計している。例えば、都計法であれば、既成市街地を中心としてその周辺地域を含むかたちとなる。農業振興地域であれば、農用地区域を中心としてその周辺を包含していくことになる。その結果、中核となっている土地利用の調整は、十分に(あるいは、それなりに)なしえている。例えば、市街化区域では用途地域その他の地域地区とか地区計画とか、さまざまな計画が重ねて用いられ、それにともなって関係する利害調整の精度や密度も高い。純然たる農村地域における土地利用は、集団的な優良農地の確保と農業用施設その他地域活性化のための施設用地の立地で尽きている。

しかし、周辺部へと移るにつれて、他の目的の区域設定の周辺部と重複しあうことになる。あるいは、どの個別法のテリトリーにも入らない区域が発生する。喩えて言えば、それぞれの山の山頂付近はその個性が際立っていたとしても、裾野付近では隣接する山々の裾野と一体化していて判別はつきにくく、むしろ多様な植生が発生するのである。しかし、周辺部へと移るにつれて、用意される計画の種類や内容は粗雑になり、あるいは計画実現手段の強度も弱くなる。

都市郊外部や農村地域等で土地利用調整が問題となっているのは、まさにこのような個別法の論理で処理できない種類のそれなのだといえる。その結果、一方では、農用地区域、農地転用許可、開発許可制度等が相乗して望ましくない土地利用を阻止することがあるとしても、他方で、例えば農振整備計画の実現内容が、都計法の市街化調整区域と開発許可制度によって邪魔される場面がでてくる。

あるいは、非農地が資材置き場に利用されるなど、それぞれがそっぽを向く場合がある。あるいは、都市計画的な視点からの調整であれば、地区計画なり、あるいは新設された準都市計画区域や特別用途地域なりを活用するとしても、それは周辺地域の土地利用調整に必ずしも適していない。

いずれにしても、問題のひとつは、その対応が個別的な案件の処理として、したがって、一般ルールによる調整によって営まれているところにある。農振農用地区域からの除外あるいは農地転用許可制度の現状はまさにそれである。そこで、計画的な調整の仕組みを介在させてやることが望ましいのではないかと考えられる。

2　マスタープランによる調整

既にみたように、市町村の整備計画は、地域において展開している多様な土地利用をすべてその射程に入れたものではない、つまり、農業振興地域の土地利用のマスタープランではないが、地域の総合的な整備計画的な性格をもっている。また、農用地区域を囲い込み、あるいは、特定施設等の立地などをその内容に含んでいる。農振地域の総合的土地利用のマスタープランへと発展する可能性は十分にある。

都計法においても、これまで市街化区域と市街化調整区域については、各区域の「整備、開発または保全の方針」を定めることとしており、これが事実上、都市計画のマスタープランの役割を果たしてきた。また、二〇〇〇年改正により、非線引きの都市計画区域も含め、すべての都市計画区域について、都道府県が「整備、開発及び保全の方針」を定めることとなった（都計法六条の二、一三条）。

農振整備計画は農業振興地域を対象としており、整備・開発・保全の方針は都市計画区域を対象としている。現在でも、空間的な重複がありあるいは相互に隣接するわけだから、お互いに調整がはかられている。しかし、それぞれの区域のマスタープランにとどまっている。また、制度上、農振整備計画が都計法の土地利用計画やその実現手段たる開発許可制度等に、あるいは整備・開発・保全の方針が農振法の農用地利用計画や農地転用許可制度に、法的な意味でリンクする余地がない。

市町村都市計画マスタープラン、つまり、「市町村の都市計画に関する基本的な方針」（都計法一八条の二）は、都計法の八〇年改正により導入されたものであるが、現状をみるかぎり、必ずしも都市計画区域に限定されていない。都市計画マスタープランを策定している市町村は未だささほど多くはないが、これまで策定されたもののうち半数以上のものが市町村の区域全域を対象として策定されている。さまざまなかたちで市民参加を工夫しつつ、地域の個性を生かしたマスタープランがつくられてきているところがある。そこで、市町村都市計画マスタープランを、狭い意味のまちづくりに限定しないで、ひろく地域の土地利用のありようを構想する道具として活用できるのではないかと考えられる。市町村のもつ計画体系としては、議会の議決を経た総合計画―都市計画マスタープラン―農振法の整備計画および都計法の都市計画という構造をとることになる。

あるいは、計画事項や内容、策定手続等が柔軟でかなり自由になるために、都市計画マスタープランのほうが好まれているが、かかる機能は、本来、制度的には国土利用計画法の都道府県・市町村の国土利用計画と土地利用基本計画が担うべきであって、市町村の国土利用計画制度を改善すべきなのだともいえる。

ここでは第一に、マスタープランは個別の計画実現手段、つまり拘束的な土地利用規制をもっていない。むしろ、マスタープランを実現するために拘束的な土地利用計画を活用する仕組みを整える必要がある。つまり、市街化調整区域内における地区計画とか、あるいは農振農用地区域からの除外にあたって、マスタープランを基準として用いることができるようにしなければならない。

しかし第二に、個別の計画制度は、別にいわゆる垂直的な統制のもとにおかれている。つまり、計画事項や計画基準が法定化され、あるいはより広域上位の計画によってその内容が拘束されている。例えば農振整備計画（農用地利用計画）は農振法等の規定、国の基本指針、都道府県の基本方針によってその自由度が制約され、あるいは、協議の過程を通じて統制されている。つまり、マスタープランの自由度の確保の問題が、これらの計画間の調整の問題に移ってきているわけである。

なお第三に、地方公共団体が独自に計画手段を創りだすことも考えられる。例えば、市街化調整区域における土地利用を規制する拘束的な土地利用計画を創設する、あるいは農用地区域以外に「準農用地区域」制度を創設するなどである。ここでは、既存の拘束的土地利用計画制度が存在していることが、逆に桎梏となってこよう。つまり、都計法との関係で前者はむつかしいが、農振法との関係では準農用地区域はバッティングしないというわけである。

3　市町村独自の土地利用調整計画

市町村が条例等に基づいて独自の計画制度を設け、地域の多様な土地利用を総合的に計画的に調整するものとして例えば、神戸市の「人と自然の共生ゾーンの指定等に関する条例」（一九九六年）は、農業保全区域、集落居住区域、環境保全区域、特定用途区域の四つの農村用途区域と農村景観保全形成区域をおく。

もっとも第一に、神戸市条例は、農村計画的な独自のゾーニングを定めているのであるが、それが全国的に一般化しうるものではないことも確かであろう。むしろ神戸市条例は、共生ゾーンに含まれる地域の土地利用の現況と課題をにらみながら必要なゾーニング類型を設計している。これは、農村地域における土地利用計画をめぐる計画原理ないし計画技術といった理論がいまだしっかりと確立していないことをも意味しているが、他方で、土地利用計画の内容と計画実現手段のセットを地域的に弾力的に決めていく必要性を示しているともいえる。

第二に、このような計画制度は、既存の拘束的土地利用計画―計画実現許可制度との関係で、法律と条例の抵触というむつかしい問題をもつことになる。しかし、農用地区域からの除外や農地転用許可においては、その判断基準がかなりの程度抽象的であるため、裁量的な運用が可能だとも考えられる。問題は、都道府県や国（農政局）との調整、あるいは開発許可制度との連動性にあり、計画権限、許可権限の所在ともつながる。それが図られなければ、極端な場合には、条例による総合的計画制度は、屋上屋を重ねただけということにもなりかねない（現に、神戸市条例においても、条例上の用途地域と農用地利用計画は整合しない部分を抱え込んだままで運用されている）。

そのためもあって、第三に、具体的な開発案件が発生した際に、事前協議を通じて土地利用をコントロールしていこうとする方向が模索されることになる（例えば、穂高町まちづくり条例）。そして、協議の際の「拠りどころ」としておおまかなあるいは柔軟性をもったゾーン区分（即地的な計画）を内容とする独自の総合的土地利用計画制度を設けておこうとするわけである。

興味深いのは、一つには、そこでは計画はこのような個別の調整・交渉手続によって実現されていくといってもよく、その意味では、計画による調整がさらに個別の微調整過程によって補充されるという調整の二重性をもつことになることであろう。二つには、個別の調整過程は、市町村と都道府県、あるいは国（農政局等）との調整の過程においては、計画を前面に押し出した調整となることであり、いわば計画間調整というかたちをとることになることであろう。

第三章　地方分権時代におけるまちづくり条例

北村　喜宣

はじめに

一九九九年七月に、「地方分権の推進を図るための関係法律の整備等に関する法律」（以下「地方分権一括法」という）という長い名前の法律によって、四七五本の法律が一挙に改正された。国と自治体を「上下主従の関係」においていた機関委任事務制度が廃止され、自治体は、中央政府からの細かくかつ法的拘束力のあるコントロールから、とりあえずは自由になったのである。

地方自治法も、地方分権一括法によって改正された法律のひとつである。そこでは、自治体は、「地域における行政を自主的かつ総合的に実施する役割を広く担うもの」と位置づけられた（一条の二第一項）。少なくとも、タテマエ上は、大きな法政策裁量を与えられた自治体への期待は大きい。とくに、まちづくりのように、地域に密着した行政分野については、自治体の創意工夫によって、「市民の意向を反映した住みよい暮らしよいまち」ができるのではないかと期待されている。そのための手段が、自治体議会の議決する条例である。

憲法九四条や地方自治法一四条一項が規定するように、自治体は、「法令に違反しない限りにおいて条例を制定することができる」のである。この状態に、変わりはない。しかし、地方分権後には、これまでの制約が、かなりの程度排除された。これまでできなくてこれからできることは、いったい、何なのだろうか。地方分権時代になると、地域密着型のまちづくりは進むのだろうか。本章では、「まちづくり」に代表される自治体の土地利用をめぐる意思決定システムを素材にして、これらの点にアプローチする。

まず、第一に、地方分権一括法が制定・施行される前の法制度はどのようになっていて、そこでは、自治体がどのように対応していたかを概観する。第二に、地方分権時代においては、自治体の条例制定権の範囲はどのように考えるべきかについて議論する。第三に、土地利用調整に関するこれまでの自治体の対応を整理して、これからの自治体法システムのあり方を、モデル的に議論する。第四に、自治体が法政策開発能力をより一層高めるにあたって、どのような措置が考えられるかを、補足的に検討する。

第一節　地方分権前夜の法制度と自治体の対応

1　機関委任事務と通達

地方分権一括法の制定によって、機関委任事務制度が廃止された。機関委任事務制度とは、知事や市町村長を、中央政府の手足とみなして、国の仕事をさせるしくみである。とりわけ機関委任事務制度のもとでは、「通達」が多く出されていた。国家行政組織法一四条二項によれば、通達とは、各省大臣が「所管の諸機関及び職員」に出すものである。選挙で選ばれた自治体住民の代表といえども、この制度のもとでは、国の下級機関とされるのであった。詳細な記載のある通達は、自治体の一挙一動を拘束する機能を果たしていたのである。

2　法律は不完全

国会が制定する法律は、本来、社会に存在する相対立する利害を、政治的に調整した結果を表現したものである。ところが、調整場所が現場自治体から遠いために、法律は、それなりにメニューを用意したとしても、どうしても、現場のニーズにうまく適合しない。また、個別法は、それぞれの法目的の観点から規制をするが、それらが現場のニーズにぴたっと適合しないこともある。こうした状態を称して、「法律の不完全主義」といわれることがある。自治体は、現場ニーズに必ずしもうまく対応できない法律を、現場の遠くから発せられる通達にしたがって実施せざるをえないという宿命にあったのである。

3　「機関委任事務＝諸悪の根源」説

自治体にとって、機関委任事務制度のもとでの規制は、「帯に短し襷に長し」であった。ある側面からみれば、地域の実情に応じた行政をするには障害となっていると受け止められていたような印象を受ける。

地方分権推進法の制定前後と同法にもとづいて創設された地方分権推進委員会の活動時期（とくに、一九九八年五月の『地方分権推進計画』策定以前）には、分権の推進を期待した報告書が、自治体から多く出された。そのなかでは、「機関委任事務は、地方自治体が地域の実情に応じた自主的な行政運営を実施するにあたり大きな障害となる」（群馬県新行政システム検討会議『地方分権推進に関する検討報告：真の地方自治の確立を目指して』〈一九九五年六月〉）という記述に特徴的なように、機関委任事務制度のもとでの画一的かつ詳細な基準が、「総合的」な施策展開にとっての障害となっていると認識されていたのである。まさに、「機関委任事務制度＝諸悪の根源」説とでもいうことができる。

4　要綱行政と事前手続での対応

ところが、機関委任事務制度が盛り込まれている法律の実施の責任を与えられつつも住民と正面から向き合わざるをえない自治体行政は、「法律によればそれはできないことになっているからどうしようもない」といって、（それなりの合理性をもつ）住民の要求に応えないわけにはいかなかった。そこで、あくまで相手の任意による行政指導をつうじて、法律との関係では厳しい対応となる「上乗せ」的内容を、たとえば、環境改変をする事業者に求めたのである。緑地率をより多くとるとか道路からのセットバックをより大きくするといったことが、その例である。それは、それなりの効果を発揮した。要綱行政は、種々の制約のもとで自治体福祉の向上を図るための手段だったのである。

もっとも、要綱は、行政だけで制定されるものであり、法的効力はないから、それにより可能なのは、あくまで行政指導である。しかし、一九九三年に行政手続法が制定されるに至り、事業者の申請権を侵害するような結果になる行政指導は違法であることが、明らかとなった。この点は、後にみる。

一方、条例ならば、それにもとづいて、事業者に法的義務を課すことができる。このため、行政手続法の制定を契機に、要綱を条例化した自治体もある。たとえば、神奈川県は、一九九六年に、それまでの土地利用調整要綱を土地利用調整条例とした。しかし、そうした場合であっても、厳密にいえば、事業者が法的に義務づけられるのは、農地法などの法律にもとづく申請の前段階での説明会の開催とか住民意見書に対する見解書の提出といった手続的対応である。自治体独自の基準の遵守を求めたり開発行為を独自の許可制にかかわらしめたりすることは、されていなかったのである。そこまで踏み込むことは、法律との関係で違法性の懸念が払拭できないという判断があった。

なお、こうした対応は、「まちづくり要綱」「まちづくり条例」として、政策法務的観点からは、積極的に評価されることがある。制約された権限のなかで自治体が最大限の工夫をしたというわけである。ただ、実証的に確認すべき課題がないではない。すなわち、（そもそも権限がない場合は別であるが、）法律が用意したメニューが本当に一〇〇％使われて、それでもなお不十分な状態にあったのかという点である。土地利用を強化する方向での対応は、たとえば、地区計画制度や委任条例の活用のように、法律にもとづいて可能な場合がある。それを導入すれば、同じく法律制度である開発許可の条件としたり建築確認の対象事項とすることができるから、開発のコントロール方法としては、確実性が高い。しかし、自治体行政は、首長も職員も、具体的調整の政治的・行政的コストを嫌って、要綱や事前手続条例に逃避している可能性もあるのである。

第二節　地方分権一括法施行後の条例の可能性

1　憲法九四条と地方自治法一四条一項

先にもみたように、条例制定権の範囲と限界に関する一般的な実定法規定は、憲法九四条と地方自治法一四条一項である。地方分権のもとでの条例論は、分権改革によっても改正されなかったこれらの条文をどのように解釈するかにかかっている。「法令に違反しないかぎり」で条例は制定できるのであるが、そもそも「法令」とは何のことなのだろうか。それを論ずる前に、条例との関係で、分権改革の意義を確認しておこう。

2　憲法九二条と地方自治法一条二、二条一一～一三項

(1)　団体自治と機関委任事務制度

憲法九二条は、「地方公共団体の組織及び運営に関する事項は、地方自治の本旨に基いて、法律でこれを定める。」と規定する。「地方自治の本旨」の重要な構成要素のひとつが、団体自治である。これは、独立した団体としての自治体の存在を国家の内部に認めて、これにできるだけ多くの事務処理権能を与え、その自主性・自立性を最大限に発揮させようという考え方である。

ところが、戦後半世紀近くにわたって構築されてきた中央政府と自治体との関係は、こうした状態からはほど遠いものであった。そのひとつの現象が、機関委任事務の蔓延である。俗に、都道府県の事務の七～八割、市町村の事務の三～四割を、機関委任事務が占めるといわれていた。これは、「国の事務」であって、自治体が独自の判断で執行することは、原則として、許されていなかったのである。首長が「名指し」で権限行使を命じられるために、機関委任事務に関しては、議会の制定にかかる条例がタッチすることはできなかった。

(2)　違憲状態の是正

いきなりそうした分量の機関委任事務がドカッと降ってきたのならば、団体自治の観点から、問題

視もされたであろう。しかし、機関委任事務は、いわば「塵も積もれば山となる」的に、個別法の積み重ねをつうじて、じわじわと増殖したのである。法案審査にあたる内閣法制局は、そうした憲法原則の観点からチェックしてはいなかった。

結局、行政の日常的プロセスによる内発的改革によっては、こうした「違憲状態」を解消することはできなかった。地方分権推進法が地方分権委員会に勧告権を与え、内閣総理大臣にその尊重義務を課したのは、一種の「外科手術」によって、合憲的状態の回復を目指した政治的改革と評価することができるのである。

(3)　新地方自治法の新たなルール

そうした「合憲的状態」を実定法的に表現したもののひとつが、地方分権一括法により改正された地方自治法一条の二および二条一一～一二項である。一条の二第一項は、「地方公共団体は、住民の福祉の増進を図ることを基本として、地域における行政を自主的かつ総合的に実施する役割を広く担うものとする。」と規定する。第二項は、国の役割に関するものであるが、「国は、前項の規定の趣旨を達成するため」という限定がつけられていることに留意すべきである。

地方自治法二条一一項は、「地方公共団体に関する法令の規定は、地方自治の本旨に基づき、かつ、国と地方公共団体との適切な役割分担を踏まえたものでなければならない」という立法原則を規定する。一二項は、「地方公共団体に関する法令の規定は、地方自治の本旨に基づき、かつ、国と地方公共団体との適切な役割分担を踏まえて、これを解釈し、及び運用するようにしなければならない」という解釈・運用原則を規定する。憲法九二条にある「地方自治の本旨」という文言を用い、さらに、地方自治法一条の二の役割分担を強調するこのふたつの項は、団体自治の保障が、法令の制定とその解釈・運用を貫く基本原理であることを確認したものといえる。

憲法九二条の解釈は、一様ではない。分権前夜の法制度を支えた解釈は、そのひとつであったかもしれない。しかし、それにもとづく諸制度が憲法の観点に照らして問題があると判断されたからこそ、機関委任事務制度の廃止をはじめとする一連の改革がされたのである。分権前夜のような法制度状態になることを防止するために、憲法九二条の内容が確認的かつ具体的な条文として表現されたのが、たとえば、地方自治法一条の二、二条一一〜一二項であるといえよう。これらは、地方分権時代の条例論にあたって、基本とされるべき重要な条文である。

3　「法令」についての新たな理解

(1)　これまでの理解：狭義説

これまでは、「条例は法令に違反できない」という場合の「法令」とは、たとえば、まちづくり分野ならば、都市計画法や建築基準法といった個別法令と理解されていた。これを「狭義説」ということにする。

(2)　広く「法令」を理解する：広義説

しかし、分権時代においては、そうした考え方を維持することは、妥当ではない。もしも、狭義説のように、個別法令をもって「法令」と考えるならば、個別法令によって条例制定権の限界が決められてしまう。これは、実質的には、中央省庁が自治体議会の制定する条例の内容と範囲を決定することを意味するのである。

自治体に関する法律については、先にみたように、地方自治法が新しいルールを規定した。法律がそれにしたがって制定されているならば、問題はない。自治体には、条例によって、地域の実情に適した対応をする余地が十分に与えられているはずだからである。しかし、そうした保障はない。おそらく、長期的にみれば、法令の詳細さは低下してゆき、より多くの裁量が自治体に残されてゆくようになるのだろう。ただ、これまで数十年続いてきた機関委任事務制度と中央集権的法政策思考を前提にすれば、法令が直ちにそうしたスタイルになることを期待するのは、困難である。一九九九年度まで多く出されていた通達をほとんどそのまま法律・政令に吸収したために、詳細性がかなり高くなっているものも出ている。

また、従来型を基本とする法律の宿命として、法律が提供する法システムをフルに活用しても、地域の実情に適合した対応ができない可能性は、常に存在している。そこで、分権時代においては、新たな発想で条例論を考える必要がある。ポイントは、「法令」の理解にある。

日本の法体系のもとでは、憲法が最高法規であり（憲法九八条一項）、法律はそのしたに位置する。法律同士の効力は、対等である。したがって、地方自治法のルールに個別法が従わなければならないということはない。ただ、先にみたように、地方自治法の新しいルールは、団体自治を保障する憲法九二条の解釈を具体化したものであるから、その意味で、個別法は、それらと整合的に解釈されなければならない。結局、「法令」とは、個別法令にとどまるのではなく、憲法九二条および地方自治法一条の二、二条一一〜一三項（さらには、後にみる一三項）をも含んだものとして把握する必要がある。

自治体にとっては、そのように理解してはじめて、国と対等な解釈権限を有することになるのである。

(3)　総合的アプローチの妥当性

こうした立場に対しては、「あまりにも文言から離れている」という批判も予想される。しかし、解釈にあたって、単一の法律のみを前提にするというアプローチは、最近の最高裁判所のとるところではなくなっているのである。すなわち、新潟空港事件判決における原告適格の解釈にあたって、「当該行政法規及びそれと目的を共通する関連法規の関係規定によって形成される法体系のなかにおいて、当該処分の根拠規定が、当該処分を通して……個々人の個別的利益をも保護すべきものとして位置づけられているとみることができるかどうか」という立場をとっている（最二小判一九八九年判例時報一三〇六号五頁）。また、志免町給水拒否事件判決においては、水道法一五条一項にいう「正当の理由」の解釈にあたって、「同項の趣旨、目的のほか、法全体の趣旨、目的や関連する規定に照らして合理的に解釈するのが相当」としている（最一小判一九九九年一月二一日判例時報一六八二号四〇頁）。地方分権一括法施行前から、こうしたアプローチがとられていたのである。

これは、「総合的アプローチ」ということができようが、立法技術上の制約を考慮した場合に、きわめて合理的なものである。関係するありとあらゆるルールを踏まえて、ひとつの法律のなかですべてを書ききることは、現実には、困難である。しかし、書ききれなかったことが、それ以外の配慮を排斥することを、積極的かつ合憲的に意味するならば格別、そうでないと解される場合には、関連規定などとの関係で当該規定を理解することが、正しいスタンスであろう。

4　法律と条例の抵触関係についての整理

(1)　法律と異なった基準の可能性

このように理解すると、法律と条例の抵触関係について、どのような整理が可能だろうか。抵触に関する従来の議論は、基本的に、地方分権一括法施行後も維持される。そのほかに、具体的に問題になりうるケースは、法令がきわめて詳細に規定しており自治体の自由がほとんどないにもかかわらず地域特性に応じた対応をする必要があるような場合である。そうした場合に、自治体は、条例を制定して、たとえば、法令と異なる基準を設けることができるのだろうか。

地方自治法二条一三項は、自治事務に関する法令の規定について、「地方公共団体が地域の特性に応じて当該事務を処理することができるように特に配慮しなければならない」というルールを規定している。「国が本来果たすべき役割に係るものであって、国においてその適正な処理を特に確保する必要があるものとして法律又はこれに基づく政令に特に定めるもの」（地方自治法二条九項）である法定受託事務についても、地域的対応が可能になる配慮は必要なのであるが、自治事務の場合は、それが「特に」必要とされている。これは、そうした制度になっていない法令は、憲法九二条に照らして、問題があるということを意味する。

(2)　詳細すぎる規定は「標準的」と考える

それでは、そうした個別法令は、違憲となるのだろうか。いきなりそうなるのではなくて、まず、それに対して、合憲限定解釈を加えるのが妥当である。すなわち、総合的アプローチをとって、個別法令を、地方自治法二条一一〜一三項と整合的に読むのである。たとえば、詳しく過ぎるがそれでも地域の実情に適合した対応を提供できていないと自治体が判断する場合には、当該法令の規定を「標準的」なものと解して、法律の趣旨目的の実現を損なわない程度で、独自の規定を条例で設けるとともに、行政手続法五条にいう審査基準に位置づけることは、適法となる。とりわけ、自治事務に関して、自治体に窮屈な思いをさせてまで法令の基準を押しつけることは、地方自治法のルールとは相容れない。より拘束的としたいならば、法定受託事務とすればよかったのである。自治事務が自治事務である以上、その解釈は、自治体が「自治的」にするのである。

⑶　国の関与の可能性

もちろん、自治事務であっても、自治体の解釈が違法だと国が判断した場合には、所定の措置を講ずることができる。地方自治法二四五条の五によれば、①自治事務の処理が法令の規定に違反しているとき、②著しく適正を欠き明らかに公益を害しているときには、違反の是正・改善のために必要な措置を講ずるべきことを要求することができると規定している。是正の要求は、法的拘束力があるということになっており、それに不満な自治体は、国地方係争処理委員会に訴えることになる。最終的には、最高裁判所の判断になる。

自治事務に対する関与は、地方分権一括法による地方自治法改正の法案審議の過程で、最も議論があった点のひとつである。是正の要求に法的拘束力を持たせることへの批判を受けて、自治大臣は、「地方公共団体の違法な事務処理等については、まずは地方公共団体のみずからの機関あるいは住民の手によって自主的に是正されるべきものであります。しかし、例外的に、そのような形での是正がされない、そしてその結果、当該地方公共団体の行財政の運営が混乱し、停滞をして、著しい支障が生じているような場合に、国等が何らかの形で関与することが必要と考えたところ」であると答弁した（第一四五回国会参議院会議録二九号〈一九九九年六月一四日〉四頁［野田毅自治大臣答弁］）。是正の要求は、実質的に「封印」されたともいえるような内容である。

第三節　事前手続型の調整

1　事前手続型

機関委任事務制度のもとでは、法律にもとづく申請を受けつける前に、自治体は、独自に要綱なり条例によって、開発行為を現場適合的な内容にするように誘導しようとしていた。法令の基準には、画一的な面があるけれども、自治体が独自にそれを厳しくすることは認められていなかったために、法律にもとづく申請の審査の場ではないところで、実質的には、法律の基準に上乗せをした内容を求めていたのである。

要綱の場合は、行政だけで策定するものであるから、それにもとづいて事業者に求めることができるのは、行政指導をつうじた「お願い」である。条例であっても、実際には、説明会の開催とか市民からの意見書への見解書提出といったことが法的に義務づけられるだけであって、上乗せ的内容を法的に求めるものではなかった。その部分は、あくまで、行政指導だったのである。

もちろん、行政手続法三二条や行政手続条例の該当規定がいうように、「行政指導にしたがうかどうかは任意」なのであるが、行政職員は、「したがってもらうもの」と考えている。そこで、いきおい強制的・強権的な対応がされるようになる。行政の求める行為をせずに法律にもとづく申請をしようものなら、申請書の受け取りを拒否することは、日常的であった。

2　事前手続型の限界と行政手続法制

しかし、そうした実務運用の限界は、裁判をつうじて明らかになった。たとえば、宮城県知事が、産業廃棄物指導要綱により必要とされていた地元同意書などが添付されていなかったために「廃棄物の処理及び清掃に関する法律」（以下「廃棄物処理法」という）にもとづく産業廃棄物処理施設許可申請書を返戻したことがあった。処理業者が提訴したところ、裁判所は、法令が求める書類（同意書は含まれていない）が整っているにもかかわらず申請書を返戻したのは、遅滞なく申請の審査を開始すべきことを義務づけている行政手続法七条に違反するとして、審査をせずに返戻をした知事の行為を不作為とみなしてそれを違法と評価したのである（仙台地判一九九八年一月二七日判例時報一六七六号四三頁）。

このように、事前手続を設けたからといって、それを飛ばして法律にもとづく申請をする者に対しては、法的にみれば、歯止めがないのである。もっとも、訴訟にまで発展するケースは、きわめて稀である。ほとんどの場合は、行政指導を聞き入れるか、行政指導にしたがうことは無理と判断して事業を諦めるかである。しかし、そうした状態は、行政の透明性や法治主義の観点からして問題がある。

3　機関委任事務制度廃止後の「法律にもとづく審査」の意味

ところで、事前手続においては、後に控える法律にもとづく手続とはまったく関係なく行政指導がされるのではない。実際には、関係する法律の基準に適合することも指導の内容に含まれているのが通例である。したがって、事前手続をクリアした時点では、当該開発行為は、個別法律との関係でも「合格」するようになっている。審査の「前倒し」が発生している。

そうなると、事前手続の後の法律にもとづく手続は、実質的には、形骸化・空洞化していることになる。もっとも、これまでは、それは、「国の事務」であったから、そのようにしていても、自治体としては、それなりに説明ができたのである。ところが、機関委任事務制度が廃止され、その部分も「自治体の事務」となった。これまでの運用を残すならば、自治体の事務であるにもかかわらず、形骸化・空洞化した手続が残ることになるのである。どのように対応すればよいだろうか。

4　事前手続存置の意義

第一の方向は、事前手続を廃止して、そこで求めていたことを、法定受託事務なり自治事務のなかで、正面から審査基準とすることである。それが可能になるかどうかは、解釈によることになるが、整理としては、すっきりしている。

第二の方向は、事前手続に独自の意味を見い出したうえで再整理し、それを存置することである。「まちづくり要綱」「まちづくり条例」の多くは、基本的には、法律にもとづく手続の前に位置する事前手続であった。そこでは、「基準に適合しているかどうか」ということのほかに、予定されている開発行為が、「その地域環境にふさわしいかどうか」といった観点からのチェックが、市民参画を踏まえてされていたようにみえる。事前手続は、いわば、予定開発行為を環境空間との関係で評価するプロセスなのである。これに対して、法律にもとづく手続は、内容の決定した開発行為を、環境空間とは関係なく評価するプロセスといってよい。前半を「計画適合性審査過程」というならば、後半は「関係基準適合性審査過程」ということができる。

たしかに、第一の方向もありえるが、まちづくりや土地利用の調整は、法令によってあらかじめ策定された基準に開発計画をあてはめて審査すればすむという「デジタル」的なものではない。そこには、関係者の間の議論なり対話が必要になる。そうすると、基本的には、事前手続存置型の第二の方向が妥当である。ただ、従来型を維持するのは適切ではない。新たな発想のもとに再構成する必要がある。

第四節　統合型モデルの可能性

1　関係権限の所在

関係基準適合性審査過程以外に計画適合性審査過程を設けるという前提に立った場合、それぞれの過程における権限の所在が、問題になる。計画適合性審査過程と関係基準適合性審査過程を同じ行政主体が担当する場合を「権限集合モデル」、異なる場合を「権限分散モデル」ということにする。実際の権限の所在は、自治体により、また、法律ごとに異なっていたりして、それほど単純ではないが、ここでは、ある程度仮想的な場合を考える。

2　権限集合モデル

事前手続と法律にもとづく事務の権限が一箇所に集中している例としては、産業廃棄物最終処分場設置プロセスがある。廃棄物処理法の許可申請（法定受託事務である）の前に、産業廃棄物指導要綱にもとづく手続を設けている道府県は多い。県内一定の町村域について都市計画法の開発許可権限を県知事がもっており、それに加えて、事前手続として、土地利用調整条例を制定している神奈川県のような場合もある。

この場合には、同一の開発行為について、法律による手続の前のプロセスにおいてえられた評価を、法律にもとづく権限行使にあたって正面から考慮するということが考えられる。考慮の仕方は、法令の文言に影響されるだろう。たとえば、廃棄物処理法一五条の二には、処理施設の設置許可にあたって、「周辺地域の生活環境の保全及び周辺施設について適正な配慮がされていること」という基準があるが、その考慮要素のひとつとして、事前手続の結果を含めることになる。その際には、申請にあたって、資料として、結果通知書のようなものの提出を、別途、条例で求めることになろう。法律にもとづく権限が自治事務であれば、より積極的に、条例によって、審査基準を設定することができるだろう。たとえば、自然公園法のもとでの国定公園特別地域内での行為許可にあたって、許可基準のひとつとして、「周辺環境に配慮されたものであること」を設けて、事前手続における開発者の対応の状況を評価することもできるだろう。

3　権限分散モデル

(1)　前半プロセス

計画適合性審査過程を町が制度化し、関係基準適合性審査過程を法律にもとづいて県が担当するというモデルではどうだろうか。いわゆる「自主条例」による対応の多くは、前半プロセスを形成していた。ここでは、主として、行政指導により開発内容を「地域適合的」にする作業が行われてきた。開発指導要綱とは異なり、この手続は条例にもとづく法的拘束力のあるものであるため、これを正面から無視する者は、少なかったのではなかろうか。しかし、自主条例のなかでは、独自の審査基準を策定して事業を許可制にするというものは、多くなかった。説明会開催や、公聴会出席、市民意見書に対する見解書提出といった手続が規定されるにとどまったのである。その大きな理由は、都市計画法などとの関係で、規制条例とすることの適法性について、十分に説得的な解釈論を展開することができなかったからであろうと推測される。この点は、機関委任事務制度の廃止によって、条例制定の可能性が拡大したために、正面から許可制とする自主条例も考えられる。

ほかにも、改正都市計画法で可能になったように、（都道府県の同意は必要であるが）独自の開発許可基準を条例で設定するということが、考えられる。この場合には、法律が認めたリンクといえる。法律にもとづく権限がある場合には、ひとつの「まちづくり条例」のなかに、法律にもとづく委任条例（たとえば、風致地区条例）の内容と自主条例の内容をあわせて規定するという対応もある。「ハイブリッド条例」といえる。この場合には、たとえ自主条例部分が行政指導条例となっていたとしても、委任条例にもとづく権限行使の際に、行政指導ができるので（一種の人質）、実務的には魅力ある構成のようにみえる。ただ、透明性という行政手続法制の観点からは、問題がないではない。

⑵　後半プロセス

後半プロセスは、建築基準法にもとづく建築確認や都市計画法にもとづく開発許可など、法律にもとづく部分である。公共施設管理者の同意は別にすると、小規模の町村では、こうした権限をもっていないために、前半プロセス終了後は、「他力本願」となる。

たとえば、ある町が、前半プロセスを手続中心に制度化して、開発行為者の配慮を求め、その結果として確定される開発計画が所定の基準に適合しているかどうかを「通知」するというシステムを設けたことを考えてみよう。適合通知がなくても、県に対して、法律にもとづく申請は可能である。問題は、後半プロセスにおいて、県が、「町村の環境に配慮したものであること」を審査基準にできるかどうである。できれば、不適合なら、後半プロセスで許可をもらえないために、結果的に、開発行為には着手できない。これは、解釈の問題であるが、そのような措置を講じてくれるかどうかは、相手のあることであり、町において確実に期待できるわけではない。都市計画法三三条三～五項は、そうした発想を制度化したが、そうした枠組みがない場合には、調整するしかない。このあたりは、県土管理の観点から、県と市町村の対等関係と役割分担を踏まえた議論が必要である。

自分でするとなると、（かつて都市計画法八七条二項が規定していた人口要件がなくなったために）「人口一〇万人以上の市」であるかどうかにかかわらず、知事の権限を特例条例によって「完結的に」受けることが考えられるが（地方自治法二五二条の一七の二）、現実には、単独では、事務体制・事務能力に問題があるだろう。同じ条件にある町村が広域連合をつくるのだろうか。建築確認の場合には、処分の性質上、定性的な基準は設けにくいので、そもそもリンクは難しいのかもしれない。

4　計画適合性審査過程の意義

計画適合性審査過程が、関係基準適合性審査過程と異なるのは、あらかじめ決められた基準に照らして当該事業の「適・不適」を判断するのではないことである。立地先が決まった事業が基準に適合しているかどうかを判断するのが後者だとすれば、前者は、その事業計画がその地域に「ふわさしいか」どうかを議論するプロセスである。絶対的な規制をしようとすれば、たとえば、高さについては、高度地区を設けるとか地区計画を策定して、それを建築確認とリンクすればよい。前半プロセスは、そうした「デジタル的」対応になじまないものを調整する場である。このことは、逆にいえば、デジタル的対応になじむものは、後半プロセスに移して審査基準化することが適当であることを意味する。

第五節　協働条例の発想

1　一権限・一行政庁？

以上の議論は、ひとつの権限がひとつの行政庁によって行使されることを前提としていた。市町村レベルでの判断を県が正面から考慮することは、考えられていなかったのである。なるほど、分権時代において、県と市町村は、対等関係になった。県条例のなかにあった「市町村の責務規定」的なものは、地方分権一括法施行とともに削除されたり改正されたりしている。県条例のなかで市町村について あれこれを規定するのは問題があるということであろう。それはそれで、意味のある整理である。しかし、特例条例によって市町村に県の権限を移譲することにもみられるように、ひとつの権限について、「県か市町村か」というオール・オア・ナッシング的発想に陥ってはいないだろうか。「一権限一行政庁」という構成は、絶対だろうか。

2　対等関係にもとづく協働関係

分権時代の自治体行政のひとつの可能性として、ひとつの権限を市町村と県とが協働して行使するという法システムは考えられないだろうか。違った意味での「統合型」である。

県の同意は必要であるものの、開発許可の基準を市町村が策定してそれを県の権限行使の際の基準のひとつとするという制度は、二〇〇〇年の都市計画法改正で導入された。都市計画法という個別法の世界での対応であるが、自治体法制一般において、汎用性を持つ発想ということができよう。

基礎自治体としての市町村の重視は、改正地方自治法の特徴であるが、現実には、すべての権限があるわけではない。もとうとしても、限界がある。しかし、タテマエとしては、土地利用の方針を市民参画で決めることができる能力は、県以上にあるだろう。県民参画による土地利用方針の決定という作業は、あまり現実的ではない。一方、県には、それなりの組織と能力がある。県土空間管理という立場からアプローチをするにしても、ある開発計画が市町村域にある以上、市町村の意向を正面から考慮せずして、合理的な権限行使ができるようには思われないのである。

たとえば、県の環境影響評価条例は、環境影響評価法の対象事業規模未満のものを対象とする。そこにおいては、市町村長意見が聴取される仕組みになっているが、手続の主宰は、もっぱら県である。審議会も県のものである。しかし、考えてみれば、県条例の対象となるような規模の事業は、市町村にとっては、より大きな影響を受けるはずである。そこで、県の審議会の審査において、市町村の環境管理関係の計画を踏まえることを義務づけるということが考えられる。

こうした県と市町村との協力関係を条例で表現するとするにあたっては、工夫が必要である。両者の対等関係を前提にすると、イメージとしては、「条約」のようなものを締結して、それにもとづいて、県条例のなかに市町村が条例で定める手続などをはめ込むというものである。まだ、思いつきの域を超えないものであるが、地方分権時代の「県＝市町村」関係のあり方のひとつのモデルとして、検討を重ねたい。

第六節　統合型モデルを支える条件——政策法務的発想の重要性

地方分権一括法が施行されての最初の五年ほどは、中央省庁と自治体のそれぞれに、とまどいがあるだろう。数十年間の機関委任事務制度に慣れた「機関委任事務体質」は、両方に染みついている。しかし、少なくとも、自治体側が、地方分権を地域の実情に適合した行政を実現するチャンスととらえているならば、庁内外での「トラブル」を乗り越えるだけの気概と能力を備えなければならない。

そのために必要なのが、地方分権時代の法環境を客観的に分析して、自治体法政策を設計する「政策法務」の重要性である。本章は、ごく大雑把な抽象論をしただけであるが、条例につなげるとなると、細部にまで注意を払った議論が必要となってくる。はじめにも述べたとおり、これは、「未知の世界」なのであり、前例があるわけでもない。相当の研究が必要とされるだろう。とくに、自治体の文書法制部門にあっては、「受け身の法令審査」だけではなく、政策開発に対して法律的な専門知識を支援するような積極的なスタンスを持つことが重要である。個別具体の行政分野は原課の熟知するところであるが、基礎的な理論なり考え方を提供するのである。
そのためには、研究者との議論やほかの自治体の担当者との議論が不可欠である。目先の仕事に追われる職員にそうした余裕はないのかもしれないが、そうした認識だと、その自治体にとって、地方分権の成果は、わずかしかこないだろう。地方自治法に規定された新たなルールを背景に、いかに地域の特性に適合した法政策を設計できるかは、基礎的研究の出来にかかっているといっても過言ではない。

おわりに

地方分権時代の自治体法政策の可能性は、きわめて大きい。本章で試論的に議論したのは、そのわずかな部分にすぎない。自治体にあっては、法令をもとにしつつも、それのみにこだわらず、単独の条例、あるいは、ほかの自治体との協働関係を築くような条例によって、自己決定力を高めてゆくことが求められる。それは、透明性と公平性の高いものによらなければならない。要綱よりも条例が志向されるべきである。

地方分権一括法施行後に、都市計画法は、大きく改正された。市町村にも、開発コントロールのための権限が与えられた。これらの「使い勝手」がどのくらいのものであるかは、これからの自治体の動きをみるしかない。建設省が期待するほどではないかもしれない。確認する意味でも、五年くらい経過した時点で、実証研究がされる必要があるだろう。

本章の議論とは直接関係はないが、とりわけ自治事務化で注目されるのは、処分に対する第三者訴訟において、処分庁である被告自治体がどのような議論をするかである。原告適格を否定すべく、最高裁判例や機関委任事務時代の国の見解をそのまま抗弁に用いるのか、処分の根拠法規は周辺住民の利益も法的に保護していると解釈するのか。法令の自主解釈権は、条例制定という「攻め」の場面だけではなく、取消訴訟という「守り」の場面においても、自治体行政の自己決定を求めているのである。

【参考文献】


今村都南雄編著『分権・自治システムの可能性』（敬文堂、二〇〇〇年）。

内海麻利「まちづくり条例（総論）――分権時代に向けたまちづくり条例の萌芽」『月刊地方分権』二〇号（二〇〇〇年）。

小早川光郎編『分権改革と地域空間管理』（ぎょうせい、二〇〇〇年）。

小林重敬編著『地方分権時代のまちづくり条例』（学芸出版社・一九九九年）。

北村喜宣『自治体環境行政法〔第二版〕』（良書普及会、二〇〇一年）。

北村喜宣『環境政策法務の実践』（ぎょうせい、一九九九年）。

北村喜宣「地方分権と自治体事前手続のゆくえ」『月刊地方分権』七号（一九九九年）。

北村喜宣「新地方自治法施行後の条例論・試論」『自治研究』七六巻七～八号（二〇〇〇年）。

鈴木庸夫編著『分権改革と地域づくり』（東京法令出版、二〇〇〇年）。

人見剛・辻山幸宣編『協働型の制度づくりと政策形成』（ぎょうせい、二〇〇〇年）。

第四章　市民参加と市民提案のあり方

卯月　盛夫

はじめに

日本の近代都市計画は、一八八八年（明治二一年）に始まる。欧米列強の華麗な都市、ロンドン、パリ、ベルリンに見劣りしない首都東京を造るという明治政府の強い意向を受けて、都心の一部を対象に「首都計画」が策定された。国家事業として始まったこの「都市計画」の思想と技術は、その後数十年かけて日本全国に拡げられていった。

しかし、この国家による公共事業によって国土が豊かになるという考え方は、一九六〇年代の公害反対、自然保護、日照権闘争、歴史的町並み保存といった住民運動によって大きく揺らいでいった。さらに七〇年代には住民運動の支持を受けた革新首長が多く誕生し、国家対地域という対立の構造が目立ってきた。このような背景のなかから、国家の「都市計画」に対抗する、地域の「まちづくり」

表 4–1 「都市計画」と「まちづくり」の概念比較

	都市計画	まちづくり
①ヴィジョン	成長する都市	持続可能な都市
②内容	広域都市基盤整備 ニュータウンの開発 大規模開発 物的計画（ハード）	住環境整備 規制市街地の修復方整備 地区計画，街区整備 物的＋社会計画（ソフト）
③主体	国家，都道府県	市町村，NPO，市民
④プロセス	トップダウン	ボトムアップ
⑤市民参加	形式的市民参加	行政と市民の共働
⑥市民活動	陳情請願型反対運動	学習提案型市民活動
⑦専門家	都市計画家 建築家 デザイナー	まちづくりコーディネーター 都市デザイナー ファシリテーター
⑧キーワード	垂直，縦割り， 中央集権，効率	水平，パートナーシップ 自治，分権，公正，合意

という日本独自の概念が生まれてきた（表4–1）。

そしてこの三〇年にわたる日本の「まちづくり」の成果は、現在「ジャパニーズ・マチヅクリ」と呼ばれ、欧米とアジアで高い評価を受けている。その理由は、それまで国の法律制度によって全国一律に進められてきた官の都市計画事業に対して、地域のまちづくりが住民運動や市町村の地道な実践をベースに、極めて「草の根型」で進められてきたことによる。形骸化した制度が優先するのではなく、常に地域独自の運動を前提とした点が評価されている。いま私たちは、日本独自の展開をしてきたこの「まちづくり運動」に自信と誇りをもち、次の時代を築いていかなければならない。

二一世紀に突入した今、私たちは「明治の改革」、「戦後の改革」に次ぐ第三の改革として「市民社会」への道筋を示す必要がある。一一〇年あまりの歴史をもつ「日本の近代都市計画の功罪」と三〇年の実績をもつ「日本のまちづくりの成果と限界」を見つめ、そのふたつの流れをひとつに収束するような、新たな「日本型まちづくり」の体系化が模索されている。

そこで本章では、まちづくりの新たな仕組みを検討するために、「市民参加と市民提案のあり方」について、ドイツの制度を参考にしながら問題提起をしてみたい。

第一節　早期の市民参加

ドイツにおける市民参加はわかりやすくいうと、市がある計画をつくり、その計画について議会で承認された後に、市民にその情報を伝えて意見を聞き、必要な場合には修正することが基本である。参加の手法としては、集会や公聴会を開くこともあれば、意見書の提出を求めることもある。その一連の手続きを「公式の市民参加」と呼ぶ。ところがドイツにおいても公共事業に関する市民運動が盛り上がり、具体的にはフランクフルトの空港や国道に関する建設反対運動、エコロジーの観点からのさまざまな市民運動が背景になって、計画が確定した段階での市民参加では遅すぎるという状況になった。反対運動などを展開する市民グループに対して、情報をもっと早く提供することがよりスムーズな公共事業、都市計画を進めるのに必要であるという判断になり、一九七六年の連邦建設法改正時に「より早期の段階の市民参加」という概念が登場した。

じつは、この「より早期の段階の市民参加」を主張したのは、当時の建設大臣フォーゲル氏であった。彼は建設大臣になる以前ミュンヘン市長であったが、市長時代の一九五〇年代後半、ミュンヘン市内に高速道路網をつくるという計画を提案した。それに対してミュンヘン市民、特に、大学の先生が学生とともに異議ありとする反対運動を起こした。この運動は、じつは今も活動が続いている「ミュンヒナー・フォォールム」という代表的なＮＰＯのルーツである。この運動によって六〇年代にフォーゲル市長と道路計画を見直すべきとするミュンヒナー・フォォールムとの間で様々な議論が行われ、結局、フォーゲル市長はその計画を断念する。フォーゲル氏は早期に情報を提供することや、市民との対話の必要性を痛感したことを随筆にも書いているが、その結果、建設大臣になって「早期の市民参加」の制度を法律に導入することとなった。

法律でどのように市民参加について記述されているかというと、**表4–2**にあるように建設法典（連邦建設法は一九八六年名称を建設法典にかえた）第三条に市民参加という条項があって、その⑴のところに「市民は事前にできるだけ早い時期において、計画の一般的目的、地域の再開発または開発に関する実質的に異なった解決策及び計画で予想される効果に関する公的な報告を受けることができる。市民には、意見表明及び聴聞の機会が与えられなければならない」と書いてある。具体的にＦプラン、Ｂプランにおける市民参加の手続時期、方法については地域で一般的な方法と記述されているだけで、法律ではあまり詳細に決められていない。連邦政府の見解は、「自治体に自己責任で行うために広い行動余地を与えた。これは地域の特性を考慮したうえで、できるだけ広い範囲の関係権利者を計画に関与させようという意図がある」ということである。したがって詳細については州および市の条例、慣習によってかなり異なっている。

この規定のなかで特に重要なのは、「実質的に異なった解決策」、すなわち一案ではなくて複数案の解決の方法を示すことが求められている点で、複数案を提示して議論をするということが前提とされ

表 4–2　建設法典抜粋

<table>
<tr><td rowspan="3">第3条 市民参加</td><td>(1) 住民は，事前にできるだけ早い時期において，計画の一般的な目的，地域の再開発又は開発に関する実質的に異なった解決策及び計画で予想される効果に関する公的な報告を受けることができる．住民には，意見表明及び聴聞の機会が与えられなければならない．次の各号に掲げる場合には，報告及び聴聞を行わないことができる．
1．土地利用計画の変更又は補完によって大綱が影響を受けない場合
2．地区詳細計画の策定，変更，補完又は廃止によって計画地域及び近隣地域が本質的な影響を受けない場合
3．同じ内容の報告及び聴聞がすでに事前に他の計画上の基礎に基づいて行われている場合聴聞の結果，計画を変更するに至った場合にも報告及び聴聞に続いて第 2 項による手続きが行われる．</td></tr>
<tr><td>(2) 建設基本計画の草案は，計画説明書又は策定理由書とともに，1 か月間，公衆の縦覧に供するものとする．縦覧の期間及び場所は，異議及び提案が公告期間中に提出できる旨の注意とともに，1 週間以上前に地域で通常行われている方法により公告するものとする．第 4 条 1 項による参加者は，公告につき通知を受けるものとする．期間内に提出された異議及び提案は検討され，その結果は，通知されるものとする．100人以上が，本質的に同一の内容を持った異議及び提案を提出した場合には，これらの人が結果の閲覧を行うことができるようにすることをもって，検討結果の通知に代えることができる．検討結果が勤務時間中に閲覧可能な場所は，地域で通常行われている方法により公告されるものとする．第6条又は第11条による建設基本計画の提示に際しては，考慮されなかった異議又は提案について，市町村の意見が添付されなければならない．</td></tr>
<tr><td>(3) 建設基本計画草案が縦覧後に変更又は補完される場合には，草案は改めて第 2 項に従って公告されるものとする．この場合には，変更又は補完された部分に関してのみ，異議及び提案を提出できる旨を規定することができる．地区詳細計画草案の変更又は補完によって，計画の大綱が影響を受けないとき，又は土地利用計画草案中に記載されている用地その他の記載事項の変更・補完が僅少若しくは軽微なときは，改めて縦覧に供しないことができる．この場合においては第13条 1 項 2 文が準用されるものとする．</td></tr>
<tr><td rowspan="2">第4条 公益主体の参加</td><td>(1) 建設基本計画の策定に当たっては，公益主体であって，計画によって影響を受ける可能性のある官公署は，できる限り早い時期においてこれに参加するものとする．これらの官公署は，その見解表明の中で市町村に対して，自らが企画し，及び既に導入している計画その他の措置並びにこれらの措置の進捗状況で，当該地域の都市計画上の発展及び秩序にとって重要となり得るものについて，説明を行わなければならない．これらの参加者に対しては，その見解の提案に関して適切な期間が設定される．これらの参加者が期間内に意見を述べない場合には，市町村は，これらの参加者によって代表さるべき公益を建設基本計画において考慮しないことができる．</td></tr>
<tr><td>(2) 第 1 項による参加は，第3条第2項による手続きと同時に行うことができる．</td></tr>
</table>

出典：ドイツ土地法制研究会編，成田頼明・田山輝明監訳『ドイツ建設法典〔対訳〕』(財) 日本不動産研究所．

ているのは極めて日本においても参考になる。もう一つ重要な点は、「計画の予想される効果」に関する報告を求めている点で、これによって複数案の予想される効果と影響が明らかになる。この複数案の提示にあたっては、このまま放置する、つまりその計画を実行しないで現行のまま放置するとどうなるかということと、ある計画を立てたならばどういう効果とデメリットがあるかという点について言及する。つまり比較が可能な情報提供を行うことである。

環境保全や自然保護法の改正、建設法典の改正などでは必ず「複数案」という言葉がでてくる。議論をするためには複数の案があって、その比較検討内容が整理され、その複数案の中でよりふさわしいものを選ぶという形での情報提供が参加の問題を考える際、極めて重要である。

ミュンヘン市は、**図4-1**のようなパンフレットを市民に配布して、市民参加を積極的に呼びかけている。このなかには、①計画案の目的、効果をわかりやすく表現すること、②多くの市民が望めば、責任ある行政担当者の出席による公開討論会が開催できること、③草案に対する異議、提案が多い場合は、議会の審議をやり直すこと等、市民参加の民主的手続きが詳しく紹介されている。

このように、「早期の市民参加」が一九七六年以降において規定されたことが、いまの日本の状況と比較したときに一つの大きなポイントになる。日本においても、都市計画法に基づく公告・縦覧によって「意見書の提出」や「公聴会の開催」といった市民参加の制度が規定されている。しかし現段階では、公聴会を開催するのは非常にまれなケースである。また、意見書の提出がされても都市計画審議会に意見書に対する回答の義務がないため、それがどのように議論されたのかが情報公開されていない。法律の条文としては市民参加の制度として評価されるが、市民の一般感覚からすれば、都市計画に市民参加が実質上保証されているという印象は極めて薄い。

図4-1　地区詳細計画の策定プロセス

出典：「Bebauungsplan München」を参考に筆者が翻訳し図作成，『造景』No.9，1997.6，建築資料研究社.

ところが法律制度に基づかないインフォーマルなまちづくりの市民参加の実績は、むしろ日本の方がドイツより増えてきているような実感がある。最近では、都市計画法の改正によって都市計画マスタープランが制度化され、このマスタープランの策定に市住民参加を積極的に位置づける自治体がでてきたり、あるいは市町村独自のまちづくり条例に基づき「まちづくり協議会」という参加のシステムを構築しているところもある。さらに地方自治法に基づく基本構想や総合計画の策定にあたって、一般公募の市民を入れて作業したり、ワークショップ的な市民の学習機会を増やして参加の機会を同時につくっていくという自治体も増えている。しかし、市町村が市民と共に参加と合意のまちづくりをどんなに地道に進めても、それを支える法律はまだ十分でなく、最終的には都市計画法に基づく手続きの中で、市民参加の成果が実質的に反映できない状況がある。つまり日本の現状のまちづくりには限界がある。

筆者がある市の市民参加の実態を調べたとき、やはり「早期の情報提供」が話題になったことがある。これはかなりの部局にまたがった共通の認識として、例えば都市計画道路の建設や清掃工場、福祉施設、その他の施設計画などで、ずいぶんといろいろな形で市民の反対運動という洗礼を受けてきた。そうした経験によって職員は市民に事業の内容をできるだけ正確に理解してもらうために、情報を前倒しして提供するようになったという。行政は、本来、議会での承認によって動くので、議会に提供した以上の情報をあまり市民に提供すべきでないという判断が働くが、それを乗り越えてインフォーマルな形で、できる限り早期に情報提供を行うということが現場で必要になってきた。これはまさにドイツの「早期の市民参加」とほぼ同じ実態である。市役所の職員の方は実務のなかで早期の情報提供の必要性を強く感じて実際に行っているということがわかった。「早期の市民参加」が法律や条例によってより具体的に制度化されることを望みたい。

第二節　都市内分権

まちづくり条例に基づく「まちづくり協議会」は、古いところでは三〇年ぐらいの歴史と実績があるが、まちづくり協議会には具体的な権限がないという問題を抱えている。現状では、まちづくり協議会が決定したことや提案したことを、再び、都市計画決定の手続で繰り返すという二重の事務手続きがある。まちづくり協議会に、より強い権限を付与すべきである、という私案に基づき、その類似例としてドイツの市区委員会について報告したい。

都市内分権としての都市末端代理機構は、州法に基づいて各州が独自の制度として位置づけており、州によって「名称」も「規模」もかなり異なる。バイエルン州の場合には「市区委員会」と称しているが、ほかの州では、区議会・区協議会・地区評議会・市民委員会などと言われている。しかしドイツ全体では、人口九万五〇〇〇人以上の大都市の約八割以上がこの制度を有している。

ミュンヘンの市区委員会制度ができたのは戦後一九五二年である。占領軍当局からドイツは市政の民主化をより進め、政策決定への住民参加を促進すべきである、と命ぜられたことによる。歴史を遡って、似たようなものを探してみると、一九世紀末の一八七六年、ミュンヘンには、市区監督署があり、市区監督署員という制度があった。この制度は、市民が苦情を言う際に、市役所や市議会に直接持ち込むのではなく、各地区の代表が市区監督署員に苦情を相談するといったものであり、市区委員

図 4-2　ミュンヘン市　市区区分図（1997年）

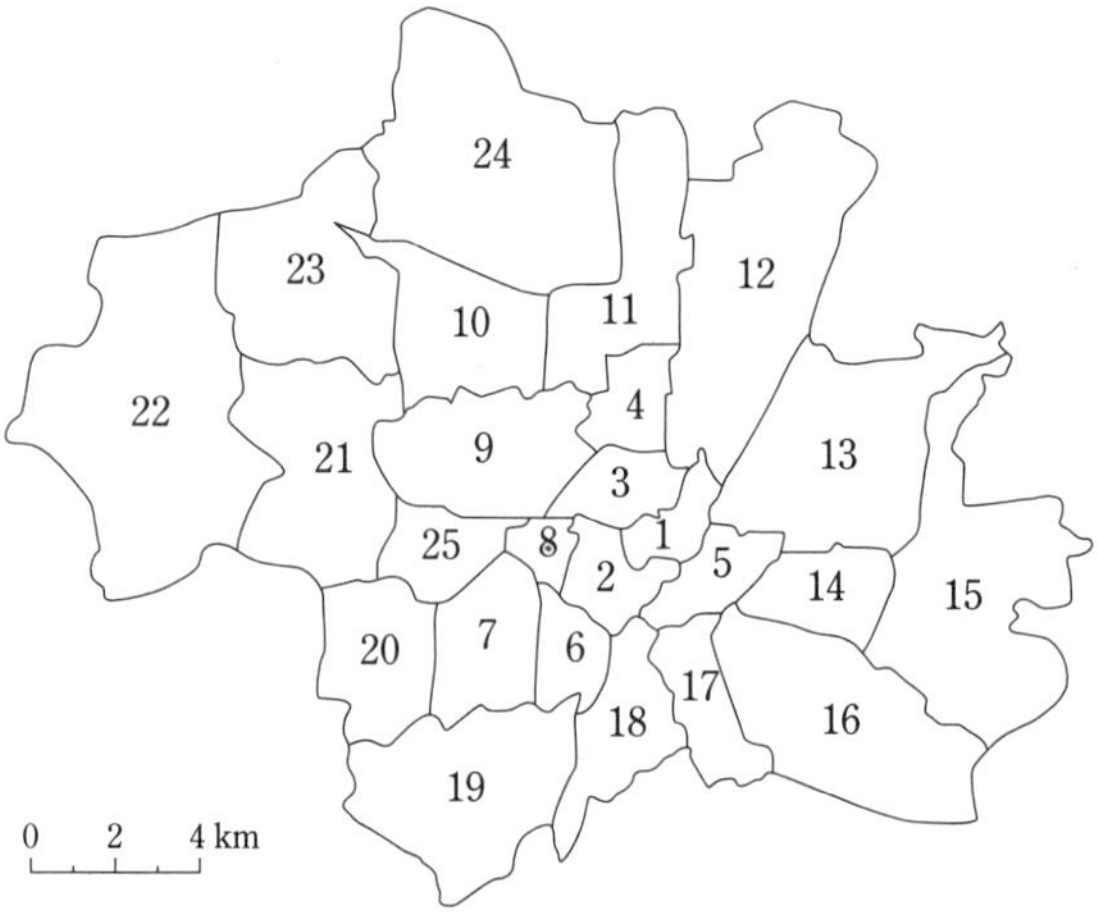

会に近いとはいえ、かなり違ったものである。一九五二年に市区委員会が正式に提案され、このときに、現在の制度のほとんどの骨格ができた。ただ、その後、六一年、七〇年、九六年と大幅な改正によって市区委員会の権限は次第に拡大していった。

　現在、ミュンヘンは人口一三〇万人だが、そのなかに二五の市区がある。オールドタウンと呼ばれる中心街が第一区であり、その周辺にいくつかの小さな市区がある。郊外にいくと、密度が低くなるため、大きな区割りになっている（**図4-2**）。これは九六年の改正を受けて、生まれたものである。一九八九年のデータによると四一地区あったことから、市区の数がだんだん減ってきていることが分かる。一市区当たりの人口も三万六〇〇〇人から約五万人となっている。

　各市区では、市区委員が選挙で選ばれる。ちなみに、第五区はオールドタウンの東側にある区であり、大学や博物館や英国庭園などのある歴史的・文化的なゾーンであるが、その地区は現在ちょうど五万人の人口を有している。そして市区委員は二五人なので、人口二千人に一人の代表者が選出されていることになる。以前は市議会議員選挙の際の政党別投票数によるドント方式で市区委員が選ばれていたが、九六年の大幅な改正により、直接選挙方式になった。つまり、政党から出されるリストで

図 4–3　市民参加の制度を議論する際の各種権利のヒエラルキー

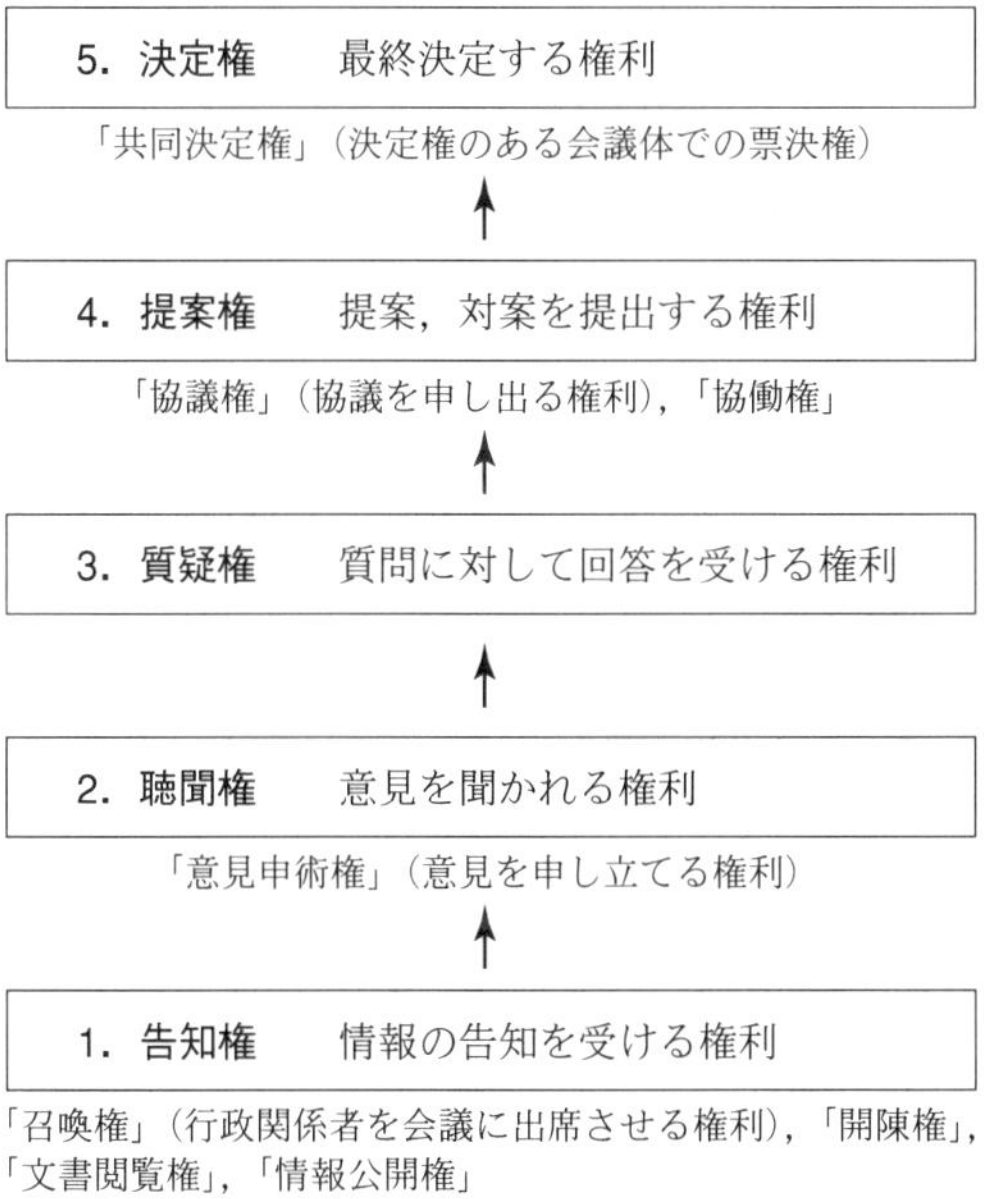

はなく、その地区に住んでいて顔のわかる候補者が選ばれるようになったのである。第五区の一五人の市区委員の構成について見てみると、キリスト教社会同盟（CSU）と社会民主党（SPD）、緑の党（grüne）で一三人を占め、自由党（FDP）と市議会には出ていない環境系の党（日本でいえば環境NPO）の方が一名ずつ選出されている。この一五人のうち、互選で一人の代表者（会長）が選ばれる。

九六年にもう一つ大きく変わった点は、様々な権限が市議会から市区委員会へ移ってきたこともあって、会長には月に一回開かれる市区委員会の事務だけではなく、それ以外の仕事も大変多くなり、それまで無報酬であった会長には、日本円に直すと一年間に約六〇万円の報酬が支払われることになった。

さて、市区委員会の役割を考える意味

で、市民参加の具体的な権限・権利を五つに分けてみる（図4−3）。

一番下に位置するベーシックな権限は、情報の告知を受ける権利「告知権」である。行政は情報公開によって行政がもっている情報を市民にきちっと伝える義務があり、市民は逆にその情報を受ける権利があるというものである。その次は、「聴聞権」である。情報を告知された後に、その情報に対して意見を聞かれる権利というのが市民には存在し、それがすなわち「聴聞権」である。「質疑権」は質問に対して回答を受ける権利であり、意見を陳述するだけでなくて、双方向のコミュニケーションが成り立つということである。三番目までは双方でコミュニケーションをする権利であるわけだが、四番目の「提案権」とは、情報の告知を受けたことによって、さらに対案を作成する権利が市民にあるということである。これは日本のまちづくり条例の中でもよく議論されることで、多くは「まちづくり協議会」に提案権を認めている。最後が「決定権」であり、市民が決定の機会に直接参加することのできる権利である。市民投票がその例である。

図4−4は、市区委員会・議会・市役所・市民の関係図である。中央に市区委員会がある。第五区では、市区委員会は原則として第二火曜日の夕刻五時から八時頃まで開催され、その場を通じて、告知・聴聞が行われる。それに対して市区委員会では、議論と判断をして、意思表明をする。また逆に、市区委員会が自ら新たな問題提起を行政あるいは市議会に対して提案をすることも可能となっている。この提案に対して市役所または議会は、三カ月以内に回答しなければならない。

また、市区委員会は、市民およびさまざまなグループ・NPOに対して、行政、議会からの告知・聴聞の情報を掲示板やチラシ、ポスターなどで伝えることとなっている。さらに、月に一回開かれる市区委員会のなかで市民は自由に参加し、批判をしたり、新しいテーマを提案することができる。

図 4-4　ミュンヘン市区委員の機能構成図

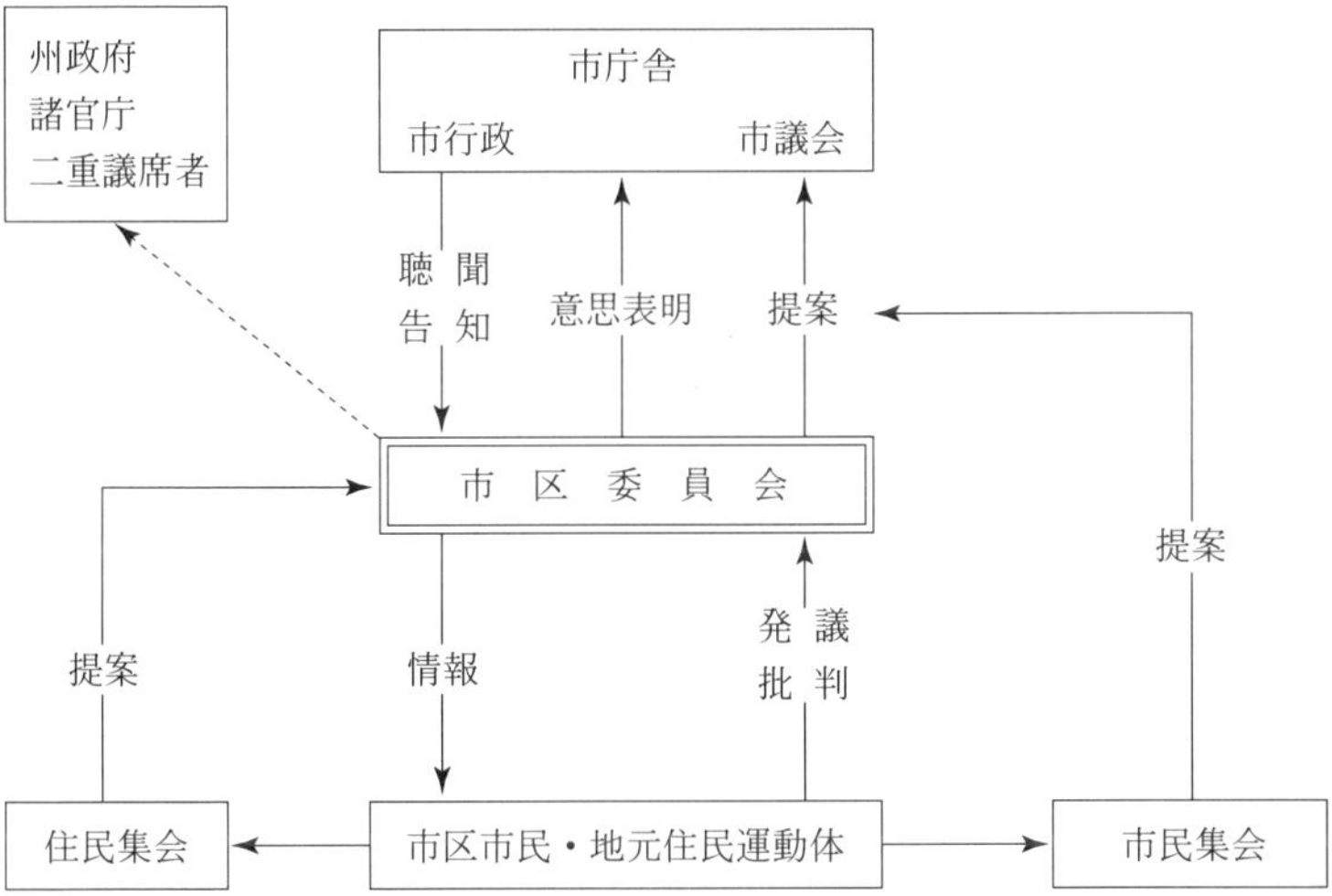

出典：神谷国弘『西独都市の社会学的研究』関西大学出版部，1989年.

この関係のなかで重要なのは、「市民集会」と「住民集会」という二つの制度が位置づけられていることである。市民集会は一つの市区のなかで必ず年に一回、開かれなければならないと書かれており、市長が主催する形になっている。そこには必ず市長が出席しなければならない。ここで議決された内容は、提案という形で、市区委員会を経ないで直接、市議会や市役所にいく。ここで発議、提案された内容についても、三カ月以内に回答しなければいけない。

さらにもう一つ、「住民集会」がある。これは市区委員会の会長が開催の権限をもっており、これは一年に何回というような形は決まっておらず、必要に応じて開催される。このなかで議決された内容については、市区委員会を通じて提案し、やはり三カ月以内に回答されることとなっている。

ちなみに、「市民集会」「住民集会」に参加するためには、市区に在住している事を証する身分証明証を持参する必要があり、身分証明書がないと議決する権利はない。ただし、外国人やＥＵ諸国に属している人たちは最終的に決定する権限はないが、発言する権利はある。

市区委員会の議題のなかで一番多いのは、住宅建築の問題である。これは、地区内に申請が出されている建築許可の物件に関する話題である。次に多いのは交通問題である。特に多いのは不法駐車など非常に身近な問題である。その次に多いのは環境問題である。特にごみの問題や緑地保全の話が多い。その次は飲食店であるが、なぜこういう問題が出るのかといえば、例えば午後一〇時までの営業許可を得ている店が深夜まで営業しており、騒音の問題や、あるいはドイツでは道路区域にオープンカフェという形で、ある面積を限って椅子やテーブルを置いて飲食店の営業ができるが、その面積を超えて営業している店がある、といった話が多く出るためである。

市区委員会が具体的にどのような課題に対して、決定や聴聞、告知を受けることができるかについては、条例のなかにカタログといわれるリストがあり、詳細に決められている。そしてミュンヘンではその市区委員会の権限は拡大傾向にあり、市区を中心とする自治が大都市の都市内分権として進められている。日本のまちづくり協議会の中にも、ドイツの市区委員会と同じように、地域で合意形成をし、地域の運営を十分担えるところが出てきていると筆者は考えている。

第三節　「まちづくりＮＰＯ」

これまでの二つは、フォーマルな参加の制度と考えることができるが、こうしたフォーマルなもの以外に、日常的でインフォーマルな形での市民参加の手法がある。それが「まちづくりＮＰＯ」の存在である。

ドイツでは、憲法において「集会の自由」（第八条）と「結社の自由」（第九条）が定められ、それを受けてドイツ民法において、「協会　Verein」を①理想（非経済的、非営利）協会、②経済的協会、③外国人協会の三つに分けている。共通に協会とは、①継続的な人の結社、②会員の変動に左右されない、③共有の会則をもつ、④固有・統一の名称をもつ団体である。そして「登録協会」とは、理想協会のひとつとして、区裁判所（Amtsgericht）の協会名簿に登録された協会（in das Vereinsregister eingetragener Verein）を意味する。登録に際しては、名称、所在地、創立会員七名の署名、会員の入退会、会費、理事会メンバー等を記載した会則（Satzung）の提出が必要である。これによって初めて法人資格を得て、名称の最後に登録協会の略称「e.V.」を付帯することができる。一般的には、数週間で申請書の審査が行われる。また税務署により「公益的な活動」と認められると、法人税等の税制上の優遇措置が受けられ、さらに登録協会への寄付は税控除される。つまり、e.V.とは日本の「ＮＰＯ法人」とほぼ同じと考えてよい。

このように登録協会の法人格は比較的簡易に取得できるため、活動の領域や組織規模もかなり幅広い。近隣レベルのスポーツサークルでは二〇～三〇人、クラインガルテンでは一〇〇～三〇〇人程度、そして最大規模の登録協会は、ドイツ自動車クラブ（ＡＤＡＣ）で一二四八万人といわれている。いずれにしても登録協会にとって会員数は重要である。会の目的を実践するための資金は、寄付金や公的な補助金のほかに会費収入が大きいうえ、最終的にはどれだけ多くの市民から支持、支援を得ているかが会員の数に表われるからである。

表4－3は、筆者が実施した「ドイツの交通と環境に関する登録協会の実態調査」の結果である。環境問題と交通問題に関係している四五の市民団体を分類したものであるが、これでわかることは、まず「反対運動型」の団体があり、これは六〇年代の後半頃に誕生している。前々節でミュンヒナー・フォールムとミュンヘン市長フォーゲル氏の話をしたが、ちょうどその頃である。道路や空港の建設反対運動からこういう市民運動、NPOが育っていき、それがいまも継続し続けている。これがⅠのグループである。Ⅱのグループは「全国組織型」で、Ⅰのように反対運動から発生しているが、反対運動だけではなく政府や議会に対するロビー活動を含めて、行政に対して提案をして法律や条例という制度を変えていく方向性をもったグループである。世論を形成していく目的のために地域、州、全国の三つの段階での組織化、すなわち全国組織化を目指して、そのことによってかなり強い発言権をもっているグループである。代表的なものが「ブント（BUND）」というドイツ環境自然保護協会である。二〇数万人の会員がいて、自然保護法の改正等に最も発言力を有しているNPOである。しかし、この団体も最初は原子力発電所の反対運動等からスタートした団体である。

Ⅳのグループが「フォールム型」である。全国組織で世論形成をしていこうという運動タイプではなく、むしろ専門家の活動が中心だったので、行政に対抗したりロビー活動を展開したりすることよりも、むしろ市民と行政の直接的な調整を少し脇から支援活動をしているタイプである。ミュンヒナー・フォールムの活動がミュンヘン大学の先生が中心だったこともあって、専門的な立場からいろいろ議論する場を設けたり、展示会を開いたり新聞に論説を発表したりして、行政と市民に中立的な情報を側面から伝えるという方向性をもったグループがフォールム型である。

表 4–3　市民団体の類型化とその特徴

タイプ	関係モデル	特　　徴
I. 反対運動型 12団体	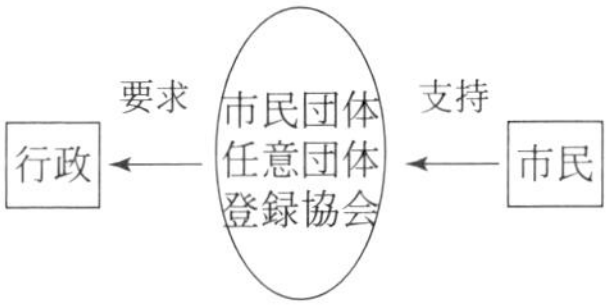	・公共事業計画に反対するために設立された市民団体はかなり多い ・ベルリンの都市高速道路やフライブルクの国道，フランクフルト空港拡張計画に反対する市民団体は1960年代後半から70年代に設立されており，現在も継続している ・80年代設立の団体は少なくないが，90年代になると再び全国的に大規模な事業の反対や廃線鉄道の復活等の市民運動が生まれている ・テーマは，高速道路，国道，空港関連が多い ・反対運動型の市民団体の半数は任意団体であるが，比較的設立の古い団体は登録協会になっている
II. 全国組織型 17団体	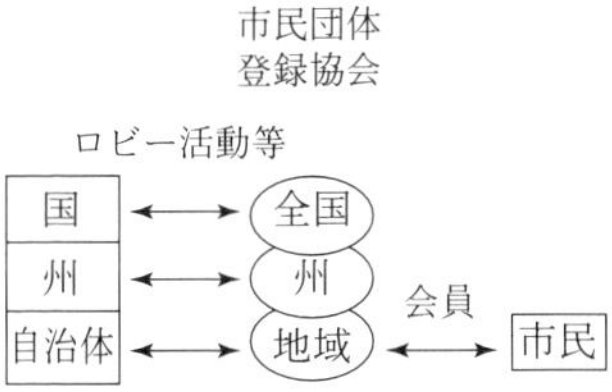	・国，州，地域というピラミッド構造を持つ市民団体は70年代後半から80年代に多く設立されている ・このタイプはすべて登録協会となっている ・各団体の活動テーマは環境保護，自転車の普及，鉄道や公共交通の推進等多岐にわたっている ・行政との関係は各団体の活動内容によって異なるが，会員数が多いため政策決定に際してのロビー活動の役割も大きい ・全国的に会員が広がっているため職員数や財政規模も比較的大きい ・会議参加者の中には，個別の地域団体と全国組織の地域団体の両方に参加している人が見られる
III. 提案・協働型 12団体	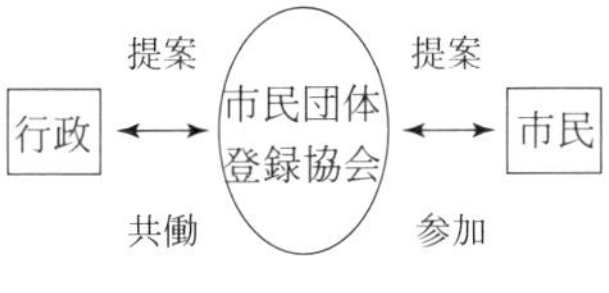	・単なる反対運動ばかりではなく，より建設的な提案を行い，場合によっては行政と共働する団体である ・活動は地域の問題が多い ・60～70年代の反対運動を受けて，70年代後半から自転車の推進と緑化がテーマとなり，80年代になると公共交通と歩行者のテーマが登場する ・90年代になると個人利用の自転車を制限しようという運動が広がり，カーシェアリングの団体が設立される。さらに人間の健康維持を目的として，住宅地からマイカーを排除するプロジェクトも登場してくる
IV. フォーラム型 4 団体	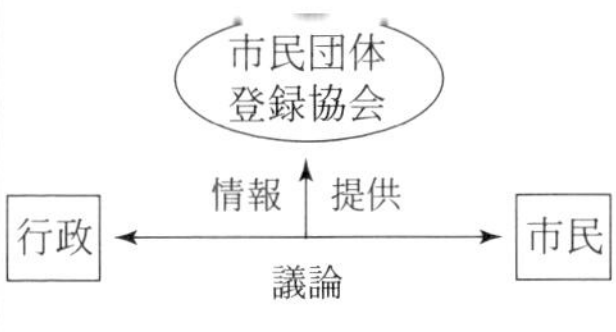	・このタイプの約2/3は登録協会となっている ・このタイプは，行政と市民の中間的，専門的立場から調査研究提言する団体である ・本会議に参加した団体は4つと極めて少ない ・専門領域としては，経済，エコロジー，市民参加，都市計画全般それぞれと交通の関係となっている ・契機として市民の反対運動を後方から支援するために設立され，その後は計画決定する以前に十分な議論をするための情報提供を目的としている団体がある ・行政からの委託の業務もある

Ⅲの「提案・協働型」というグループはⅠ、Ⅱ、Ⅳとは全くタイプが違って、九〇年代に新たにスタートした新しいタイプである。反対運動からスタートしたのではなく、一九八六年の「早期の市民参加」等、ドイツの市民参加制度がある程度整ってきた後、市民が行政とよりよい関係をもちながら、パートナーシップを組むことを目的としてスタートしているＮＰＯである。このタイプは着実にふえつつある。たとえばフライブルクにおいて、マイカーを全く使わないで住むニュータウンづくりを市役所とのパートナーシップで推進しているＮＰＯがある。

さて、これまで述べてきたように市民と行政の間に位置するドイツの「まちづくりＮＰＯ」には、四つのタイプがある。もちろん、他にもいくつかのタイプがあると思われるが、いずれにしても、ＮＰＯには、行政と市民のコミュニケーションを円滑に調整するという役割がある。行政の課題が広域化、専門化してくると、ひとりの市民の能力では、参加し議論をすることが事実上難しくなってくる。そうなると当然、仲介組織というかたちで日常的にそのテーマについて行政に発言したり、市民に問題提起をしたり、何か問題が起きる前に情報発信を行うまちづくりＮＰＯが必要になってくる。そうしたＮＰＯが複数存在することによって、市民が自分の考えに近いＮＰＯの会員になったり、寄付をしたり活動を手伝ったりという日常的な行動を行うことによって、直接自分が行政の呼びかけに参加しなくても、間接的に行政の施策に自らの意見が反映されるという市民提案型の方式が可能になる。その結果、会員数が二〇数万人のような団体は世論形成の力、および行政に対する提案力が極めて大きくなっていく。じつは、これが、地域の市民によってつくられていく「新しい公共」というものである。

市民と行政の間にある参加の形態を整理すると図4-5のようになる。まず、「個人としての参加」

がある。これは、法律に基づいた個人の権利として最も重要である。しかし、それとは別に「団体を通じた参加」があり、その団体には三通りあることがわかった。一つは、まだ登録協会にはなっていない反対運動など「任意団体」の組織を通じた参加の形態がある。それから「登録協会」の会員になり、会費を支払って情報を得ながら政策形成に参加していくケースもある。その次にあるのが「事前協議認定の登録協会」で、これは登録協会の中で会員数が大変多く、かつ行政にも重要だと認定されている登録協会である。たとえばミュンヘン市の場合では、「早期の市民参加」の実施前に市役所がある程度の複数解決案をつくる。この案をつくる時に、わかりやすく言うと、たとえば日本でいう、道路公団、下水道局、JR、私鉄など都市計画に大きな影響を与える公益企業等とかなり綿密な調整をする。その調整をする団体がミュンヘン市の場合、三七ある（表4−4）。

図 4–5　個人の市民参加と団体の市民参加

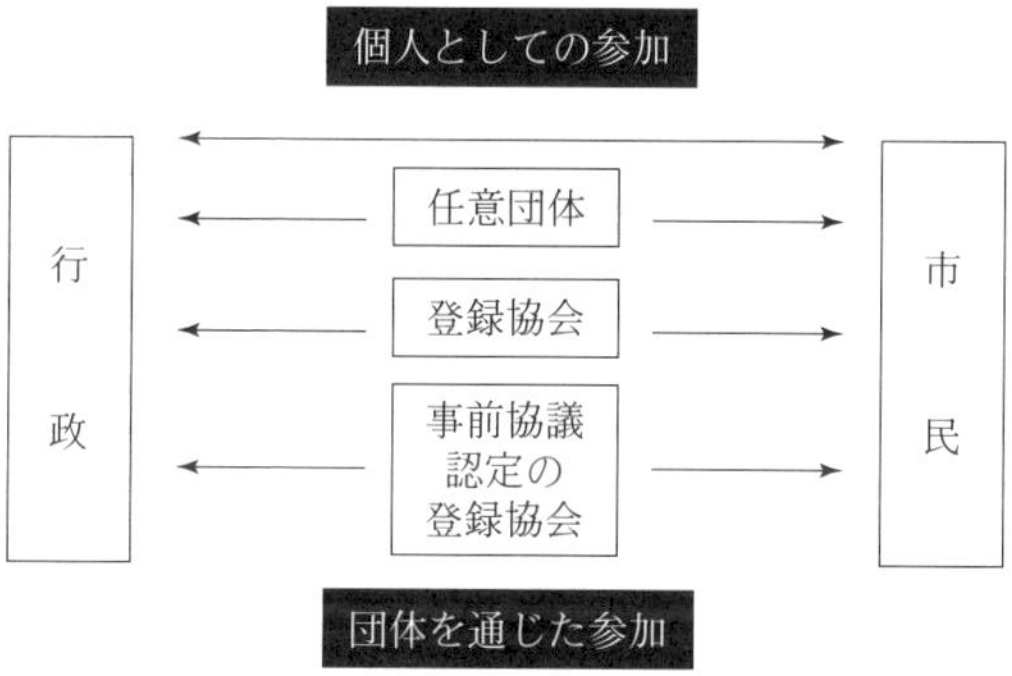

たとえばカトリック教会、航空局、テレコム、商工業組合といった様々な団体とも事前調整をしてから、議会や市民に案を提示する。こうした団体の最後に「ドイツ環境自然保護協会」（BUND）が入っている。つまり、開発計画をつくる際に、建設活動には直接タッチしない、むしろ、反対運動からスタートした登録協会が参加するかたちになっている。これは極めて特筆すべきことである。ドイツ環境自然保護協会は、単なる市民と行政の仲介役を果たすだけでなく、市民に提案する前の内部資料をつくる際

表 4-4　ミュンヘン市における事前協議の公益主体リスト

1. 州議会事務局	21. 航空局
2. 州政府	22. 空港管理者
3. 給水局	23. 電気事業者
4. 道路建設局	24. 国有鉄道管理者
5. 高速道路管理者	25. テレコム
6. 健康保健局	26. 防衛管区管理局
7. 測量局	27. 商工会議所
8. 森林局	28. 手工業組合
9. 農業局	29. 郡手工業者組合
10. 鉱山監督局	30. 郡青少年組合
11. 郡郷土保護管理人	31. バイエルン農業者同盟
12. 州文化財保護局	32. バイエルン安全組合消防部
13. 耕地整理管理者	33. 州防災局
14. 地区財政管理局	34. ミュンヘン交通連合
15. バイエルン国立城塞庭園湖沼行政局	35. ミュンヘン外部経済計画連合
16. 地域計画連合組織	36. 近郊市町村連合
17. カトリック司祭局	37. ドイツ環境自然保護協会（BUND）
18. プロテスタント司祭局	
19. 公権特別宗教団体	
20. 公有地需要担当	

出典：ミュンヘン市，1994年.

に、行政が事前協議を行うべき団体として公的に認知されている。反対運動からスタートした登録協会という一つの市民団体がＪＲやＮＴＴと同じぐらいの公共的価値をもって、条例に基づいた一つの事前協議団体となっているのである。これはまさに「新しい公共」の出現である。

日本ではまちづくりＮＰＯはまだ未成熟な側面がたくさんあるが、市民と行政の間をつなぐ役割を考えるうえでこうした事例は極めて興味深い。日本においても、「まちづくりＮＰＯ」を社会的に支援する方策をより一層推進すると共に、市民が今後増大してくる自由時間を活用して、まちづくりＮＰＯに、汗、知恵、金のいずれかの形で参加していくことが必要となるであろう。

第四節　「市民の直接請求」

現在日本ではいろいろな地域で「市民投票」が問題になっている。一九七九年二月～二〇〇〇年九月までの間に一二五の市民投票条例が議会で裁決されたが、可決されたのはそのうち二一である。またそのなかで市民の直接請求で可決されたのは、わずか七条例で、その後の可決の事例も九八年一月以来ひとつもない。過去二年半にわたる市民の直接請求三九件はすべて否決されている。（二〇〇〇年一〇月現在）このデータは、「住民投票」（今井一、岩波新書）によるもので、都市計画の事業ばかりではないので、一概に都市計画の議論で使えるものではない。しかし、いまの日本において市民投票というものが、市民参加のツールとしてほとんど機能していないことを示していることは、事実である。

一方、ドイツ、バーデンビュルテンベルク州のウルム市では、九〇年二月、旧市街地を横切る既存の幹線道路のトンネル化による上部の歩行者空間の整備と地下駐車場計画に反対する市民投票が行われ、可決された。トンネルや地下駐車場は時代遅れで、総合的な公共交通輸送機関を促進すべきであるという市民の判断によって、市は大きな政策変更を迫られた。バーデンビュルテンベルク州法では、市議会の議決が官報で報告されてから四週間以内に、全市有権者の一五％以上の反対署名が集まり「市民要求」が提出されると、市民投票が実施される。市民投票で市役所の議決内容をくつがえすには、投票数で過半数を獲得すると同時に、全市有権者の三〇％以上の反対票を確保しなければならない。前述の事例では、投票率五一・八％、反対投票率八一・五％であったため、全市有権者の四二・二％が反対となり、結果的に議会での議決内容は市民投票によってくつがえされてしまった。それによって市は、新たな計画を策定することと、その計画内容を再度「市民投票」によって決定することを表明した。

また、ドイツのバイエルン州では数年前に法律が変わって、請求者の割合など市民投票の制度が緩やかになった。さらに、その改正で市民投票の結果は三年間有効であるということになった。逆に言うと、三年間についてはその事業をやることはできない。しかし、四年目以降はもし行政が必要と考えれば、もう一回市投票を実施することができるという制度に変わった。

日本でも既に議員立法で法制化を提案しているグループがあるが、市民投票制度の立法化、あるいは市民が直接行政訴訟を簡易に提起できる制度を検討する時期がきている。ちなみに、愛知県高浜市において、一定以上の署名が集まれば議会の議決を経ずに市民投票できる「常設型」市民投票条例が二〇〇〇年一二月に制定された。

さらに、ドイツではＦＡＸや葉書一枚でも行政訴訟を起こすことができる。もちろん、前節までに提案してきた制度や内容が仮に全部整ったとしても最終的に少数意見が反映される保障はないので、やはり行政訴訟や北欧のオンブズマン、イギリスのインスペクターというような制度によって、最終的にもう一度チェックできる機会が与えられるべきで、最後の砦として「市民の直接請求制度」が必要だろうと思う。

インスペクターとはイギリスの環境庁のエージェンシー制度で、たとえば自分の家の前にスーパーマーケットができたり、あるいは自宅前の道路が拡幅されたりといった計画に対して、たった一人の市民でも、環境庁に行き、異議をとなえることによって、その機関が詳細に調査をし、回答をしてくれる制度である。内容によっては半年ぐらいの調査を行い、公聴会を何度も開く。調査の結果、その事業が好ましくないと判断した場合には、たとえば建設省等に対して勧告することもできる権限をインスペクターはもっている。つまり、インスペクターは、極めて高い権限、職能、位置づけを有している。このように少数意見としての提案や意見を、司法を含めてどのように社会的に保障をしていくかということも極めて重要である。

第五節　制度確立にむけて

市民参加のまちづくりを論じる時に「制度優先論」と「運動優先論」の二つの立場がある。「制度優先論」とは制度の整備こそが重要であるという、上からの改革の立場にたつ。一方「運動優先論」とは、制度よりは市民活動や、自治体の運動こそが先行すべきという、草の根改革の立場にたつ。

しかし筆者は、この二つは時代によって交互に必要な時期が到来するのではないかと考えている。つまり制度と運動は、常にキャッチボールしながらゆるやかに変容、展開していくべきなのではないか。ドイツの制度の変遷を見てもわかるように、意外な程に、制度が硬直せず柔軟に変化してきている。それに比べ、日本はなかなか変わらないという印象がある。二一世紀の初頭は、わが国に蓄積されてきた数多くの市民活動と自治体の試みを真正面から受けて、多くの制度の改革が要求されている時代であると確信している。そこで最後にあたって、市民と自治体の運動の継続的な発展を望みなが

表 4–5　市民参加制度確立のための提言

(1) 国，県は原理原則を明確にし，その法的整備を行う	①市町村に都市計画高権を与える ②市民に都市計画参加の権利を保障する ③市民に情報公開の権利を保障する ④民間非営利組織の位置付けを明確にする
(2) 市町村は市民参加，市民提案の受け皿整備と市民への支援を行う	①市民参加の範囲と内容を規定する ②都市内分権組織としての末端代議機構を整備する ③民間非営利組織への財政的支援と情報技術的支援他，委託等を行う ④市民投票制度の簡便性，実効性を高める ⑤インスペクターやオンブズマンのような第三者機関を設置する
(3) 中間セクターは，市民への各種支援と世論形成を行う	①市民に必要な専門的な情報提供を行う ②マスコミ等を通じて世論形成を図る

らも、それをさらに飛躍させるための制度改革を国、市町村、まちづくりNPOの三つに分けて提言したい（表4–5）。

① 国は、当然ながら市民参加の必要性や原則を高らかに宣言しなければならない。まず第一には、ドイツの基本法（憲法）にあるように、市町村が都市計画の最終権限「都市計画高権」を有していることの保障をして欲しい。次に市民に対しては、「参加の権利」と「情報公開の権利」を保障する必要がある。この二つの権利は、すでに日本の先進自治体が先行して条例設置している現状があり、できるだけ早期の法的整備が必要である。さらに市民参加で重要なのが、NPOの存在である。一九九八年一二月にようやく特定非営利活動促進法（通称NPO法）が施行され、都市計画分野でも市民団体の法人化がすでに進んでいるが、市民セクターのよりいっそうの発展のためには、民法の改正による位置づけの明確化と税法の改正による法人への民間寄付金の拡大等、さまざまな支援体制を整備する必要があるだろ

う。

②　市町村は、市民参加と市民提案の受け皿としての態勢整備をしなければならない。そのためには、市民参加すべき計画や事業等の種類、内容、手法、範囲等を「市民参加条例」によって規定すべきである。現行のまちづくり条例をさらに発展させる必要がある。またすべての内容を市議会、市役所で決定するのではなく、地域で決定できる案件を増やすように、都市内分権を進める必要がある。出張所の権限強化とか、新たなる地区議会の創設等が考えられる。いずれにしても地域のことは地域で解決できるような自治制度が検討されるべきである。状況によっては地方自治法の改正が必要である。また市町村は今後、ＮＰＯと協調態勢をとることによって、市民サービスの向上を図る必要がある。そのためには、補助金、基金や公益信託等を介しての財政的支援、ならびにまちづくりセンター等による情報技術支援、さらには事業委託を積極的に行うことになるであろう。

また市民の直接請求権の行使としての市民投票制度を効果的に実施するには、市民投票の範囲を明確にすると共に、より簡便な実施の可能性や効果の実効性を高める改善が必要である。さらに行政判断の不服審査のために、英国のインスペクターや北欧のオンブズマン等の第三者機関の設置も必要である。

③　まちづくりＮＰＯ等中間セクターは、新しい計画課題や専門的な知識が必要な計画の場合に、市民に正確な情報を提供すると共に、個人の市民参加に代わって団体として行政や企業に発言、提案することができる。行政や企業の一方的な情報だけでなく、市民にとって重要なそしてわかりやすい形で、マスコミの利用を含めて情報提供するために、日常的な研究や広報相談活動が欠かせない。市民はその日常的活動を信頼し、支援する意味で会費や寄付金を提供する。したがってＮＰＯは、市民

の信託に立脚して活動が行われなければならない。また、ドイツ環境自然保護協会のように伝統と実績のある団体は、市役所が計画策定に際して事前協議をする団体として認定されたり、ミュンヒナー・フォールムのように専従職員の経費を市役所が負担しているケースもある。いずれにしても、市民と市町村の両方から信頼されるような中立、公平、公正なＮＰＯ活動が求められている。

第五章　景域保全を目的とした土地利用計画

神吉　紀世子

第一節　土地利用からみる自然環境

1　景域という考え方

近年、都市・地域において、生態学的な意味においての環境の保全は重要な課題となっている。その背景には、八〇年代後半から国際的重要課題となってきた、地球環境問題があると同時に、国内的にも、都市近郊や農山村にかつてありふれていた身近な動植物が少なくなってきたこと、一九八〇年代後半から九〇年代初頭にかけてのリゾート・ゴルフ場開発ブームのなかで、見た目には緑地であっても、地域生態系の破壊を伴う開発が頻発し各地で問題となったこと、農林水産業の衰退に伴い土壌や水循環維持などの国土管理機能が低下する可能性が見込まれていること等がある。

これらの背景に共通する課題は、個々の地域の自然が有している生態系のちから——土、水、大気、動植物が、その地域の気候、地形の条件のもとで形成する物質・エネルギー循環や種の生育力——の許容範囲を超えた土地改変を回避するために、人間の活動の調整が必要である、という点にある。土地利用計画を、このような土地改変を伴う人間活動の調整を、土地の区分（ゾーニング）を行い各々の区分ごとに許容される土地利用を設定することを通じて行う手段であるとみれば、土地利用計画の立案作業や実施方式に生態学的な環境の保全の観点からの課題を反映させることは、重要である。

したがって、現在、土地利用計画に求められている生態学的環境保全は、単に「オープンスペースのままにするか、開発を許容する地域にするか」、という開発規制のみではなく、「どのような農業や林業を行うか、雑木林や樹木は間伐等の手入れを行うか、施設の建設に際しては雨水をどのように地中に戻すか」、といった、ミクロレベルにおける個々の人間の地域生態系に与える影響の調整である。これは、人間の居住域に生息する動植物種の保護を目的とすると同時に、地域独特の地理的条件や生態系を反映した自然の保全や形成、活用可能性を重視する視点である。このような視点からみた都市施設、住宅地、農用地、山林、河川・水系等の様々な種類の空間の形成、変更、利用に際して行うべきていねいな調整が、土地利用計画にもとめられているのである。

このような土地利用計画について考えるにあたって、「景域」[1]という地域概念が適していることに気づく。「景域」[1]とは、「地形、土壌、気候、水収支、植生、動物、人間がつくる影響等の因子を通じて、ひとまとまりの特徴をもった土地の部分（Schaffer und Tischler 1983）[2]」、あるいは「無機的環境と生物社会からなる自然（生態系）に対して、人間が働きかけることによって生じる作用機構の総体であり、動的なシステムとしてとらえることができる[3]」と定義される。すなわち、人間の活動の影響

図 5-1　生態系の構成要素と景域[4]

- 景域
  - 生態系
    - 生物群集（生物社会）
      - 生産者……光合成植物
      - 消費者……動物，大型菌類（第１次消費者，第２次消費者，高次消費者）
      - 還元者（分解者）……従属栄養微生物
    - 無機的環境
      - 媒質……水，空気，土壌，温度，風，水流
      - 基層……岩石，礫，砂，粘土，泥
      - メタボリズムの材料……光，二酸化炭素，水，酸素，栄養塩類，有機酸
  - 人間の影響（介入）

下で一定の特徴をもった地域生態系が存在する地域を「景域」という。さらにこの地域生態系を成立させる人間の諸活動を、景域を維持させる人間の地域生態系への働きかけという意味で「景域管理」と呼ぶ。

2　景域保全に必要なこと——調査と調整

地域の生態学的環境を保全する、すなわち、景域を保全するためには、まず、その地域の自然環境がどのような特徴をもつものかを知る必要がある。どのような自然環境を維持あるいは回復することを目標とするべきか、そのためには、どのような人間による影響（影響を少なくする場合も影響を積極的に与える場合もある）を必要とするか、について明らかにする必要がある。これが調査である。

ここでの自然環境の調査は、どこまで詳細に調べるか判断しづらい面があり、また、経年的にモニタリングを続ける必要が多いなど、煩雑になりがちである。生物学研究ではないので、土地利用計画、景域の保全計画に十分間に合うくらいの、適切な自然環境調査の方法を開発する必要がある。ドイツを例にみれば、「ビオトープ」[5]は、もともとこのような煩雑になりがちな自然環境の調査をシステム化して、ある程度自然環境に関する状況を把握できる景域のエレメント分類とし

てよく用いられるようになったものである。厳密に、自然生態系を解明しつくすというより、人間の影響をどの程度にすべきかを判断できる程度の調査結果が必要ということである。

このような調査結果が得られれば、人間の影響を実現することが必要になる。これが調整であるが、人間の影響の調整がミクロレベルでの土地利用計画の内容につながる。

景域
- 生態系　←調査、保全・形成目標をどうするか・どのような人間の影響の調整が必要か
- 人間の影響　←調整、ゾーニング＋調整された影響の実現（景域管理）

どのような人間の影響の調整が必要か、を自然環境の調査のみから得ることが難しい場合がある。例えば、急激な市街化などで地域の自然環境が短期間に大幅に変容してしまっている場合などには、現在の状況を調査しても以前の状況がわからない場合がある。その際には、自然環境の変化過程を遡る調査が必要となる。この場合に、考えられる一つの有力な方法は、人間の影響の履歴から調査することである。具体的には、種々の文献・地図資料や居住者の生活史調査等を通じて、個人や地域社会のライフスタイルの過去の姿を明らかにし、そこから自然環境の状況を類推することになる。

3　自然景域・近自然景域・文化景域

景域には、原生自然への近さ＝人間の影響の度合いの違いに基づく分類が存在する。すなわち、

①　自然景域　原自然が主で、人間の影響のほとんどない景域。今や貴重な景域であり、保護が最優先され、人間による影響を避ける調整が必要な景域である。

図 5–2　景域の維持されるシステム

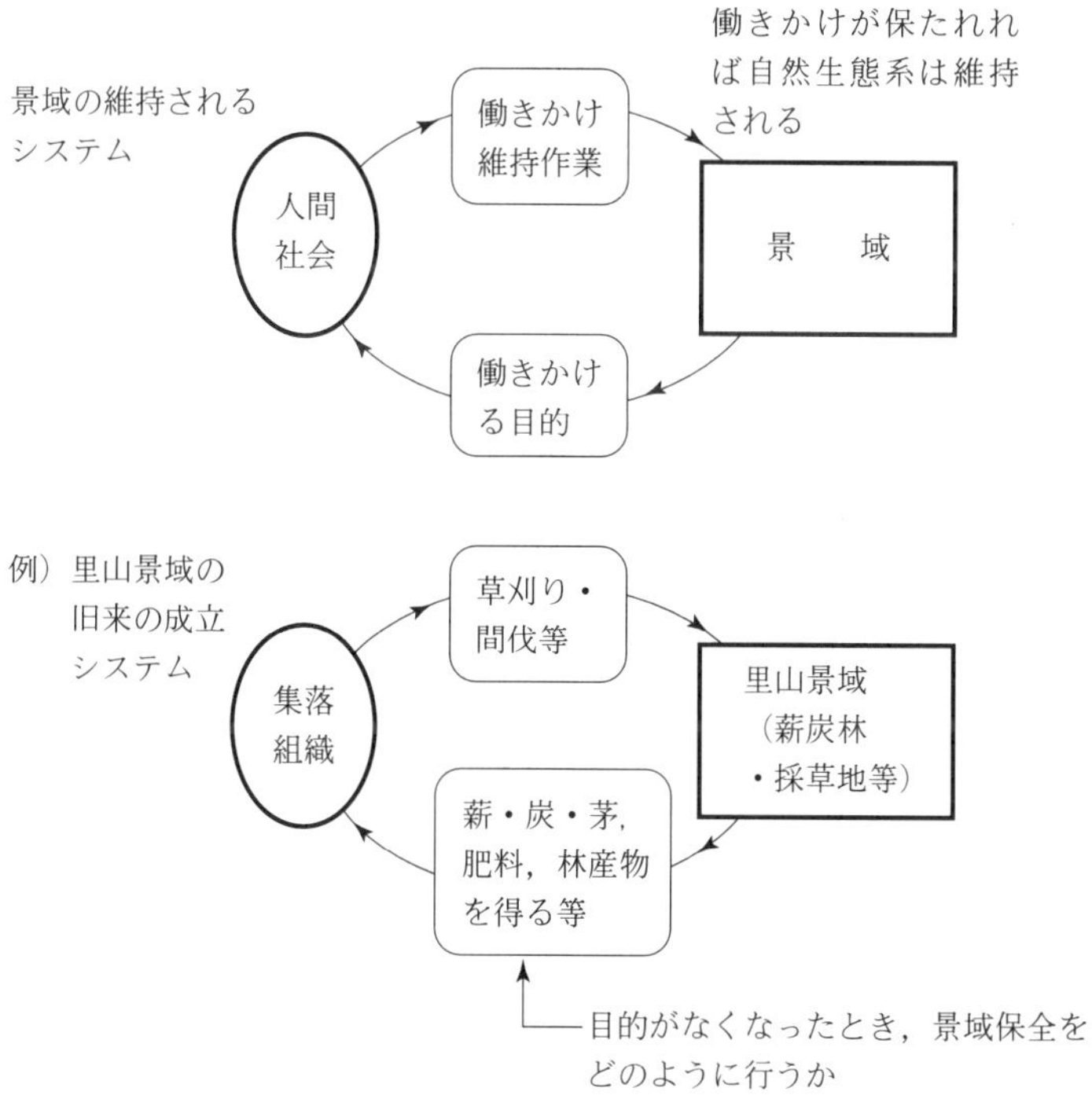

②　近自然景域　原自然が改変されているが、人間の影響が少なく、自然に近い生態系が主となる景域。ドイツ・スイス等で取り組まれている近自然河川工法等でも「近自然」という考え方は有名になった。これは人間の努力によってふやすことができる景域であり、普通、最初の再生作業の後は、自然の成長回復力にまかせ、人間の影響は最低限におさえるのが基本である。自然景域は創り出すことはできないが、近自然景域を数百年単位で保護することによって再生されていく、と位置づけられている。

③　文化景域　集約化、機械化の進む以前の農業景域などのように、人間が影響を与えることによ

って維持される景域である。農山村をはじめ、身近な自然環境の多くは、この文化景域に属する。ここでは、人間の影響が必要であり、地域に応じた影響を実現することが調整の役割となる。

4　保護・保全・再生

以上のような見方で景域の特徴を把握し、その地域ごとの状況や重要性にあわせて、保護（人間の影響をあまり与えない）、保全（人間の影響を与えることで＝使うことで保つ）、再生（失われたり、衰退した自然環境を再現する）、のどれを方針とするかを決めることになるが、これが一種の景域に関するマスタープランである。森林、農地、水辺、農山村集落、都市市街地、海岸、海洋、等、様々な地域にはそれぞれ、保護・保全・再生が適する景域のタイプが存在し、それらに応じた景域管理を実行する取り組みを実施するのが、景域に関する実施計画である。このマスタープランと実施計画の二つをあわせて、景域計画としての土地利用計画には必要である。

第二節　ドイツの景域計画

1　自然保護の考え方

ヨーロッパの各国において、現在みられるような自然保護や景域保全のための制度が発展する契機となったのは、産業（工業）革命による国土開発の進行や都市拡大がもたらした自然地や景勝地の破壊や変容である。一九世紀末から二〇世紀初頭にかけての自然や郷土保護運動は、ヨーロッパ各国共通の動きであった。

ドイツにおいても、一九世紀半ばに産業革命が起こり、ヨーロッパ全体の自然保護運動の盛り上がりの流れのなかで、郷土保護運動が活発化した。これには、一九世紀初頭のナポレオン戦争によって、ドイツの一部がナポレオン統治下にある時代に、ドイツらしさを求めるナショナリズムの高揚があったことも背景とされている。[6] 一九〇四年に、ドイツ郷土保護連盟（Der Deutsche Bund Heimatschutz）が結成された。この連盟の目的は、ドイツの郷土の自然的・歴史的に固有なものを保護することとされ、①記念物保存、②伝統的農家・町家の保存・技術継承、③廃虚を含む自然風景の保護、④その土地固有の動植物、地学的特質の保護、⑤民芸の継承、⑥習俗・慣習・民俗の継承　等の項目があげられ、これらは、現在のドイツの自然保護法にも通ずるところをもっている。例えば、記念物保存、自然景観保護などの、特定の保護対象物・地区の保護や、土地固有の動植物保護である。

一九三五年にヒットラー政権下で、帝国自然保護法が制定された。帝国自然保護法の特徴は、自然保護区、景域保護区、国立公園、自然公園、天然記念物といった保護区（対象）指定の制度を導入したことであり、これは、現在の自然保護法にも継承されている方法である。また、それまでの理念であった特定の単体の保護（例えば、樹木や崖地、景勝地）だけでなく、自然生態系の生息空間保護への発展が見られる。

帝国自然保護法は、第二次世界大戦後に、ドイツ帝国がなくなったために国の法律としてはなくなったが、その内容は西ドイツの各州の条例として施行され続けた。ひとつひとつの保護区・保護対象が個々の保護条例をもって指定されていた。

戦後の西ドイツの経済成長が減速し始め、ＥＣで農産物が過剰となり農村と農業の維持の問題が生じ始めたのは、一九六〇年代末である。七〇年の欧州自然保護年を受けて、翌年七一年に、西ドイツ連邦議会において、環境プログラムが提出された。このプログラムは、「自然生態系に対して人間が加える侵害」から自然生態系を守るという、現行の連邦自然保護法の理念と、「予防・原因者負担・協力」という三大原則を示した。

この後、連邦に先駆けていくつかの州では、州の自然保護法（または、景域保護法）が制定された。これらの動きの背景の一つとして、農業政策がある。戦後のドイツ農業の後退、同時に農業そのものの集約化（特に、肥料、農薬の多用、圃場整備によるビオトープの消失）による景域破壊への反省の結果、ドイツの国土の五〇％以上を占める農業用地について、農業生産の向上よりも、むしろ生産を抑えて景域の保全管理を重視する政策を、ＥＣの共通農業政策（＝ＣＡＰ）による農業土地利用の粗放化に則って進めたのであるが、このような方向は、オープンスペースに、その土地の自然性にみあった地域生態系を取り戻そうとする方向と一致したものとなった。これは、諸行政部門間の姿勢の食い違いを緩和したと考えられる。

一九七六年に、連邦自然保護法が制定された。この法の特徴は、①景域計画システムの制度化、②帝国自然保護法の保護区に加え「保護された景域要素」の指定を設けた、③自然保護・景域保全の理念として、「地域生態系」の保護を明確に位置づけたこと、が挙げられる。「地域生態系」の保護とは、個々の独立した動植物の保護だけではなく生態系の生命力が保持されるべきであるという視点を思想としてもっていることである。

景域計画システムは連邦自然保護法によって、空間整備法[7]および建設法典による空間整備計画に関わる諸プラン（州における州発展プログラム、地方における地方プラン、地方自治体における土地利用計画であるＦプラン）と互いに内容が整合するようなプランとするべきであることが規定されている。空間整備法においても「第一条　空間整備の使命」のなかで「自然の生物の生存基盤を保護・維持・発展させること」が明示されている。しかし、空間整備計画に関わる諸プラン自体が発展して、自然保護や景域保全のための計画システムが生まれたのではなく、景域計画システムは空間整備計画とは別の法制度（連邦自然保護法）の発展によって生まれたものである。それを反映してこの計画システムは、異なる土地利用要求をゾーンに分割して配置するという考え方ではなく、自然保護と景域保全という視点から必要とされる土地利用の制限や誘導を配置する計画である。

この「景域計画システムの制度化」によって、それまで、個々に取り扱われていた各種の保護区が、景域計画システムというひとつの体系のなかで、統合して取り扱われるようになったこと、また、自治体の全域を計画対象とし、Ｆプラン（土地利用計画）と連携して策定・施行される景域プランは、その策定時に、全域の景域の診断を行うため、地域の生態系の成り立ちと、そのなかの保護区の意義、様々な土地利用の影響を明らかにする作業を行うという点において画期的であった。

また、一九八七年に、連邦自然保護法は大幅に改定され、種とビオトープの保護が強化され、文化景域の保全も登場した。とくに、種とビオトープの保護は、保護を義務づけるビオトープを指定し、また、自然保護区の指定根拠にもビオトープ保護を課すなど、重要な概念となった。

以上のように、景域計画システムの制度化は、従来の空間整備計画とは別の系統である、帝国自然保護法から連邦自然保護法へいたる自然保護・景域保全の法制度の発展の結果として、なされたものである。自然を保護し動植物種を保護するためには、限定された空間だけではなく、地域生態系全体を保全することが必要であるという、自然保護・景域保全の理念の発展の結果として、個別の保護区指定だけでなく、景域の評価や保全のあり方を示す計画システムを導入することとなったと考えることができる。

2　景域計画の内容

(1)　土地利用計画と景域計画システムの関係

連邦自然保護法第二章の第五、六条において、空間整備法にもとづく土地利用に関する計画システムと景域計画システムの関係を規定している。各州は景域プログラムを、地方は景域枠組みプランを設ける（ベルリン、ブレーメン、ハンブルグ州においては、州レベルで景域プランを設ける）。自然保護と景域保全の目的を実現するための、具体的な方法が景域プランである。この策定主体は、連邦自然保護法では決定されていないものの、一般的には、市町村、もしくは複数の市町村の連合、郡ごとにつくられている。各州がそれぞれの州自然保護法（州によっては景域保護法という）を持っており、これが景域計画システムに関して、連邦自然保護法の枠組みのもとで、具体的、詳細に関わる規定を決めている。

図5‐3に、例としてノルトライン・ヴェストファーレン（NRW）州の景域計画システムのしくみを示した。ノルトライン・ヴェストファーレン州では、景域プログラムや景域枠組みプランは、空間整備計画の州発展プログラムや地方の地域発展プランに一体化して兼用される。景域プランの策定レ

図 5-3　従来の土地利用計画と景域計画システムの対応

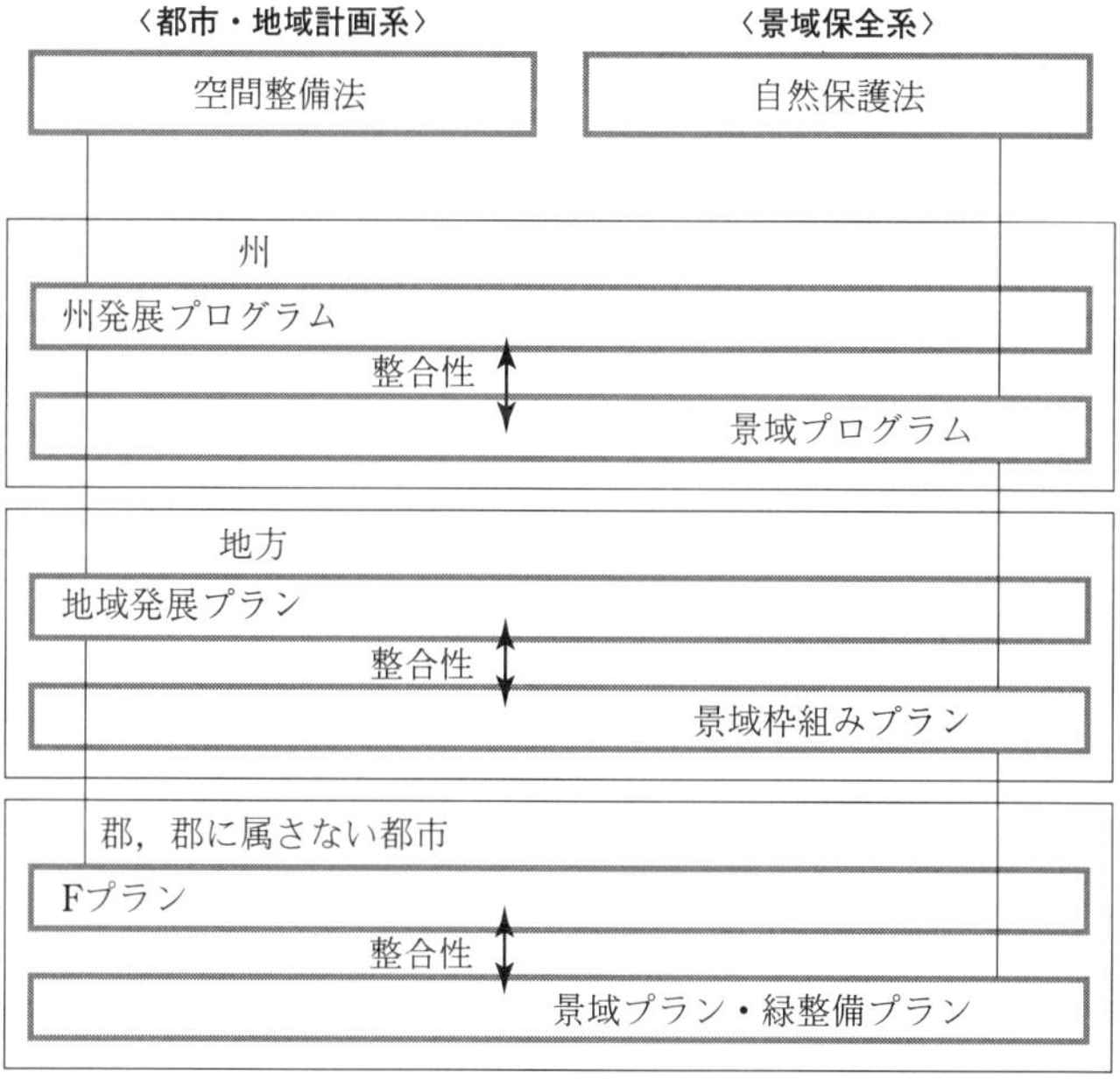

従来の土地利用計画と景域計画システムの対応
（NRW州の例）

ベルは、郡または、郡に属さない都市であり、景域プランは、Ｆプランの策定範囲全体ではなく、外部地域に対してのみ策定される。外部地域以外については、郡や都市の独自の施策にまかされているが、例えば、外部地域が市域の約一割しかないデュッセルドルフ市では、緑整備プランを外部地域以外全体について立案している。アーヘン市では、Ｂプランのある地域では、それと連携する緑整備プランを立案し、外部地域以外全体には、樹木保護条例や保護すべき土地ごとに条例を設けて個々に保護区や保護対象の指定を行う方法をとっている。ノルトライン・ヴェストファーレン州の景域プランは、Ｆプランとは独立した、条例として策定されるプランであり、その内容

表 5-1　保護区・保護対象の指定根拠

自然保護区	1. 生物社会あるいは生物の所在地において特定の野生の動植物の種を維持, 2. 学問的・自然史的・地誌的な根拠において, 3. 稀少さとりわけ独自性，または卓越した美しさを根拠に，自然と景域の全体あるいは一部を保護する
国立公園	1. 広域にわたり特に独自のもので, 2. 概ねの区域において自然保護区の必要条件を満たし, 3. 人間の影響を受けた状態がないかあるいは少なく，かつ, 4. 特に特色豊かな土着の動植物の状態が維持されている，地域
生物界の保存地域	1. ある景域タイプの特徴をもつ広域の地域. 2. 自然保護区が重要な場所に，その他にも景域保護区が指定されている 3. 多様で歴史的に形成された生産活動や利用による自然資源，動植物種の保護，成長，再生. 4. 特に丁寧に行われる生産活動による自然資源の成長と試行の模範的な地域
景域保護区	1. 生態系の生命力，ならびに自然資源の利用可能性の維持あるいは再生のために, 2. 景域の外観の多様性・独自性・美しさのために，あるいは, 3. 保養のための特別な必要性のために，自然と景域の保護が必要な地域
自然公園	1. 広域にわたり, 2. 概ねの区域において自然保護区か景域保護区があり, 3. レクリエーションに対するその場所の景域的な必要条件が特に独自のもので, 4. レクリエーションと観光に対する空間整備と州計画の原則と目標にしたがって計画される
天然記念物	1. 学問的・自然史的・地誌的な根拠のために，あるいは, 2. 稀少さ・独自性・美しさを根拠に，保護が必要な指定単独自然生物であり，この規定は，切り離すことのできない周囲環境も考えに含めることができる
保護された景域要素	1. 自然収支の生命力を安全にする, 2. その場所の外観，景域の外観をいきいきしたものにし，整備し，維持管理する，あるいは, 3. 有害な影響に対する防衛のために保護の必要な自然または景域の一部。保護は，あるきまった地域において，樹木，生け垣，その他の景域要素の総体に及ぶことができる

表 5–2　連邦自然保護法によって保護が義務づけられるビオトープ

1. 湿原，沼，アシやカヤの生い茂った湿地草原，湧水地，近自然的な損傷のない断面の小川・河川，止水域の陸地化した部分
2. 内陸砂丘，天然の塊状または岩石斜面，トショウの小さなかん木のあるハイデ，かたい芝草の草原，乾燥草原，乾燥温暖立地の森林あるいはかん木
3. 湿地林，沼沢林，河川等の中州林
4. 岩壁の海岸，きりたった断崖の海岸，浜の堤，砂丘，塩分を含む牧草地，海岸地域の干潟のできる場所
5. アルプス地方の草原，積雪，断崖，小谷のハイマツ林

は独自に規制力をもっている。

(2) 連邦自然保護法にみる景域プランの内容

連邦自然保護法は、保護区の種類、保護対象等の景域プランの内容についての枠組みを述べている。法の第三章「一般的保護・保全育成」の指針、第四章「自然と景域の特定の部分の保護・保全・育成」に述べられる、各種の保護区、保護対象の指定、第五章「野生の動植物種の保護と保全」に述べられる、ビオトープの保護や野生動植物に対する一般的な取り扱い指針、の三つの主題について、その具体的内容を景域プランに表現することができることが、位置づけられている。

第三章（第八条）は、「自然と景域に対する侵害」、すなわち、「自然収支の生命力、景域の外観を大規模に継続的に妨害する可能性のある土地の利用形態の変更」、を避けるように規定する。

第四章では、七種類の保護区、保護対象が規定されている。これらのうち、「保護された景域要素」「生物界の保存地域」を除く五種類は、帝国自然保護法時から既に実施されていたが、連邦自然保護法においては、これらの保護区に該当する地区・対象の自然・景域の特徴の評価がより科学的（生態学的）なものとなった。表5–1は、連邦自然保護法の各保護区・保護対象の指定根拠をまとめたものである。

第五章「野生の動植物種の保護と保全」の内容は一九八七年改正時に大幅に充実化された。特に、第二〇条c「特定のビオトープの保護」は、具体的に保護を義務づけるビオトープを列挙したもので（表5―2）、ドイツの全国で保護が最も優先されるビオトープを決定したものである。また、この第二〇条は、いくつかの州で策定されている「種とビオトープ保護プログラム」の背景となるものでもある。

(3)　景域計画の内容と運用

ノルトライン・ヴェストファーレン州のアーヘン（郡に属さない市）を実例に、景域プランが策定されるまで、すなわち、基礎的な調査の実施からプラン作成までの経過に即して、景域の評価、評価のプランへの反映、プランの運用、にいたる策定の手順を考察する。

ＮＲＷ州では、一九七五年には州の景域保護法を制定し、景域計画システムの運用を始めた。州が景域プログラム、地方が景域枠組みプラン、郡あるいは郡に属さない市が景域プラン、を策定することを決めている。景域プランは、郡または市の行政範囲のうち、外部地域に対して、Ｆプランとは独立に条例としての拘束力をもったプランとして用意される。景域プランが策定されない地域（Ｂプランが用意されるべき地域）については、州法レベルでは規定しておらず自治体にまかされているが、緑整備プランを策定する、あるいは、アーヘンでは、樹木保護条例や個別の保護区・保護対象を個別の条例として指定して対応している。

アーヘンは、ケルン地方に属する、人口約二五万人の地方中核都市である。市域面積は約一万六〇八〇ヘクタールであるが、景域プランの対象になる面積は、連たんした市街地・住宅地を除いた一万

図 5-4　アーヘンの景域プランの主な内容

- 自然と景域の特別保護区
  - 自然保護区
  - 景域保護区
  - 天然記念物
  - 保護された景域要素（ビオトープ）
- 休閑地のための使途
  - 自然遷移に任せる地区
  - 再耕作，手入れ，または他の利用
- 森林利用のための特別規定
  - 特定の樹種を除く，または使った初植林
  - 特定の樹種を除く，または使った再植林
  - 特定の利用目的の禁止
- 成長，手入れ開発の手法
  - 近自然的棲息空間の設置または回復
  - 育成・植栽　樹木列／樹木／樹木集団／細長い雑木帯／雑木集団／岸辺雑木林／生け垣／林縁など
  - 土地の整備と害になる施設の除去　再生のための土地整備　侵害になる施設の除去　手入れの手段
  - レクリエーション整備　散歩道／駐車場／寝ころんだり遊んだりする芝生広場

一四六〇ヘクタール（畑作農地約二四五〇ヘクタール、放牧・牧草地約四九一〇ヘクタール、森林地約三一六七ヘクタール、道路他九三三ヘクタール）である。八八年に策定された、景域プランにおける区域指定の構成は**図5-4**のようになっており、現在指定されている一〇カ所の「自然保護区」のうち、七カ所は景域プラン策定の際、新たに指定されたものである。「景域保護区」のほとんどは、八八年以前に指定されていた。「天然記念物」の約九〇%は八八年以降の指定、「近自然的生息空間の特別保護区」の全ては一九八八年以降指定されたものである。(8)

●自然保護区（景域プラン中ではNSGと略記）

各種の保護区のなかで最も保護が

厳しい区域である。できるだけ自然の成長のプロセスを妨げないようにする。普通、散歩のための細道が設けられ（景域プランに明示）、一般の人はこの細道を出てはいけない。土地は公有化される。アーヘンでは、ほとんどが市有地で、一部、自然保護団体所有地、ベルギーの自治体所有地があり、わずかに私有地で残っている。[9] 市が自然保護区の土地を買い取るときは、地方を通じた州の費用援助がある。維持・管理（危険な、あるいは病気の木や枝の伐採程度）は、（所有者である）市が行う。

アーヘンの都心から車で一〇分程の郊外、コーネリーミュンスター地区にある、現在約二〇ヘクタールの面積をもつ自然保護区（NSG5）は、一九六四年に森林の丘約一三・七ヘクタールについて既に指定されていたが、景域プラン策定時に隣接する粗放的な牧草地を含めた範囲に広げられた。これは、森の丘と牧草地の谷のセットが生態学的、都市気候的に優れていると総合的に評価されたもので、単体の貴重さだけでなく、地域生態系の総合評価に重点を置くという連邦自然保護法以降の特徴をよく表す例である。

●景域保護区（景域プラン中ではLSGと略記）

自然保護区より保護はゆるやかである。農業や林業を行う地域も多く含まれるので、ほとんどの土地は私有地である。

●天然記念物（景域プラン中ではNDと略記）

原語であるNaturdenkmalを直訳すると天然記念物となるが、ある樹齢以上の大木や学術的生態学的に重要な樹木（独立木あるいは樹木列・グループ）等が指定対象である。アーヘン市では、約八〇〇（本またはグループ）が指定されている（景域プラン策定以前は約八〇の対象が指定されていたのみである）。[10] 指定された樹木は、許可なく伐採、枝うちをしたり、損傷を与えたりしてはならない。

・近自然的生息空間の特別保護区（景域プラン中ではLBと略記）

「特別に保護された景域要素」の一カテゴリー。保護の厳しさは、自然保護区と景域保護区の中間である。景域保護区と重複して指定されている区域も多い。連邦自然保護法制定とともに導入されたカテゴリーであり、その地域の地域生態系に重要であると見なされるビオトープが指定され得る。ほとんどが私有地であり、一つの区域の面積も様々である。私有地に対してかなり強い保護を求める特徴がある。

アーヘン市では、河川、湿地、落葉広葉樹林の森、雑木林、粗放的牧草地、湿地牧草地、散在果樹園牧草地などのビオトープが多く指定されている。多くの場合、維持・管理上の規則として、「粗放的に」利用することが要求されている。「粗放的利用」とは、基本的には「その景域の持続的あるいは大きな変形を伴わない利用」であり、肥料や農薬の使用の禁止や放牧地での家畜の頭数の制限等が、よく見られる例である。

●樹木・生垣・水面の特別保護区（景域プラン中では略記記号なし）

これも、「特別に保護された景域要素」の一カテゴリーだが、保護は特に厳しくはない。樹木、薮、生垣などの植物の保護と、水面の形状変更の禁止が行われている。生け垣（Hecke）は、第二次大戦後の圃場整備などを通じて、農業地域から急激に減少したため、近年保護・再生が強調されている。鳥の生息空間となる、伝統的な田園景観を構成する要素のひとつである等として評価されている。

●地質学的天然記念物（景域プラン中ではGNDと略記）

岩石や岸壁、湧水地・温泉源などのビオトープが指定対象である。アーヘン市付近は、中世以来の石灰石産出地であり、温泉地であり、一三カ所が指定されている。保護はかなり厳しく、変形・損傷

表 5-3　アーヘン市（NRW州）・景域プランの個々の保護区の内容の例

保護区	主なビオトープ	禁止事項		規　則
NSG5	落葉広葉樹林 牧草地	自然保護区の一般禁止事項 あらゆる肥料の使用 土着でない樹種の植林 狩猟		樹林，かん木は自然更新のプロセスにまかせる 粗放的牧草地管理
LB57	落葉広葉樹混交林	保護された景域要素の一般禁止事項	針葉樹の植林	
	湿地		植物用農薬・肥料の使用 放牧	年１回の草刈り
	乾燥草地		植物用農薬・肥料の使用	粗放的放牧
LB52	半乾燥草地		植物用農薬・肥料の使用	粗放的放牧 年1回の草刈り
LB96	雑木林 （薪炭林）		針葉樹の植樹	雑木林の維持（7～8年に１回の間伐・伐採）
LB97	散在果樹園牧草地		植物用農薬の使用	粗放的牧草地管理 老木の適当な植え替え
LB153	小河川		植物用農薬・肥料の使用	岸辺の粗放的利用

や周辺の動植物、生態系を乱すことは禁じられる。

　これら種々のカテゴリーに属する各保護区には、カテゴリーごとに共通に決められた規則や禁止事項とともに、保護区ごとに決められた規則や禁止事項が存在する。これらの「規則や禁止事項」が人間の影響の調整にあたり、景域保全の実施計画にあたるものとなる。

　NRW州の景域保護法は土地所有者に必要な維持管理の実行を義務づけている。従って、自然保護区のほとんどは市が管理作業を行っている。市はまた、一年に一度（普通四月）全ての河川・湖沼を視察しているとのことである。[11] 一方、近自然的生息空間の特別保護区や景域保護区のほとんどは私有地であり、土地所有者・利用者に義務が生じる。

●禁止される活動と必要な維持・管理

ＮＲＷ州の景域プランは、具体的な景域管理の方法の規定を含んでいる。個々の指定区域に対して、禁止される活動と必要な維持管理を決定している（表5−3）。

表にみられるように、規則として「粗放的」に利用することがきめられている保護区が多くみられる。粗放的利用とは、「景域の持続的あるいは致命的な、大きな変形を伴わない利用」を意味するが、より具体的には、アーヘンの景域プランの説明書によれば、例えば次のような場合があてはまる。

- 有機肥料、ミネラル系肥料を使用しない
- 農薬を使用しない
- 一年に一〜二度の草刈りをする牧草地
- 放牧地での、家畜が歩くことによる牧草の損傷があっても、それが持続的ダメージにならないかぎり粗放的放牧地として認められる
- 一ヘクタール当たり約二頭以下の牛の放牧
- 粗放的果樹園経営
- 二年あるいは三年の休耕を含んだ輪作をする畑、普通の畑は集約的クリスマス用のモミの木の樹木畑以外の林業利用

アーヘン市環境局におけるヒヤリング[12]によれば、「粗放的利用」の解釈については、行政、土地所有者、土地利用者（農家、狩猟家、等）の間で、定期的に土地利用者のミーティングで、統一をはかっている。これらの「粗放的利用」が農家等の土地利用者にとって、農業生産の減少や作業労力の増加等を伴う負担となる場合、市に対して金銭的補償を求められることもあるが、アーヘン市では、これには応じていないとのことであった。州のプログラムに基づく助成制度（例えば、粗放的果樹園のた

めの特定の果樹の植樹に対する助成）を活用するのみである。自治体によっては、独自予算をもって助成を行っている場合もある。

3　景域保全を支えるバックグラウンド

ＮＲＷ州の景域プランは条例として施行されるので、比較的拘束力が強いが、それでも、現実には、プランの内容どおりに所有者が規則を守らない場合もあり、行政としてはとにかく説得して守ってもらうのが実状だとアーヘンの環境局ではいっていた。[13] 一九九三年頃の報告では、ドイツ全土でかなりの数の景域プランが施行されているが、自然保護上の成果はまだ少ないという厳しい評価もされていた。

一方、各地で景域プランが策定されるときに、保護区の面積が増したり、新しい保護区のカテゴリーの導入によって、保全的位置づけの土地が大幅に増えたことは確かである。また、生態系やビオトープに関わる調査がすすみ信頼できるデータの蓄積ができたことについては、大きな成果と認識されている。[14]

データの蓄積は、環境親和性評価（アセスメント）やＦプランの見直し策定等の多分野にも活用されており、計画の立案手法や調査手法などの改善には貢献しているものと思われる。

Ｆプランも自然環境の保全を考慮してつくられている。Ｆプランに加えて景域プランが加わると、最も異なるのは、同じ土地利用、例えば、農地、森林などの中がさらに細分類されて、営農の方法や森林施業のしかたまでコントロールを受けるという点にある。Ｆプランの段階で、外部地域の建設活

図 5-5　Fプランと景域計画の関係

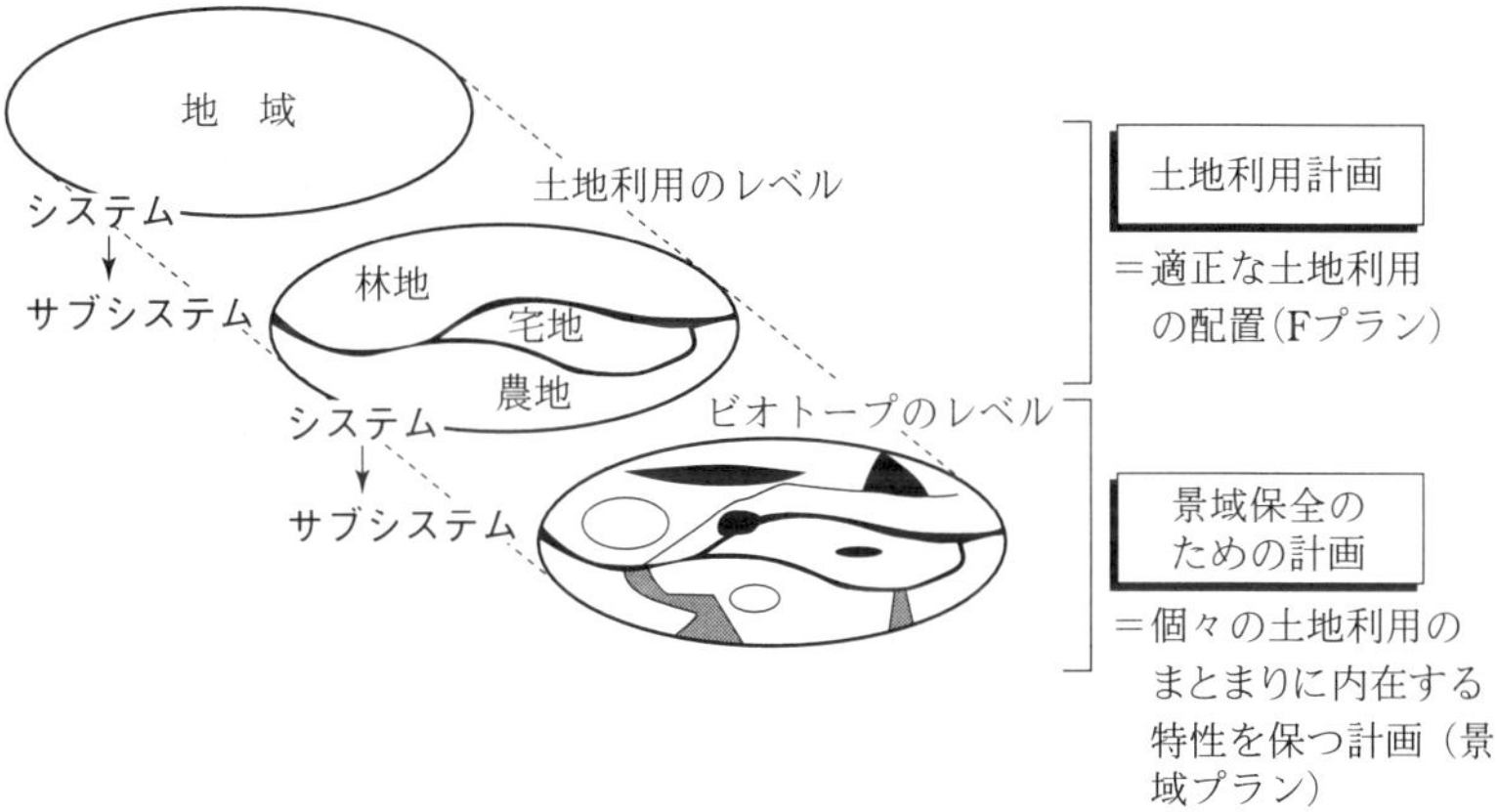

注：土地利用計画は，景域（システム）を構成する土地利用（サブシステム）のレベルにおいて人の影響（＝土地利用）を調整するものであり，これに対して，景域保全のための計画は，個々の土地利用（システム）を構成する空間単位（サブシステム）のレベルにおいて，人の影響（＝景域管理）を調整するものである．

動を抑制する強い働きをもっているため、景域プランの段階では、潜在する市街化圧力との軋轢はあまり生じず、むしろ、粗放化により営農状況に影響をうけたり、管理労力を負担することになる点での土地所有・利用者の負担についてどう補うことができるか、に大きな課題があるようである。この点については、不十分ながら、いくつかの州やEUの景域保全や種・ビオトープ保護に関するプログラムの活用などで一種の所得補償を行うなどの努力が払われている。

図5–6に示すようにドイツの国土の五〇％以上を占める農業用地において、景域の低下が生じることは、国土保全上重大な問題と認識されることが容易に理解できる。約三〇％を占める森林も酸性雨被害等におびやかされ、国土のほとんどの環境が問題を抱えているのが、現状なのである。

近年来景域の破壊や変容をもたらした原因

図 5-6　日本の国土利用

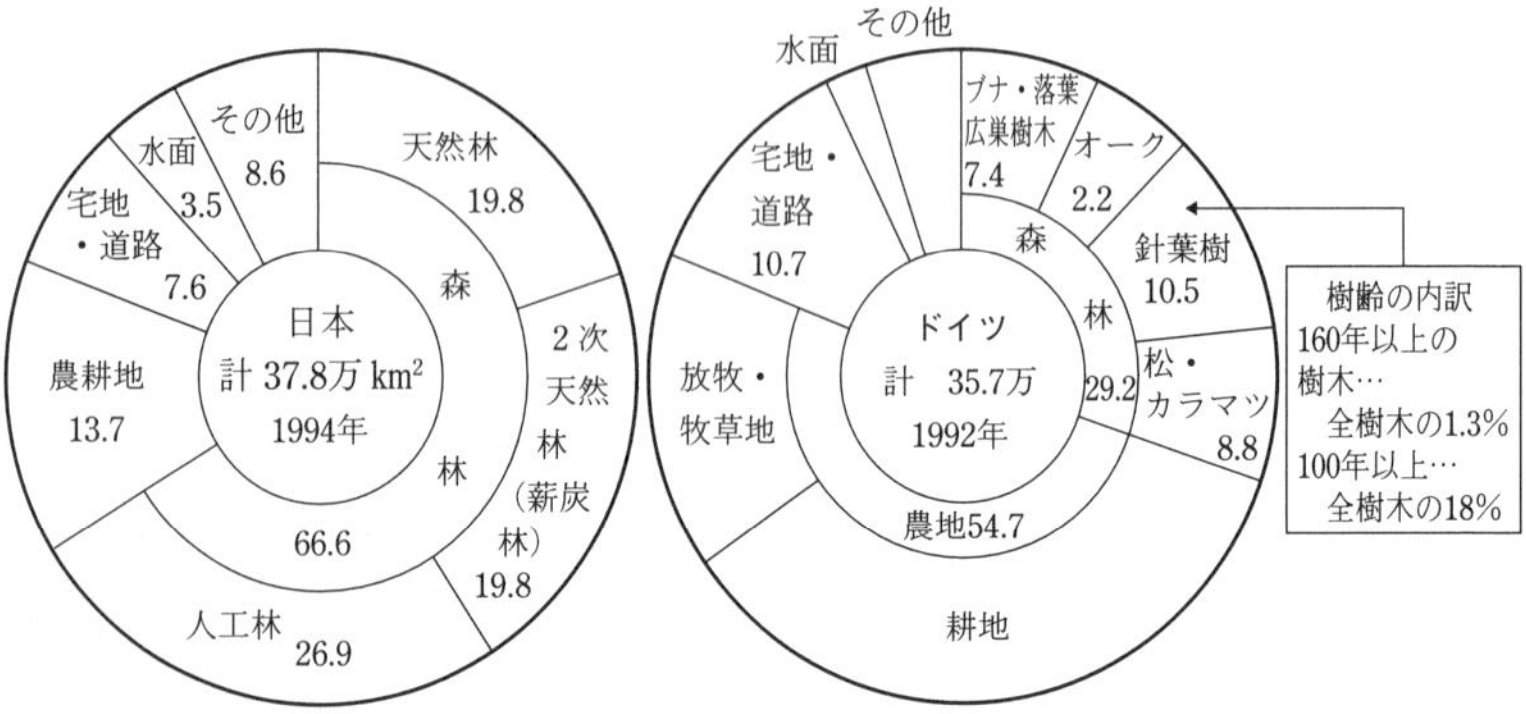

出所：日本については，国土庁『土地白書』（H 8 年版），ならびに，国土庁『山村地域における新しい国土管理システムの構築にむけて』（H 2 年）p.22～23，図表 7（森林タイプ区分とその概要），を参照して作成．ドイツについては『Tahrbuch der Bundesrepublik Deutschland 1997』(Beck/dtv. 1997)p.61 表57，Barth 『Naturschutz : Das Machbare』Parey, 1995 を参照した。旧東・西ドイツ両方を含む。

の一つであった農業の集約化は、土壌侵食・崩壊などのより深刻な問題をおこしている場所もあり、景域の保全の強調されるようになった背景は、こうした困難な状況もあると理解される。

第三節　日本における景域保全の現在

1　国土利用

図5-6にみるように、日本の国土利用は三分の二を森林がしめている。このうち、天然林は自然景域に類するものとして基本的に保護区とすべきであろう。二次天然林と人工林は人間の管理が必要な文化景域であり、自然林に返すとしてもそれに応じた管理がしばらくは必要である。農地も当然文化景域である。面積の割合からみれば、日本も国土の多くが人間の手による管理が必要な景域であることになる。

表 5-4　地域制緑地

自然環境保全法	原生自然環境保全地域，自然環境保全地域	国土の約 14.3%（1995. 3時点）
都道府県条例	都道府県自然環境保全地域	
自然公園法	国立公園，国定公園，都道府県立公園	
首都圏／近畿圏近郊緑地保全法	近郊緑地保全区域，同特別保全地区	国土の約 0.07%（1993. 3時点）
古都保存法	歴史的風土保全区域　同特別保全地区	
都市緑地保全法	緑地保全地区	
生産緑地法	生産緑地	
都市計画法	風致地区	国土の約 0.4%（1993. 3時点）

2　地域性緑地

環境基本計画（環境庁、一九九四）は、自然的社会的特性による地域類型：山地自然地域／里地自然地域／平地自然地域／沿岸海域と、それぞれの類型に応じた景域保全上の指針を設けたという点で画期的であったが、地域ごとにこれをうけて実施する仕組みがない。

地域ごとには、現在のところやはり従来の種々の制度にもとづく地域制緑地を用いるか、都道府県または市町村独自の条例を設けて、保護を実施することになる。

一方、都市計画区域については市町村が緑の基本計画を策定し、計画的に都市の緑化を図っていく計画をつくることになっているが、実際には、地域制緑地の他には、ほとんど土地利用を制御する手段をもっていない。これらの結果、日本では、緑地に対する土地利用上の一定の制限を加えられる方法としては、**表5-4**に示すように、緑の全体のうちわずか一部のみが地域制緑地に含まれるのみである。また、緑の基本計画も都市計画区域を主な対象地域とするため、広大で重要な景域保全の対象地である森林や農地の一部しか把握するものではない。

このような比較的厳しい保護が緑地のわずか一部のみに含まれる状況は、景域計画システムを導入する前のドイツにおいても同様であった。例えば、自然保護区等は、全国土の一％のみ（旧西ドイツ地域）、自然公園で一六・八％のみ（旧西ドイツ地域）等のようであったからである。景域計画システムの導入は、緑地全体を対象として、保護あるいは維持管理など様々な強さの制限や保全を指定することになった。このため、土地利用制御上の位置づけのない緑地が見られなくなった。

これに比べると日本では都市計画区域内に緑地としての土地利用を指定するようなカテゴリーが極端に少ない。地域制緑地のうち、生産緑地地区、近郊緑地保全区域、さらに古都保存法による歴史的風土保全区域は、大都市圏や古都など特定の都市にだけ適用される制度であって、地方圏では、緑地保全地区と風致地区程度しかない。開発を制限するという点では、保安林と農振農用地区域も開発規制の一種として緑地の維持に貢献しているが、これらは、地域生態系の保全という視点からみたものではなく、その設定・解除時に維持管理や地域生態系保全は主たる条件として扱われるものではない。

3　自治体の取り組み

国レベルの法制度で用意された手段が少ないことを補うように、前記の地域制緑地に含まれない身近な自然・みどりの保全を目標とする取り組みは、都道府県または市町村の条例として取り組まれている場合が多い。

条例にはいろいろなタイプがあるが、一般にその内容として盛り込まれているのは、

保全区域（区域の種類、保全基準等、独自のものもある）
規制（行為の届出、許可制、停止（中止）命令等）
財政的な支援等（助成、協定の締結等）　その他（罰則の有無等）
などとなっている。

いくつか特徴的な条例をあげると、

●大津市の自然環境の保全と増進に関する条例　保全地域、樹木、緑化、動物等対象が広く詳しく規定されている。農地等の保全に関する条文がある。

●日野市緑地信託等に関する条例　丘陵地の樹林地を保全するための信託制度。実績もあるが一方財政負担が急増している。

●高槻市自然景観等保護条例　許可制をとるなど規制が厳しい。財政的措置には触れられていないが森林銀行という森林保全制度等が別にある。

●兵庫県緑豊かな地域環境の形成に関する条例　数種の区域区分を設け、区域の特性に応じた開発誘導（許可、協定、届出）と地域環境形成基準を設定。バラエティのあるゾーニングがみられる。

景域計画システムは、わずかな一部分の緑地保全のみでは地域生態系の保護のためには不十分であるため、取り組まれたものである。このようにみれば、日本も、都市計画区域内外を取り扱うような基本計画と、緑地指定のカテゴリーの多様化をもって、地域生態系保護の視点からの位置づけのないまま残る緑地をできるだけ減らすことが必要であると思われる。その取り組みは、いくつかの条例などにおいて、既に始まっているようにみえる。

一方、都市計画区域内外を同時に取り扱うような基本計画と、地域生態系保護の視点からの位置づけを緑地全体に適用することは、作業としては可能であるが、実際に何らかの保護区として指定したり、景域管理を課す際には、土地所有・利用者との合意が得られるか否かが最重要な課題である。ドイツでもこの段階で根気よく行政と土地所有・利用者が話合いをもっている。Fプランにおいてすでにオープンスペースにおける建築活動が厳しく規制されていることは、保護区の指定を受け入れる条件を緩和している。州による各種のプログラムを利用することによって、景域管理により増す作業負担を助成することが可能なこともある。

これに対して日本の場合は、とりわけ地方中小都市の場合、線引きがなされず、建築規制のある地域がかぎられており、まず、緑地における建築可能性を捨てて緑地の維持に同意することから合意を形成せねばならず、土地所有・利用者との合意において相当の努力が必要となることが予想される。アーヘン市環境局でのヒヤリング(15)によると、合意を得るためにも、土地がもつ地域生態系上の重要性をはっきり説明できること、景域管理の負担を支える助成や人材労力の存在が重要であるという見解がきかれた。

第四節　文化景域としての里山

1　里山における景域保全上の課題――利用放棄・開発圧力

「里山」とは、集落の近くに存在する山林であり、集落から離れて存在する「奥山」と対置される概念である。集落住民による薪炭・採草利用が長年にわたって継続された結果、アカマツ林やクヌギ・コナラ林となっているものが多い。現在では、薪炭採取や採草の用に使われなくなり下刈り等の管理が停止され、本来の里山の地域生態系や生物相が変質・貧弱化しつつある。童謡に唱われたり、昔話の動物として登場するような身近な生き物は、多くがこの里山の生態系の構成員である。

また、地方都市や農村地域の里山は、未線引き都市計画区域内や都市計画区域外にあるのがほとんどで法制度を根拠とする宅地開発の制限が十分になされておらず、大規模施設や住宅団地、リゾート開発は農地よりも里山丘陵地に造成・建設されることが多かった。

そこで、近年、各地で市民や自治体による里山の保護運動や維持管理作業の実施などの活動が盛んになりつつある。都市に近接する、生物相の豊かなすぐれた緑地としての価値が見直されている。

このような、宅地開発の進行と管理放棄という状況にある里山は、一九九〇年の国土庁の報告(16)において、その面積と利用・管理の方向がのべられている。国土を人口密度によって奥山、里山、都市近郊地域に分類し、森林を人工林、薪炭林、その他の天然林と分類し、（ここでの薪炭林とは「かつて薪炭採取に利用されていた、アカマツ林やコナラ林などの二次林」と定義しており、現在薪炭採取がされているかどうかは無関係である）「里山地域の薪炭林およびその他の天然林」（計約四五〇万ヘクタール）が「里山林」と定義され、これは全国の山林の一八％を占める。その利用・管理の方向を、「国土保全・環境保全に配慮しつつ保健休養、教育文化、木材生産等」の機能を維持し、「管理放棄や乱開発による諸機能の低下を防ぐとともに、積極的意義づけによる利用管理を図る」べきとされている。しかし、この里山が管理放棄され、宅地開発の対象地となったのは、一九六〇年代以降だが、上のような放置された里山の生態系はむしろ貧弱化することが指摘され、問題としてさかんにとりあげられるように

図 5–7　里山ボランティアの活動の様子(和歌山県にて)

なった一九九〇年代に入ってからの動きである。

2　景域保全の取り組みと市民ボランティア

関東地方では里山（雑木林）を「市民の森」などの枠組みで私有地のまま保護区にする試みが一九八〇年代より行われてきた。そのような森のいくつかでは先進的に、「雑木林を楽しむ」活動を行う利用者団体がつくられ、自然観察や森林管理、自然と共生するアウトドア、手工芸などの様々な余暇をすごすことを楽しみながら景域管理を行う活動が行われている。関西でも、大阪府の山間部を中心に八〇年代から、森林の景域管理を行うボランティア活動が行われるようになっていた。以上のように、大都市圏の郊外地域の里山・雑木林で、市民による里山の景域保全の取り組みが先駆的に拡がり始めていた。[17] 現在では全国で里山保全活動を行っている団体は数百にもなるといわれれている。

また、里山を、森林だけでなく、谷津田や山麓のため池などを含めた全体を示す概念へと拡大し、総合的な地域生態系としての里山への関心は主として九〇年代に入って強調されるようになっている。滋賀県・琵琶湖周辺の里山では、写真家の今森光彦氏が、琵琶湖から里山までつながっている生き物とその生息域の様子と風景を経年的におった映像を発表し、大きく取り上げられ、また、海外へも紹介されるようになった。「かたくり」等の里山の花の群生地はそれだけで地域の名所とされるようになってきている。

このように、里山の風景がひろく紹介されるようになり、身近な余暇空間、子ども世代のための環境学習空間、都市・農村交流やエコ・ツーリズムの観光資源、などの適地として里山の景域を活用する事例が近年急速にふえてきている。土地利用上の制度的な位置づけによるよりも、このように、市民のなかに育ってきた自然環境への関わりをもちたいという要求に応じた位置づけによって、「活用」していこうとする動きのほうが先に進んでいる。

近年の里山ボランティアの拡がりをみると、潜在するボランティア員候補をうまくひきだせば、相当に広い里山の景域管理が実現するのではないかと思われるのである。一般的には、これらボランティア員は都市住民が主たる構成員である。はじめは、活動への強い興味や自然を守るマインドをもっていても、森林や草花、生き物についての知識は乏しく、作業についても素人がほとんどである。そのため、ボランティア活動の成功には、いくつかの鍵がある。

まずは、文化景域としての里山についての知識をもって貰うための「環境学習」が必要となる。長年利用放棄されてきた里山は、最初、かなり大胆に樹木を間伐することになるが、これを森林破壊とのイメージにつながり、批判されてしまうこともある。また、土地所有者や地元の農家との信頼関係の確立が必要である。現実には、民有地がほとんどの里山では、ボランティアの活動を受け入れてくれる土地所有者（農林家）がまだまだ少ないのが現状である。さらに活動場所の山だけでなく水系、農地との関係に目を向け環境への視野を拡げていくことも重要である。

市町村等の自然や環境関連の条令によって、こうした動きをバックアップする方法として、筆者が参加した専門家の会議で発案された一つのアイデアは、地区住民が自主的に自然を保護するゾーンを申し出ることができる仕組みをつくる、いわば、自然保護協定ゾーンのような制度である。土地所有権者と自然を保護したり楽しみたい管理作業希望者の間で合意を結び、その対象となる土地についての自然を守る活動の内容を取り決めることによって、景域保全上の位置づけが条例の方針に合致すれば、保護区として認定されるというものである。市町村やNPOなどが開催する市民むけ里山ボランティア講座等を通じ、徐々に、里山管理のできる人材が育てば、ボランティア活動の内容と、ボランティアと土地所有者の関係を制度的にはっきりと位置づけ、そのような事例を増やしていくことを通じ、自然保護上、将来的にも効力を見込める仕組みになり、景域保全の実施計画に発展していくのではないかと期待される。

【注】

（1）ここでは「Landscape（ドイツ語）」の訳語として、「景域」を用いている。この他に「景観」「景相」「自然地」等の訳語が使われることがある。

（2）Schaffer, Tischler *Wörterbücher der Biologie : Ökologie*, Gustav Fischer Verlag, 1983.

（3）井手久登、亀山章編『緑地生態学』朝倉書店、一九九三年。（　）内は筆者がつけたしたものである。

（4）沼田真編『生態学辞典』一九八三年を参考にしている。

（5）ビオトープとは「ある特定の生物群集が存在する空間的に区分可能な生息空間（Jedicke, *Farbatlas Landschaften und Biotope Deutschland*, Ulmerによる）」のこと。武内和彦著『地域のせ生態学』一六五〜

一六八頁。横山秀司著『景観生態学』一四〇～一四三頁、等に詳しい。
(6) 赤坂信「ドイツ国土美化の研究」『千葉大学園芸学部学術報告』第四三号、一九九〇年。
(7) 「Raumordnungsgesetz」「国土計画法」等の日本語訳が用いられることもある。
(8) アーヘン市役所環境局およびアーヘン郡上級景域保全局のDr. Urlich Asmusへのインタビューによる。一九九三年二月一一日実施。
(9) 同右。
(10) 同右。
(11) 同右。
(12) 同右。
(13) 同右。
(14) 同右。および、一九九五年アーヘン工科大学景域生態学および景域計画学科教授Prof. Dr. C. L. Krauseへのインタビューによる。
(15) 注8に同じ。
(16) 国土計画・整備局「山村地域における新しい国土管理システムの構築にむけて」一九九〇年。
(17) 重松敏則『市民による里山の保全・管理』信山社サイテック、一九九一年に詳しい。

第III部　私地公景の国土づくり

はじめに

伏屋　譲次

一九八九年一二月に土地基本法が成立して以来一一年の歳月が経過した。一〇年一昔というが、一昔前のわが国の風景は、この法律によってどのように変化してきたのだろうか。公共の福祉優先の原則がその理念として掲げられ、土地の適正利用と計画の関係性が規定され、投機的土地取引が理念的には禁止された。このように土地基本法によって、法の理念としては美しい国土を保全し創造していく下地がつくられた。しかし、この法は単なる宣言法として発せられた法であり実効力が伴っていなかった。「土地基本法は土地所有権について直接その権利と義務等を規定することのない法律として制定された」（本間義人・一九九二）といわれる所以である。そして、理念だけでは現実の利用のあり方を変えていくことはできなかった。これが過去一〇年を反省したとき国民がもつ実感ではないだろうか。

このように法が掲げる理念だけでは現実が動かないのは、言うまでもなく、土地の利用や取引の主体たる人々の意識が「公共の福祉を優先させる」ものとならないからである。しかし、なぜそうならないかを考えると、先の指摘にもあるように、そもそも土地基本法には、私たちが何をなすべきかについて規定されているわけではなく、また優先させるべき公共の福祉や公共の意義について特段の規定がされているわけでもないのである。

経済を最優先の課題として発展してきた戦後社会のなかで、その重要な基盤をなしてきたのは「土地こそ決して価値を減ずることのない資産である」という土地に対する信頼である。たとえバブル経済が崩壊しようともこの信頼が根本において消失しないのは、資産として客体化された土地に対する執着に根深いものがあるからである。こうした社会的な土壌の中では、「土地については公共の福祉を優先させる」といわれても、いざ自分自身の利害に関係するとなると、公共的価値の増大に伴って自らの土地の価値も増大する場合や、公共の福祉の重要性が土地所有者によほど強く認識されない限りは、容易に公共の福祉に譲ることができないのが実情である。土地基本法の目的が理念を示すことにあったとしても、こうした意識を変革するに足る強い理念の提示がなければ、その目的が達せられることにはならない。くわえて昨今では、行政が担う事業こそ公共であるという公共事業の合理性を覆すような事例が数々報告され、公共の福祉という大義名分に対する理屈付けは、結局、優秀な官僚や政治家の手によってどのようにでも描くことができることになってしまうという公共に対する怪しさが噴出してきた。公共性に対する信頼の衰退は、私有財産としての土地の殻をますます硬化させることになるだろう。

このように考えると、土地について、具体の状況のなかでなぜ必要となるのか定義できないような公共性という曖昧な概念によってその利用を制限しようとしていくことが、果たして「住みよい国土」や「美しい国土」をつくりあげていくことにつながるのかという疑問が、この一〇年間の反省のなかから生まれてもよいのではないだろうか。

このような問題意識から、「土地の公共性」に代えて「私地公景」という概念を提唱したいと考える。これは土地が公共性を有しているというような土地を客体化して考えるのではなく、「私」が土地とどのように関わるのか、「私」のなかで土地をどのように位置づけるのかというところから土地の利用を考え、調和のある「私地」と「公景」をつくりあげる市民のあり方を考える概念である。そして同時に、このような調和を生むために市民がどのように変わらなければならないかを考えるのである。この場合強調されるのは、市民としての自立である。政治的空間に主体的に身を投ずる自立した市民が魅力ある生活圏空間を形成する主体となることによって私地公景の国土づくりを実現していくと考えるのである。

第一章　自立した市民と私地公景

第一節　フリーターのいる風景

「自立する」とは、一般的には他人の力によらないで自分の力で身を立てることで、たとえば親から自立するといえば、親からの援助によらないで自活することである。漫画家を夢見てフリーター生活を続ける若者であっても、親からの仕送りなしで生計を立てていれば親から自立している。大人のなかにはフリーター生活を自己中心的で責任感のないライフスタイルだと批判する者があるが、若者からすれば誰にも迷惑かけずに自分の好きな道を選択しているだけのことで、いわば会社人間として自分の好きなことも見つけられずに金儲けだけに邁進してきた親世代に対するアンチテーゼであるということになろう。

他方、会社人間からすれば、会社に貢献することが社会に貢献すること、すなわち社会的責任を果たすことであり、安定した収入を得ることによって家族を養うことも可能になり、ひいては安定した税収を確保するという国家政策にも貢献するのだということになろう。

しかし、フリーターも企業の必要性によって雇用されているのであれば、企業に貢献しているのであり、所得に応じて納税している点も会社人間と変わらない。納税額の多寡を問題にするなら、金持ちこそ社会的貢献度が最も高いことになる。フリーターは社会的貢献度が低いというなら、所得の低い会社人間は高額納税者から同様の理由で批判されてしかるべきだということになろう。またフリーターは大病や大怪我をしたとき所得が絶たれるから問題だというなら、会社が倒産したら会社人間の所得が絶たれるのと同じだという反論がくる。フリーターからすればそんなときこそ社会の支えや援助が必要なので行政が面倒をみるべきだということになろう。尺度のない責任感のあるなしをいくら論じても水掛け論である。

このように考えると、いったいフリーターに対して会社人間が自己中心的で責任感がないと批判できるほどの差が両者の間に存在するのだろうか。所詮五十歩百歩の世界の差にすぎないとするなら、会社人間が自立した市民ならフリーターも自立した市民ということになる。しかし、このような会社人間やフリーターを市民として構成する社会が果たして自立した社会になりうるのであろうか。

フリーターのことを考えるとき思い浮かぶのが東京の都心の風景である。他人に迷惑をかけない程度のルールは守るが、周囲の風景や環境に関係なく好きな高さで好きな色・形の建物を建て、その中で儲かる商売なら何でもありとめまぐるしく商店が変わっていく。飲食店、携帯電話ショップ、ビデオショップ、風俗店など流行や景気に対応して変化していく都会の街並みを多様性と呼べば聞こえはいいが、何のつながりもない断片化した建物が自己中心的に広がった無秩序状態と表現することもできるだろう。この街並みはまさしくフリーター的街並みである。これを「フリーター的」と表現してはフリーター諸氏から自分たちの方がよほど秩序があると苦情が出るかもしれないが、大都心を遊び場としこの風景を眺めながら育った若者が、フリーター的ライフスタイルを嗜好するのも無理からぬものがあるという意味をこめて、あえて「フリーター的」と表現したい。フリーター的街並みは大人である会社人間が築き上げた街並みであるので、フリーター的街並みのなかにフリーターを生む土壌があったとするなら、フリーターは会社人間の延長線上にある。フリーターは自分たちを会社人間に対するアンチテーゼと考えているかも知れないが、会社人間の自己中心性の延長線上にあって、その自己中心性を強める形で結実したライフスタイルにすぎない。

会社人間からは、家族のために犠牲になって、会社のなかで嫌なことを言われても我慢して仕事に励んできた態度のどこが自己中心的だと問われるだろう。しかし、家族は自ら形成したものであり、そのなかでどのような役割を果たすかは自己の欲求とも関係することである。仕事をしてお金を稼ぐことが結果として家族のためになっていたとしても、ある意味でそうせざるを得ない自己があることも事実である。会社の人間関係で我慢を強いられるといっても、基本的には利害関係が一致する集団の内部における人間関係である。人間関係を調整することによって自己の利益も他者の利益も結果として極大化すればよいわけで、その意味では我慢のなかにもある種の自己中心性が潜んでいる。顧客や他社の社員との駆け引きでは利害の対立する交渉があるといっても、突き詰めれば双方が自己の利益を最大限にしていくための、双方にとっての最良の手段の模索である。要するに、家族にしろ会社にしろ向き合っている他者が自己の利害と同一の方向性をもった他者で、その他者との相互関係による問題の調整は、基本的には利害調整ではなく、自己中心性のなかにある一時的な感情を微調整することによって自己中心的に解決していくことのできる問題なのである。

ならば自己中心的でない人間など存在するのかと問われよう。もちろん自己中心的でない人間などいないだろう。しかし、場面によっては自己中心性を薄めていかなければどうにも調整のつかない状況がいくつもある。言うまでもなく、その一つは相互に利害が反するような問題を解決していかなければならないような場合である。この市民の間の利害を調整すべき問題が政治問題である。したがって、本来政治問題は市民と市民の間にあり、市民の生活と心のなかにあるのである。

ところが、会社人間はこの政治問題を自らの生活と心のなかに置かず、政治と行政という他者的空間における問題として相対化してきたのである。そればかりか家族も縮小してわずらわしい人間関係を相対化し、また利害とは無関係な隣人関係でさえも相対化して、会社と小家族のなかだけでひっそりと暮らすことに幸せを見出す個人となったのである。これも一つの幸せの形態かもしれない。しかし、そうであるならフリーター的生活を批判することはできない。フリーターは単に会社人間のまねをしながら、さらに会社人間のもっていた唯一のわずらわしい関係である会社での人間関係を相対化したにすぎない。人間関係を相対化することによって幸せを見出すことができるなら、フリーターの求めているものは会社人間の求めた幸せの発展形態なのである。

子供は自らの五感のすべてを使って親の言動の虚実を感じ取る。子供が五感で感じている親は会社にいる親ではなく、家庭や地域など自分が接することのできる場所の親でしかない。たとえ会社では人づきあいが良く責任感が強くても、そのことが子供の接することのできる場所で示されなければ子供はそれを感じ取ることはできない。「友達を大切にしろ」「他人の言うことはよく聞け」と説教されても、そのことを自らの行動のなかで示す親でなければその言葉に空虚さしか感じ取ることができない。教育は言葉を通じた大人の行為のなかにあるのではなく、言葉と行為のすべてを通じた経験とその反省によって理解と視野を広げる子供自身の日常的な体験のなかにこそある。

では、子供が親のなかに責任感を感じ取る具体的な体験とは何だろう。何があっても仕事を完遂するという態度は責任感の強さを表現しているかもしれないが、多くの場合子供にはそれは見えない。家庭や地域のなかで子供が親のなかに責任感を感じ取るのは、家族や地域のなかでの嫌なことやわずらわしいことでも、それぞれの役割のなかで必要と認めることを引き受け克服していく態度、すなわち、住まうことの責任を果たしていく態度からではないだろうか。会社以外のいっさいの場での面倒を避けたいと考えている会社人間が親であるとするなら、子供はこの親のどこから責任感を感じ取ったらよいのだろう。会社生活に責任感が必要であるように住まうことにも責任感が伴わなければならない。フリーターに責任感がないと批判するなら、会社人間はフリーターが子供の頃に責任感のある態度をどれだけ示すことができたのかをまず反省しなければならないだろう。親の姿が子供の姿に影響し子供の姿が親の姿に影響する。「私」の姿が「汝」の姿に影響し「汝」の姿が「私」の姿に影響するという相互関係に立つのが人間同士の関係なのである。

第二節　市民としての自立

自立という言葉には、他者に従属しないで自主的な地位に立つという意味合いもある。地方の自立や市民の自立という場合にはこちらの意味合いが強くなる。フリーターや会社人間が親から自立しあるいは個人として自立しているとしても、市民として自立しているということにはならない。「他者に従属しないで自主的な地位に立つ」とは、他者の支援や助力をいっさい受けないでひとり立ちするという意味ではなく、他者と対等な関係に立つという意味である。

地方の自立とは、一般的には地方自治体が国に対する従属意識を捨てて対等な関係に立つことである。対等な関係に立つ以上、管轄する地域の政治・行政を自らの能力と責任において担う。国の「お墨付き」や通達がなければ自らの意思決定ができない、すなわち国に従属しないではいられないような自治体にはその能力と責任感は乏しい。自立できない自治体に能力と責任感が乏しいというのは、具体的には権限をもつ首長や議会の議員、場合によっては自治体の職員一人ひとりに能力と責任感が乏しいということである。一般的集合的な概念としての地方という単位が自立しているかどうかの判断は、実はそれを構成する個々の人々が自立しているかどうかにかかっているのである。そして、この地方自治体を構成する最大の人々が市民である。

フリーターと会社人間は税金を納めることによって市民としての役割を果たしていると考えた。それが市民の引き受ける唯一の義務であり責任で、この責任さえ果たせばあとはすべて政治や行政の責任であると考えた。しかし、ほんとうに市民の役割は納税義務を果たすことだけなのだろうか。先にもふれたように、地域の政治問題は市民の生活にある相互の利害調整をめぐって発生する。道路、下水道、図書館、スポーツ施設、ごみ処理場など市民が日常生活を営むうえで必要だと感じた施設の設置を求める声が各地域であがってきたときに、一度にすべての地域で満足させることができない場合に、皆で出し合った税をどのように配分していくかが一つの政治問題である。したがって、政治問題は市民自らのうちにある。自らの内側にある問題について、お金を払うことによってその解決を政治や行政の責任で行うべきことにし、結果が悪ければ当然その責任は政治や行政にあるとするだけの態度で市民としての責任を果たしていると言えるのだろうか。

言うまでもなく、首長や議員を選ぶのは市民の役割である。何のために選ぶかといえば、市民の内側にある政治問題のうち自分たちで解決できない問題、あるいは自分たちだけで解決することが適当でない広域的な政治問題を円滑に解決し処理していくために代表者による決定や議論を選択しているのである。したがって、代表者を選ぶには少なくとも自らの居住地域における政治問題が何か、すなわち自分はまちをどうしたいと考え、また他者はどうしたいと考えているのかを理解したうえで、自己と他者の間にどのような利害調整が必要であり、代表者になろうとする人々がそれに対してどのような解決策をもっているかを把握する必要がある。

そのためには、地域における市民相互が向き合い対話を行うことによって、自らを政治的空間のなかに投じていくことが必要である。もちろん、地方自治体の政治的空間は広く、その空間におけるすべての問題を一人ひとりが自らの問題とすることなど到底できないし、対話するといっても仕組みや場がなければ他者に話しかける必然性が生まれない。地域に対話を起こす仕組みや場が必要であり、また政治や行政は市民に十分な情報を公開し、市民が参加できる制度や市民と協働して行う手続きを用意することによって市民としての自己と他者が語らう場を生んでいく必要がある。

「住まうことの責任を果たす」あるいは「政治的空間に身を投ずる」ということは、市民が構成する社会のある程度のわずらわしさを引き受けることである。厄介なことは他者が引き受けてくれるのを期待するという態度は、自らの抱える問題を他者の力によって解決することであり、結局、他者に依存し従属することである。従属する意識をもった市民は自立した市民にはなれない。首長や議員や役人に役割があるように、市民には社会における個人に課せられた役割がある。民主主義は制度のなかの各個人が水平的な関係のなかで、その役割に応じてそれぞれの責任を果たすことによってはじめて機能するようにできている。

誰かが他人任せにして楽をしようとすると制度は正しく機能しない。民主主義を守るということは市民一人ひとりがその役割を果たすということなのである。自立した市民とはこの役割を自らの責任として担う市民のことである。結局、地方が自立しているかどうかは他者によって客観的に評価するものではなく、市民一人ひとりが自らの心に問いかけることによって知ることなのである。

第三節　他者と響きあう

1　外国人居住者問題

自動車などの製造業が産業の基盤となっている愛知県T市では、企業の雇用上の必要性から日系ブラジル人が増大している。この日系人の多くは、労働力として日系人を送り出すことを業務とする請負業者などが寮として借りている集合住宅地域の公団住宅や県営住宅に住んでいる。T市の概算では約一万人の居住者を抱える集合住宅地域の三千人程度が日系人であるという。

集合住宅地域の日系人が増えるにつれて、日系人住民、業務請負業者、日本人住民の三者間におけるトラブルが増えてくる。その多くは大都市などでもよく外国人問題として取り上げられる、外国人のゴミの出し方、部屋での騒ぎ立て、路上駐車などの日常生活のマナーをめぐる日本人住民の苛立ちから発生する。苛立ちは爆発し、ついに正式文書でT市に申し入れを行うことになる。市側は公団、県住宅供給公社に住民の申し入れを伝える。県議会では雇用者となる業務請負業者ばかりでなく、労働力を必要とする自動車会社本社も住環境悪化に責任があると非難されるような事態にまで至る。T市役所内部では、この問題に関してタテ割りの垣根を越えた担当者同士の意見交換の場ができる。業務請負業者は日系人雇用連絡協議会を結成し、これと行政（T市）、住民側代表の三者が一つのテーブルについて話し合う場が定期的にもたれるようになった。そして、こうしたさまざまな動きの結果として、公団住宅については、ゴミ出しの日に業務請負業者の労働者がゴミ集積所で歩哨として立ち、日系人のゴミ出しをチェックしているという（丹野清人「日系人労働市場のミクロ分析」『大原社会問題研究所雑誌』N0.499）。

同じように多数の日系外国人を住民とする群馬県太田市や大泉町あるいは静岡県浜松市ではこうした問題が大きな問題として表面化していないことを考えると、この問題は単純に外国人のマナーの問題ではなく、その背景には雇用のあり方や住まい方あるいは地域社会にも問題があるのではないかという疑問をもちたくなる。もちろん、経緯や背景などの詳細な調査なしに安易な判断は下せないが、一連の知りうる経緯から少なくとも次のことは言えるのではないだろうか。

まず、外国人労働者の居住環境の問題である。中高層の集合住宅という居住環境は、日本人住民でさえ近隣関係が希薄となって不信感が生まれやすい。隣家の騒音問題などはどこでも発生している問題で、普段から対話し友好関係ができていれば一言で解決するかもしれない問題が、閉鎖的で固い鉄の扉ではノックする勇気さえ起こらず、友好的な人間関係を結ぶことができないために、問題が自治会長や行政にまで発展する。日本人同士でさえもそういう状況なのに、まして文化や社会的な背景もまったく異なり、日本の慣習や日常生活のルールもまったくわからない外国人が居住する場合に、日本人住民と対話やふれあう仕組みがなければ、何もわからないのは当然で、何もわからなければ自分たちの仲間の誰かがしていることをまねて同様のことを行うという結果になりがちなのは日本人・外国人という違いの問題ではない。また、疎外感を強めれば好き勝手に生きることに救いを求めたくなるのは、人間の弱さの一面であることは否定できないが、どこでも起こりうる心理的なゆがみである。

日本人が日常生活のルールを知っているのは、広報誌やパンフレットに書かれていることを読んで知っているのではなく、幼い頃からの日常的反復的な経験によって熟知しているからである。仮にゴミの出し方に変更があったとしても基本は従来から行っている出し方にある。新しい出し方がわからなければ隣近所や町内会長に聞くこともできる。部屋で騒ぎ立てないのは、狭苦しい部屋で互いに我慢しあってひっそりと暮らすという日常的な経験のなかで生まれるマナーかもしれない。

外国人のホームステイや隣家に日本人が居住しているような長屋住宅にそれぞれ分かれて居住するなら、こうした日本人社会のもつルールを家の住人や近隣の人々との対話や交流によって容易に知ることができるはずである。この場合には言語が通じるかどうかは問題ではない。日常的な経験によって知りうるような内容に特別な言語能力が必要なわけではない。もちろん、こうした日本人と共に生活をするような居住環境が簡単に望めるわけではないが、少なくとも外国人労働者の企業への送り出しを企画する業者は単に仕事場と住居を往復する労働者という視点ばかりでなく、彼らが日本人社会の中で住民として住まうという視点を持って送り出すことを企画する必要があるだろう。また、地域社会や行政も外国人にわかるパンフレットなどを用意してそれを読んで理解してくれることを期待するというなら、わが身を振り返って自らに同じことを期待できるかどうかを問い直すべきだろう。社会生活を営むとは対話やふれあいによって経験を蓄積することであり、これを欠落させて社会のルールに適合した生活を期待するのはとても酷な話である。要するに、日本人との対話や心のふれあいができない居住環境というのは、はじめて日本に来たような外国人にとって決して望ましい環境ではないということである。

同様の問題として、一連の経緯のなかにある話し合いの場に当事者たる日系人が登場していないということもある。おそらく、これには当事者同士を向かい合わせることはかえって問題を混乱させることになるという配慮が働いているのだろう。あるいは通訳を介さなければならないという意思疎通の困難性が問題なのかもしれない。しかし、こうした対応は日系人を住民として取り扱わず外国人として他者化した対応であり、問題の本質を根本的に解決することを避けた自立的でない対応である。三千人もの日系人のゴミ出しを何人の歩哨で監視すれば足りるのかわからないが、これで解決を図ろうとするなら、外国人労働者はいつ入れ替わっているのかわからないので、業者はいつまでも歩哨を立たせなければならない。仮にこれによってゴミ出しが解決できたとしても問題は騒音にもあれば路上駐車にもある。問題ごとに対応策を講じていけばこれに関わる人が次第にふえていき、そうした関わりをもつ人々にとって日系人が厄介な存在になっていくだけである。

問題の根本は日系人住民が日本人住民の考える住みよく美しいまちのあり方と日本人が築き上げてきた慣習や日常生活のルールの総体を理解していないことで、また逆に、日本人住民が日系人住民の日常生活のあり方や居住環境、彼らがもっている慣習や日常生活のルールあるいは住みよいまちのあり方に関する考えなどを理解していないという、双方の理解の欠如にある。なおかつ、日本人住民にとって日系人住民は、「迷惑」を背負った厄介者という抽象的な他者であり、日系人住民にとって日本人住民は、「苦情」ばかりの不親切者という抽象的な他者となってしまっていて、思いや感情をもった具体的な個人としての日本人や日系人が見えていない。こういう状況では、相手を理解しようとするやさしさをもち得ないのではないだろうか。人間関係はどちらかがほんの少しやさしい気持ちをもつことによって状況が一変する。このやさしい気持ちをもつのは、眼前にいる具体的な個人を取り巻く状況の悪さや弱さなどに気づく瞬間である。であるなら、当事者が向き合うことこそ相互理解を生むための土壌となる。

もちろん、反目しあう双方が向き合うと、双方の主観領域に漠然とくすぶっている苛立ちが爆発し、これをぶつけ合うことによって苛立ちが増幅して状況がさらに悪化する可能性もある。状況によっては、当事者の問題意識から離れた客観的視点をもって適切な仲裁をする第三者が必要ではあろう。しかし、問題が住まうことに関わる以上、誰にとっても住みよいまちにしたいという願いは共通である。この共通の目的に照らしながら、双方の苛立ちをぶつけ合いこれを交換する行為を続けていくうちに苛立ちが客観化し、その内容が双方の心に位置づけられるようになる。これが相互理解へと誘導していく土壌となるのである。

行政も日本人住民側も業者もこうした機会を設けようとしないのは、向き合うことに恐れがあるからであり、こうした対話に慣れていないからであろう。なぜなら、もともと地域社会にも地域社会と行政などとの間にも日常的な対話がないからである。ここで取り上げられているような「外国人問題」は外国人の有無に関わらずどの地域社会でも起こっている問題で、これを解決する仕組みを地域がもっていれば最初からそうした問題など発生しない。「外国人問題」と日本人住民が考えている問題は、実は「日本人問題」であるとも言えるのである。したがって、T市で起こっている問題の本質は、居住形態のなかに外国人を住民から切り離して他者化する構造があることや、地域社会の中にどのような住民が入ってきても地域社会に参加し対話できる仕組みがないことにもあると考えられるのである。

2　修復的司法

この地域社会における対話や向き合うことの重要性について考えさせられる事例として、刑事司法において欧米を中心に広がっている修復的司法（restorative justice）という制度がある。従来、刑事司法では犯罪を「法の侵犯」すなわち国家に対する侵害行為ととらえ、刑罰によって国家が犯罪者に応報しあるいは改善を求め、また犯罪を抑止していくという、加害者と国家の二元対立的関係によって対処してきた。したがって、刑事司法において被害者は忘れられた存在であった。これを応報的司法（retributive justice）と呼んでいる。これに対し修復的司法では、犯罪を他者や地域社会に対する侵害行為と考え、加害者は国に対してではなく、被害者と地域社会に対して問題を解決するために個人的責任をとる。したがって、被害の修復や被害に対する償いが処罰の代わりとなり、被害の修復にあたっては被害者が中心となる。また、犯罪は被害者、地域社会、そして加害者をも傷つけるのであり、この傷ついた三者が犯罪に対処していく必要があると考えるのである。

こうした考え方には、次のようなことが前提される。①犯罪の発生は、地域社会における社会的環境や関係性に原因があると考えられること、②犯罪予防のためにはこうした犯罪を引き起こす条件を正していく必要があり、地域社会が行政とともに責任の一端を担うことが期待されること、③発生した犯罪の解決は、当事者自身が個人として向き合うことが認められないかぎり、十分に達成することはできないこと、④緊急の必要性、個人的な要求あるいは行動の潜在的多様性に十分対応できるような柔軟な司法手続きが求められること、⑤司法的機関相互や司法的機関と地域社会とのパートナーシップや共通の目的をもつことが最適な効果と効率性には不可欠であること、⑥司法は一つの客体が他に支配的に作用することのない調和のとれた仕組みをもっていること。

また、修復という概念を使うのは、第一には被害者の被害の修復であり、さらに加害者の法に従った社会生活の修復や犯罪による地域社会の損失の修復を意味しているからである。修復である以上、単に後ろ向きの考えではなく、同時に現在及び将来のより良き社会の創造に関心をもつのである。

こうした修復的司法を具体的に実践していくための方法には次のような手法がある。

① コミュニティの委員会方式による修復（Community Restorative Boards）

これは「コミュニティ修復委員会（community reparation board）」を通じて、地域社会のメンバーとしての市民が実質的に司法制度に参加していく方法である。コミュニティ修復委員会は、多くはこれに参加するための一定の研修を受けた、公共を代表する一団の市民からなる委員会メンバーと、裁判所からこのプロセスに参加することを命ぜられた加害者が向き合って対話する場である。会議では、委員会メンバーは罪の性質とその悪影響について加害者と討論する。その後委員会メンバーは一連の提案された制裁事項を発展させ、みんなで加害者が犯罪の償いを与えられた期間内に行うような特定の行動の合意文書を作成する。その結果、加害者は期間内の進捗状況を合意文書に記述していかなければならない。定められた期間が経過したら、委員会は裁判所に加害者の制裁事項に関する合意の遵守状況を報告する。これによって委員会の加害者に対する干渉が終わる。

② コミュニティの評議サークル（Sentencing Circles）

これは、犯罪司法制度とのパートナーシップのもとで行う、評決に関するコンセンサスのためのコミュニティ主導のプロセスである。和解のサークルとも呼ばれる。伝統的な司法サークルの慣例や構造に、被害者とその援助者、加害者とその援助者、裁判官と裁判所職員、検事、弁護士、警察、そして関心のあるすべてのコミュニティのメンバーが参加できるようにする。サークルでは誰もが事実の理解を求めて心から話し、同時にすべての傷ついた当事者が癒されるために必要となるステップを見つけ出すことができ、また将来の犯罪を防ぐことができるのである。

③　賠償

犯罪の賠償は、犯罪によって受けた被害者の財政的な損失に対する責任を加害者が担っていくプロセスである。この金銭に換算された債務を埋め合わせるために加害者によって被害者に対して賠償額が支払われる。

④　コミュニティに対する奉仕

コミュニティに対する奉仕は、公式または非公式な制裁措置としてコミュニティのために加害者が行う作業である。近隣地区やコミュニティは犯罪や非行によって害されるので、その改善に役立つような意義ある奉仕によって部分的であったにしてもそれらが回復されるようにする。コミュニティに対する奉仕は犯罪行為によって受けた被害のいくらかでも修復する責任が加害者に求められていることを教える。

⑤　被害者の犯罪による影響の陳述書（Victim Impact Statements）

被害者の犯罪による影響の陳述書（ＶＩＳ）は、犯罪・少年司法制度を通じて被害者の声に耳を傾ける最も有効な手段の一つで、犯罪がいかに被害者の人生や彼らが愛した人々の人生に影響を与えたかを記述したものである。ＶＩＳは法廷や仮釈放引受機関に、犯罪による被害者や彼らの周りの人々に対する短期・長期の心理的、肉体的、財政的な影響結果に関する生きた情報を提供する。ＶＩＳは被害者によって口頭で伝えられることも、文書あるいはオーディオテープやビデオテープによることもある。

⑥　被害者と加害者の直接対話による和解（Victim Offender Mediation）

被害者と加害者の直接対話の和解プロセスは、被害者の関心に応じて、安全で制度化された環境の中で加害者と面接し、犯罪に関する和解を意図した議論を行う。訓練を受けた調停者の助力によって、被害者は犯罪の肉体的、感情的、財政的影響について加害者に語り、犯罪や加害者についてのどこまでも続く疑問に答えを求めることができ、また加害者に対して犯罪による財政的な損失を債務として弁済させる計画に発展させていくことを加害者とともに考えていくことができる。

⑦　近親集団による討論の場（Family Group Conferencing）

近親集団による討論の場では、犯罪によって最も傷つけられた地域の人々、すなわち被害者や加害者そしてその家族、友人、犯罪事件の可決の決定に携わる両方の主要な援助者などが参加して、訓練を受けた調停人の進行のもとで、被害者たちが加害行為によっていかに傷ついてきたのか、またどのように損害を修復するのがよいかということを議論する。加害者がこれに参加するには加害行為を認めることが前提となり、参加はすべて自主的に行なわれている。調停人はこの手続きを説明するため被害者と加害者の双方と接触し討論の場に招く。また彼らを援助するシステムとしての主要なメンバーの確認や、同時に誰を参加者として招くかについても双方の言分を聞く。

こうした修復的司法による実例として、アメリカにおける被害者と加害者の直接対話による和解の事例がテレビで紹介されたことがある。実際の現場を紹介するビデオでは、窃盗を犯した少年とその被害者が前面に座って向き合っていて、奥の中央に調停人がいた。調停人の存在は対話を適切に導くだけでなく、当事者が社会に開かれていることを意識させることにもあるだろう。調停人の存在が社会的な制約を意識させ、当事者はある程度自己中心性を抑制して対応することができるのである。応報的司法では処罰という方法によって加害者を閉ざされた空間に閉じ込める。修復的手法では加害者と被害者の双方を社会に開いていくことが特徴なのである。被害者との直接対話にしろ地域社会や近親者との対話にしろ、加害者は人々との対話によって自らを社会のなかに位置づけることが可能となり、これによって犯罪そのものを客観化し、そのとき自らの自己中心性を真に理解する。同時に、被害者も加害者や地域社会などの人々と向き合うことによって加害者を社会の中に位置付け、加害者と犯罪そのものを客観的に眺める視点をもつことが可能となる。

ビデオの例で考えれば、被害者は初めて会う目前の加害者の姿によって自己のなかにある罪だけが仮象された姿なき存在の加害者を否定し、姿ある現実の加害者を認識する。被害者にとって加害者がひとりの罪を背負った人間として意識されるのである。同様に、加害者は自己のなかにあった姿なき被害者を否定し、現実に被害を受け怒りと悔しさや悲しみの感情でおおわれた心をもった被害者の姿を認識する。被害者が怒りをぶつけたいと加害者に対して発話し、それに対して加害者が応答したとき、それまでの姿ある加害者を否定し、応答した加害者を認識する。

こうした内面的な連続として否定する加害者・被害者は、実はそれぞれの自己にある加害者・被害者であるので、結局、自己を否定し同時に肯定して新しい自己を現出することである。被害者・加害者という「私」と「汝」は互いに応答することによって新しい自己を生み出す関係に立つことになるのである。この過程によって、双方にとっての「私」の「汝」が客観的な位置を占め、同時に犯罪が客観化するのである。これは「私」と「汝」が互いに響きあう過程であり、これが相互の理解を生み出していく。

ビデオでは窃盗を犯した少年を非難しながら苦しむ被害者の姿と、俯きながら内面において苦悩しているように見える加害者の姿が映し出されていた。互いが自己において「汝」の人間としての像を確実なものにしていくことによって罪そのものが相対化する。これによって互いのなかに響きが生まれる。その過程がとても苦しいのだろう。しかし、この過程によって加害者が被害者の心の傷を理解することができたとき、被害者の心が癒されはじめ、加害者も更生へと向かうのである。もちろんこの方法がいつもうまくいくとはかぎらないだろう。凶悪な犯罪などでは向き合うことの困難が大きすぎるかもしれない。しかし、心の修復や更生そして自立するということは、結局、自己が自己と対決し自己を克服していくことでしかあり得ないのである。そして、その対決する自己は他者の存在なくして生まれ得ないのである。

T市の「外国人問題」の事例と修復的司法の事例とでは明らかに人間に対する理解に根本的な差異がある。T市の事例は問題を市民一人ひとりの存在と切り離し対象化する。修復的司法では問題を対象化せず社会のなかに位置づけ直し、問題に関わる市民一人ひとりの内面に問いかけ直すのである。私地公景は後者の立場に立つ。社会は人の集合体である以上、住みよい社会は構成する一人ひとりの人がそれを志向しなければ生まれない。

ところが厄介なことに、「住みよい」という概念に対する考えや感じ方は人によって異なる。人の存在そのものがすなわち多様性である。多様であるからフリーター的に最低限のルールを守りながら好きなようにまちをつくっていき、問題があればそれに対応するために新しいルールをつくるというのがこれまでのまちづくりであったといえるだろう。私地公景は言語を産んだ人間の力に信頼をおく。言葉を生む背景には共同体的な人間関係の経験の蓄積によって生まれる共通感覚（commonsense）があるはずである。たとえば、「よい」という言葉はそれを生み出した社会の人々のなかに「よい」という概念に対する一定の了解、共通感覚があるからこそ生み得た。共通感覚は互いの了解事項を何度も響きわたらせることによって生まれるハーモニーである。共通感覚が意味を生成し言葉を生む。言葉が言葉を生むことによって社会が一定の秩序のなかに治まるのである。

人間は言葉を響かせることによって調和を生む。対話なくして社会の秩序などありえない。皆がおとなしくひっそりと暮らせば社会の秩序が維持されるわけではない。ひっそりとなればそれだけ人間相互の不信感は増幅され社会全体に不安が蔓延してくるのである。私地公景の基礎は対話とふれあいにある。対話をして他者あるいは多者と響きあうことによって「私」のなかに「公」の意識が生まれる。「公」とは政治や行政の場に独占された価値ではなく、人々の心のなかに生むべき価値であり、この価値が「私」の自己中心性に対して制御的に働くことによって他者との調和を志向し、これが自立を生む。自立した市民は私地公景的市民であると考えるのである。

第二章　私地公景の国土づくり

第一節　土地の公共性と私地公景

土地の公共性と私地公景の違いを具体的に見ていくことから私地公景の国土づくりの議論を考えていきたい。

市町村の基幹税目の一つに固定資産税がある。この固定資産税には非課税措置がある。一番わかりやすいのは国や地方公共団体に対しては税を課さない措置で、これは人的非課税と呼ばれる。これに対し、課税客体たる固定資産の用途に応じて措置される非課税規定があり、これは用途非課税と呼ばれる。所有権に関わらず国や地方公共団体が公用または公共の用に供する固定資産はこの用途非課税措置が適用される。その他さまざまな公共性・公益性の高い用途に対して数多くの非課税の規定がある。そのなかに「公共の用に供する道路」に対する非課税措置がある。国や地方公共団体が所有する公道はもともと人的非課税であるので、この規定が実質的に意味をもつのは国や地方公共団体の所有に関わらない道路、すなわち私道である。つまり、私道であっても「公共の用に供する道路」であれば固定資産税が課されない。言葉のうえでは公共性に配慮した明快な規定である。ところが、どの私道が公共の用に供するのかという具体的な認定となると極めて曖昧になる。

「公共の用に供する道路」の認定にあたっての一般的取扱いとしては、「所有者において何ら制約を設けず広く不特定多数人の利用に供するものをいい、原則として道路法の規定により行政庁において路線の認定を行なった道路をいう」とされる。道路行政を専門とする行政庁の認定によるものを原則とするのはわかりやすい。しかし、実際には不特定多数の利用に供する道路は道路法の規定により認定を受けたもの以外に無数に存在する。このため国によって行政実例という形で無数の実例に対応すべく考え方の指針が示される。たとえば、「林道、農道または作業道等であっても、所有者において何らの制約を設けず広く不特定多数人の利用に供し、道路法にいう道路に準ずるものと認められるものについては「公共の用に供する道路」に包含される（一九五一年九月一四日）」という。ところが、こう示しても実際には、林道、農道、作業道の実態は千差万別で、同様に道路法の認定を受けた道路も千差万別なので、「道路法にいう道路に準ずる」といわれても、いったいどの林道や農道などの形態が道路法の道路に対応するのかわからない。利用の制約をしていないといっても人里離れた場所にある林道や農道が不特定多数の利用に供されるとも思えない。林道や農道では道路としての位置さえ特定できない場合もある。林道や農道にも非課税に該当する道路があるといわれた瞬間に税務担当者は戸惑いを覚えることになる。

また、次のような指針もある。「特定人が特定の用に供する目的で設けた道路であってもその道路の現況が一般的利用について何らの制約を設けずに開放されている状態にあり、かつ、当該道路への連絡状況、周囲の土地の状況等からみて広く不特定多数人の利用に供される性格を有するものについては『公共の用に供する道路』に該当する（一九五一年九月一四日、六七年四月二五日）」。たとえば大規模マンションなどの敷地にあるいわゆる団地内通路などは、これによってどう取り扱われるのだろう。

団地内の道路は基本的には団地住民の出入りのための通路である。一戸建ての家やアパートの敷地に通路があるようにマンションにも通路があり、それがたまたま複数人で利用する通路なので道路の形態をとっているにすぎず、特定人が特定の用に供する目的である点では一戸建てやアパートの敷地の通路と異ならないという見方ができるだろう。しかし、小規模なマンションでないかぎり、一般的にはその利用について何ら制約を設けず開放された状態にあり、道路と道路の接続状況がよければ近隣住民も近道などで利用する場合もあり、団地の敷地内に子供の遊び場などがある場合に近隣の住民もそれを利用できるという状況などがあれば、通路自体が広く不特定多数人の利用に供される性格を有しているといえる。先の指針から考えれば、マンションの団地内通路にも「公共の用に供する道路」に該当する場合があることになるのである。

ところが、これを認めると税務の現場はたいへんな混乱に陥ることになる。事は税を課すか課さないかの判定だけに取り扱いに公平性が要求される。このため一定の基準を設けて千差万別の状況に対して線引きをしなくてはならない。公共的価値の有無を判定する基準が必要となるのである。この公共的価値の判断は先の指針でみるかぎり、道路の形態であることと不特定多数の利用に供される性格をもつことによる。そうすると、公共的価値の有無の判定基準には、団地内の住民や所有者以外の不特定の人々が通行するか否かに関する基準が必要となるが、そもそも具体の状況のなかで通行する人々が団地内の住民かそれ以外かを判定することなどできないから、結局、道路の状況や形態の開放性によって判断せざるを得なくなる。道路の開放性が公共的価値の基準であるなら、極論すれば一戸建ての敷地にある通路も公道から公道に抜けられるような開放性があれば「公共の用に供する道路」となる。しかし、これを認めれば、田舎へ行けば戸建住宅の敷地内にいくらでも「公共の用に供する道路」があることになる。このように公共的価値は具体的な状況のなかで判断しようと思うと、途端にその意義が曖昧になるのである。

こう考えると、そもそも「公共の用に供する道路」とは、道路法の認定を受けた道路すなわち専門的な役所の判断による道路を原則としながら、それとは別に私有地に公共的価値を有するものを具体的な利用状況のなかで認定していこうとすることに無理があることがわかる。このように土地の公共性は概念的にその必要性を理解することができたとしても、具体的な状況のなかで意味するものを問われるとその意義が明瞭性を欠いていることを露呈し、公共性に対する信頼を損なうことになる。国土づくりは住みよさを求めて国土に具体的な状況を現出していく作業である。土地の公共性の理念が具体的な状況のなかで力を持ち得ないとするなら、国土づくりにおいて土地の公共性が指導原理となり得るのであろうか。

いや、「お上」であるお役所を信頼し、公共性の具体的な状況の判断は役所が行い、役所が行うことがすなわち公共であると考えれば問題ないとする反論があろう。公共的価値は役所の行うことのなかにこそあると考えるのである。これも一つの選択肢かもしれない。事実、従来の全国総合開発計画や公共事業はこうした考え方を基本として進められてきたといえるだろう。しかし、そうすると公共性は市民から分離していく。「公」と「私」が隔絶し、「公」が社会的善意として「私」の自己中心性を外的に制御するという対置関係におくことになる。

「公《おおやけ》」の意義を歴史的に考察する溝口雄三によれば、日本の「私《わたくし》」は「公《おおやけ》」の下位者として、

「公《おおやけ》」に従属することを前提にして、その存立を許容された「私《わたくし》」であるという。「公《おおやけ》」に従属的であり、そのため、ひそやか・個人的・内輪事であることを属性とするわたくし概念が、その属性を中心にして拡大していって一人称としての「私」の世界をもつようになったという。「公《おおやけ》」を「私《わたくし》」の世界から分離するということは、結局、「私《わたくし》」が「公《おおやけ》」に従属することであり、これは市民としての自立を捨てることである。

また、公共的価値はそれが正義であることの社会的認知によって担保される。公共的な選択が正義の行為である以上、それを決定する人々が善意でなければならない。「お上」と、口にいっても、具体的には一人ひとりの政治家や官僚・役人が判断することである。「お上」という概念を人間一人ひとりに還元したとき、果たしてそこに善意の絶対性を信頼することができるのだろうか。私的生活の態度はどうであれ、「お上」という衣を着た瞬間に人は「よき人」となれるということなど期待できるのだろうか。

これに対し、私地公景は「私」のなかに「公」をもつという市民の自立によって獲得する価値観である。この場合「公」とは「お上」のことではなく、自己の底にある共通感覚に基礎づけられた共同性が働く場で、これが「私」の自己中心性に対して抑制的に作用する。これは人間同士が向き合い、対話し、助け合うという経験を繰り返すことによって自然に育まれる自律的な機能であり、人間の本来的機能の一つである。社会のなかでこの本来的機能を回復することが私地公景の基礎となる。私地公景は「私」と「汝」の関係性によって生まれる価値観であり、人と社会のあり方を問う哲学なのである。

この私地公景において公共性は、政治や行政の行為に対する価値づけではなく、市民が集い活動と討議を行う公開の政治的空間によって形成される意思による公共的価値づけを意味する。この場合、「市民が集う」とは市民の政治的意思が一つの場所に集会することである。議会などで市民の代表が集う場合もこれにあたり、市民の政治的意思が反映されて運営される行政もこの場合にあたる。本来、司法の判断も法律に基づく判断である以上、市民の意思が反映されて判断されるべきものであろう。最近ではネットワーク環境を利用した政治や行政への市民参加の方法もあるが、こうした参加も「市民が集う」ということである。「市民が集う」場合に重要なのは、現実に市民がある場所に集結することではなく、市民に必要となる情報が十分に公開され、場所の公開性が確保されることによって、市民の意思が結集されていくことである。

このように私地公景においては、「お上」の行為や事業であるから公共性があるのではなく、市民の意思によって公共的価値づけが行われた行政行為だから公共性を有すると考える。図書館や公園はどこでも設置されれば不特定多数の利用に供されるので公共性があると考えるのではなく、設置場所の位置的特定を含めて市民による公共的価値づけが行なわれて初めて公共性を有するのである。先の固定資産税の例でいえば、道路法など法律に規定する内容によって認定するのは、法律が既に市民的意思の反映であるので、これを原則として要件主義的に取り扱うことに問題はないとしても、規定のない例外的な取り扱いについては、土地所有者等の意思による申請とこれに基づく市民による私道の公共的価値をめぐる議論の手続きを経て行政庁が認定することになろう。

いずれにしても公共性に対する価値づけは市民のなかにある。この価値づけを行ってこそ自立した市民だといえるだろう。そして、価値づけを行うということは同時に公共性を守ることである。公共性の担い手は市民なのである。公共性を担うということは、私的生活に対する一定の制限を自らのものとして受け入れることである。この制限には緩やかな拘束条件から法的義務のような固い拘束条件までさまざまなものがあるだろうが、こうした制限を受け入れていくように働き、「私」の自己中心性に制限的に作用するのが「公」である。そして、この「公」は生まれたときからの人と人とのふれあいや対話を通じて経験的に培われる共通感覚に基礎づけられた秩序を求める心なのである。

第二節　土地の所有権をめぐる問題

私地公景の国土づくりを進める市民のあり方を考えるにあたって強調したい第二点は、我々が求める土地による恵沢は何なのかである。大地としての土地に住みよい環境すなわち住まうことの価値を求めるのか、貨幣的価値を求めるのかということである。このことを考えるために、土地の所有権をめぐる問題を考えてみたい。

「所有、それは盗みである！」とはプルードンの『所有とは何か』の有名な一節である。プルードンの告発は、フランス市民革命によって封建的土地所有からの市民的権利の奪還として成立する近代的土地所有権の欠陥をつくことにあったようだが、貨幣的交換価値への置き換えによって、本来の大地の価値を奪ってしまったと言っているようにも思える。所有とは、一般的には物や財産に対する人の支配を意味する言葉である。まさに物の「有る所」が特定の人の支配に属することである。稲本洋之助は、所有が「単なる対物的関係ではなく、はじめから、ある物を支配する特定の人とその物を支配しない他の人との人的な関係を含んだ対物的関係である。対物的関係と対人的関係は矛盾せず、むしろ一つのことがらの二つの側面として統一されている。ここに、社会関係としての所有の端緒的な基礎がある」と説明する。

このような所有一般に関する理解が、土地の所有概念についてもそのまま当てはまるのかどうか。このことが特に近代資本主義社会における所有概念の質的な変化に伴い問題となるのである。その質的変化とは、第一に、「人と物との間の個別的に特定された直接かつ排他的な関係すなわち完全に私的な自足的関係として理解されるようになること」であり、このことによって、「所有は、背後の社会関係を捨象してひとしく抽象化され、物的支配の態様に関わらず、所有一般として法的保護を与えられる」のである。第二は、「主要な生産手段が土地から労働生産物へと転化し、その「所有」の性格を大きく変えたこと」である。かつて、生産手段としての土地には、社会の規定要因としての性格があったが、生産手段が商品の形態をとった資本となることによって、その規定性を失い、等価交換法則が所有一般の本質的属性となるのである。

ところで、土地とはそもそも大地であり自然のものである。未開社会ではこのような理解のもとで土地を所有するという概念をもたないところもあるだろう。もともと土地に区分などなく特定ができないもので所有の対象とはなりえないものである。これを所有の対象物としたのは境界線である。ハンナ・アーレントによれば、法とは、もともと家と家の間の境界線のことだった。すなわち、土地の所有は法の産物である。そして、この境界線が事実上意味を有するのは利用の実態が伴う場合であり、この利用にあたっての相隣関係の調整がつくことが前提になる。

単に「所有する」場合の境界線は、対象物たる土地に表示（所在、面積など）を与えるための観念的な分割線にすぎず、今日的意義で言えば、公図や地籍図あるいは測量図などのうえでの分割線にすぎない。所有の対象たる土地は、この分割線を基礎としてつくられた土地登記簿や土地台帳あるいは契約書や地租改正時の地券のなかで記号化された観念的存在である。「私の所有する土地」というとき、その所有観念を確実にするのは、その土地に対する具体的な支配の有無に関わらず、記号化された観念的土地の所有の事実と漠然とした位置指定である。それは具体の地面、地下、空間といった場所性をもたない観念である。「北海道の山林を一万坪所有する」というとき、その山林は具体的に記号に基づく表示と位置をもっていたとしても、依然それは広大な山林の一部であり、大地の支配のなかにあって、一対一の対応関係という物的意味での場所的限定はできない。私たちが場所的限定を必要とするのは、具体的にその土地を利用する場合（たとえば林業を営む場合）、すなわちその土地をめぐって人間の具体的な活動が伴う場合である。

先に、「大地の支配」といったが、そもそも私たちは土地を支配することができるのだろうか。「物を支配する」というとき、一般的には、保有、使用、収益、処分という内容をもつ。私たちは、土地の所有権を取得することによって、その土地を保有し使用し収益する、すなわち具体の場所的限定のある土地を利用することができる。しかし、具体の土地を処分することができるのだろうか。物を処分するとは、自分の支配に属さないものとすることであるが、物の場合、それは所有権を移転したり放棄するばかりでなく、物自体を無きものにすることを含む。だが、土地は無きものにすることはできない。土地を無きものにすることができるのはただ自然の力のみである。私たちができる処分は土地の所有権を移転するという意味での処分であり、これは先程から述べているように、観念的土地を処分することでしかなく、大地としての土地は依然として大地の支配のもとにあるのである。人と大地との関係でいえば、私たちは単に土地を利用することができるだけなのである。

このように土地の所有と利用は明らかに異なる範疇にある概念である。「土地の所有」とは記号的観念的概念で人が主体となる概念である。それに対し、「土地の利用」とはつながった場所としての大地のなかで行われる場所的限定が伴う概念で、大地と人、人と人との関係性が融合して行われる「活動」を表現する概念である。

確かに、所有権には利用する権利が付帯するが、所有権がなくても利用することはでき、また、利用することによって所有権を取得できるわけではないので、これらの概念が包含関係にあるわけでもないのである。土地の所有の今日的意義は、財産としての権限すなわち使用、収益、処分の権限の観念的付与と場所の自由な交換の可能性の観念的付与である。

観念的な権利であるということは、抽象的一般的な権利であるので、土地の所有をめぐる行為を律する制約（義務）は、社会の正義と公正に基づく一元的なルールによって外的に規定されるものである。他方、土地の利用は、場所としての土地の上に展開する人間相互の活動で、これを律する制約は大地と自然のルールに服しながら、その場所に関わる人々がルールに基づき場所的に規定されるべきものである。土地の所有権はこうした処分的所有の権利（義務）と保有的利用の権利（義務）の二つの権利（義務）を包括する権利としてあり、この間を連結する概念として土地の価値がある。土地の財産権はこれらの総体としてあるのである。

憲法二九条一項が「財産権は、これを侵してはならない」というとき、土地についてはこうした二つの権利と価値の総体としての所有権を侵さないことを規定しているので、それぞれの権利に義務が伴うことを何ら排除していない。というより義務としての制約がなければ、無秩序な個人的自由が人と大地の関係として付与される財産権そのものを侵害する結果になるのである。一九世紀ドイツの法学者ギールケもいうように「物権法といえども最終的には複数の人間意思の間の関係であって、孤立した個別意思と意思なき対象（物）との間の関係ではない。人間と人間とが相互に対立している以上、どこにおいても今日の我々の法の理解にとって、義務のない支配というものは存在しない」のである。

また、憲法二九条第二項では「財産権の内容は、公共の福祉に適合するやうに、法律でこれを定める」とされている。憲法は必ずしも土地と他の物による財産権が同じだとも言っていないし、絶対的土地所有権の見地に立とうとしているものでもない。先程のギールケは「動産に関する所有権と不動産に関する所有権とを同じ所有権として同等に取り扱うことをやめるべきである」と言い、「不動産はその性質上、動産に比べてはるかに強力な義務を内包している」とも主張する。

韓国の土地公概念でも、「①土地は所有権の対象である前に国土の一部である。ゆえに利用の合理性が強調されねばならない。②地価の上昇は『眠りながら享受する社会的創造価格』であるから、公共のために還元されねばならない。③土地はほかの商品と異なり、国民の生活・生産のために不可欠な基盤であるから、それが宅地であれ農地であれ山林であっても公共福祉のため最も効率的に利用されるような適正な規制が図られねばならない」という考えかたのもとで、土地所有権を明確に制限する理念を明示している。

大地としての土地に対して人間自らがつくりだす物と同様の権利を付与しようというなら、大地の法則に耳を傾けなければならないのは当然であって、そこに一般の物とは異なる義務が発生すると考える必要があるのではないだろうか。一九八八年六月にまとめられた土地臨調最終報告のなかでは「土地の所有には利用の責務がともなう」とし、土地の利用の重要性を喚起したが、さらに踏み込んで「土地の所有権は所有の義務と利用の義務をともなう」と表現すべきだったのではないだろうか。

資本主義経済は、一九世紀に成立する絶対的所有権概念によって大きな発展をとげる。すなわち、「所有権とは、あるものに関する人間の排他的かつ無制限な支配である」とする個人主義思想に基づく法秩序が資本主義経済に寄与することになるのである。これはフランス市民革命によって生まれた諸観念が市民の精神生活に影響を与えるようになったからで、共同社会による拘束からの個人の解放を意味しており、そこに時代的意義があったといえる。しかし、環境問題や地球の持続可能性を問われる今日、逆に個人の横暴による大地への侵害が人間自らのつくる社会の破壊へと導く可能性が示唆されている。

土地の利用について制限的な対応が求められているのはもはや地球規模での問題なのである。土地に貨幣的価値だけを求め続けたのでは、もはや住みよい環境など得られない。ルイス・マンフォードは、土地はそこに住む人々と同様に「与えられたもの」であるとして次のように言う。「健全な土地利用計画で重要なことは、個人的所有権ではなく、保有の確実性である。これによって、持続的利用が可能になり、永久的改良が促進され、長期的な努力をする気にもなる。地域と都市全体の利益のための土地の公的統制こそは、現代の政治にとってたいへん大きな問題である」。

第三節　住みよい国土と私地公景

ドイツの街並みはどう控えめに表現しても美しい。たとえば、シュトゥットガルト市のはずれにあるTVタワーに昇って四方を眺めると、眼前に広がる風景は緑の森に包まれているかのように点在する都市集落である。シュトゥットガルト市の中心部を除けば、どの都市に広がる建物も屋根の色彩が赤茶色かこげ茶色で統一された瓦でできており、勾配もほぼ同様になっている。高さもほぼ一定しており四、五階建てである。それでいてよく観察してみると、一つひとつの建物には明らかに違いがある。唯一ある高い建物が教会で、まちのどこからでも教会の位置が確認できるようである。この眼前に広がった風景は、みごとな自然と都市の調和であり、都市風景の秩序美であり、美しい国土の具体的状況である。各個人が自分の気に入った建物を好きなように建てて広がっている都市風景に魅力を感ずる人はいるかもしれないが、全体を美しいと表現できる人は少ないだろう。都市の美や国土の美は調和や秩序と自然の風景からしか生まれない。自然は自らの生命力を発揮することによって自ら拘束条件をつくりだすという秩序を生み出す仕組みをもっているが、人工的な建築物の集合は人為的につくりだす拘束条件による以外に秩序を生み出しえない。

ドイツの都市に美があるのは、「建築不自由」とさえいわれる土地利用に対する制限があるからである。この制限を行うのが土地利用計画（Fプラン）と地区詳細計画（Bプラン）と呼ばれる計画である。具体的には地区詳細計画が法的拘束力をもって私的土地所有権を制約することになる。計画の策定主体は市町村であるので、「不自由」と呼ばれるほどの強い規制が行政によって働く場合には当然市民の反発が予想されるはずであるが、依然として制度が維持されているのは、計画の過程において早期の段階から市民参加が保証されており、市民の意見が反映される仕組みをもっていて、これに対し市民が自ら進んでこの過程に参加する意思をもっていること、また、市民が自らの土地利用にばかりでなく、まち全体の風景の美や秩序に関心があり、これを守ることに積極的関わっていく意思を有しているからであろう。これは、土地の所有がもたらす私的利益と利用がもたらす公共的利益が市

シツットガルト（ドイツ）周辺部のまち並み（2000年，筆者撮影）

民の意識のなかで調整されているからであると思う。
しかし、ここで注意を要するのは、ドイツに限らずヨーロッパの街並みは、教会を中心として秩序づけられていることからもわかるように、普遍原理としてのキリスト教が文化として影響していることである。また、同時に、古代からヨーロッパの都市には、市民意識としての共同体意識をもつ市民がいてこれが市民層を形成していた。この共同体意識は防衛集団的意識から生まれるものであったが、市民一人ひとりは自分たちが所属する小さな集団の利害を調整する原理を超える普遍原理としての神との契約によって結集しており、家族を超えた他人どうしが友愛的な兄弟団を結成していたのである。
こうした公共としての共同体的生活の中で神との一対一の契約思想に基づく自立した市民意識をもって市民階級として育っていったのである。さらに言えば、イギリスを除けばヨーロッパの国々においては市町村の数がとても多い。イタリア八〇〇〇（人口五七〇〇万人）、フランス三〇〇〇〇（人口五八〇〇万人）、ドイツ八四〇〇（人口八一〇〇万人）、スペイン九四〇〇（人口三九〇〇万人）、スイス三〇〇〇（人口七〇〇万人）など（いずれも概数）で、それぞれの国の人口規模からすると人口的にはかなり狭小な地域での政治的空間が確保されていることがわかる。プラトンは都市の望ましい大きさを人口五〇〇〇人と定義し、これは一人の演説家の声を聞き取り、政治に積極的に参加することを可能とする人の数であったが、こうした単位での自治意識が自助自立的な仕組みを生み出しているのである。このような背景があるからこそ、ヨーロッパの市民は伝統的な街並みを中心としたまちづくりによって住みよさを感じ、また美しいがある意味では単調な都市の風景に共通感覚として心地よさを感ずるのであろう。したがって、いくらドイツの風景が美しいからといって日本で同じような風景をつくりあげたとしても、必ずしも人々が心地よさを感ずるかどうかはわからない。

中根千枝が分析したように、日本の社会では個人は必ず小集団を通して大集団に参加するという小集団帰属主義の傾向をもつ。この場合、小集団は仕事の協力や場の共有といった日常的に顔を合わせ仕事や生活をともにする人々によって構成する。大集団とのタテ関係のなかで、日常的な接触によって強い仲間意識を形成するため小集団の孤立性が深まりセクショナリズムが強くなる。このセクショナリズムが競争意識を生む。このような閉鎖性のなかで小集団が集団内部に対する社会的規制力をもつ。日本社会はこの社会的規制を尊重することによって秩序を維持してきた。しかし、元来、小集団帰属主義を生む底流には仲間意識を形成するに足る他者との相互関係に対する心理的親和性があるはずである。日本人は正月には初詣をし、定期的に墓参りもし、車を買えばお祓いにいくなど宗教的観念をもっているが、この観念に倫理的な規範力はない。日常生活に秩序をもたらす価値観は共同体における反復的な人間関係の経験からもたらされたと考えられるのである。

河合隼雄は、日本人の人間関係の基本構造を、「無意識内の自己を共有し合うものの関係として、無意識的な一体感を土台としている」とし、日本人にとって好ましい関係とは契約による関係ではなく「察しのよい関係」であるとする。この場合、「察する」というのは言語表現以前に相手の考えや感情を読み取ることで、無意識的な一体性が前提となっていると考えるのである。「自己を共有しあうもの」とは、共同意識や共通感覚のことであろう。この無意識の一体性は日常の他者とのふれあいや対話の反復的な経験によって蓄積された「公」であり、これが場にやわらぎを求めるように自己中心性に対して抑制的に作用するのである。

グローバリゼーションの流れや情報化社会の進展などによって会社中心主義が衰退していくなかで、こうしたタテ社会関係のなかの小集団帰属主義は崩れつつある。フリーターはこうした潮流の中で生まれているといえるだろう。そのこと事態はけっして憂うるべきことではない。タテ社会関係にある閉鎖的な小集団に帰属して、意思決定過程で責任を明確にしえない市民が自立しているとはいえない。集団の枠組や単位が崩れていくことが問題なのではなく、自由な市民としての「私」が「汝」と語り合いふれあう場所がなくなってきたことが問題なのである。

対話やふれあいが頻繁になれば諍いもふえる。特に集団が内包する社会的規制が働かない場合にはなおさら諍いが多くなる。しかし、この諍いを恐れてみんながひっそりと暮らしたのでは、人間関係の構造のなかに共同意識や共通感覚の土台を築くことができない。諍いを生み不協和音をつくりながらそれを乗り越えていく過程のなかで無意識的一体感が構築され、秩序の体系が生まれる。諍いが乗り越えられないからこそ対話が止んだのだという批判があろう。しかし、終身雇用という制度のなかで逃れられない人間関係におかれた会社人間は、仕事の時間を超えて会社の同僚とふれあいや対話をすることによってそれぞれの人間性を確認し、人間関係にやわらぎをつくる工夫をした。目的に応じた公式的な人間関係ばかりでなく、非公式で生身の人間性を伝える対話やふれあいがやわらぎを生むことを経験的に知っているのである。

人と社会の関係における会社中心主義が崩壊しつつある今日、こうしたやわらぎを生む場は家族や地域社会あるいはさまざまなグループやコミュニティのなかで見出していかなければならないだろう。普遍的な規範や伝統的な慣習で縛りこむのではなく、日常的な他者との経験を通じて人々の心に無意識的な一体感をつくっていくところに日本人の特徴とよさがあり、これによって仕みよさが生まれるのである。

鈴木大拙はやわらぎが日本人全体の性格ではないかと考え、聖徳太子の十七条憲法にある「以和為貴」の「和」は「やわらぎ」であって「わ」ではないと指摘する。なぜなら仏教の徳は「やわらぎ」にこそあるからである。このやわらぎは柔和であり、柔軟であり、しなやかなことである。これが人間関係を豊かにし、心になごみをもたらす。心がなごめば居心地が良くなりその状態を継続していきたいと考える。秩序を維持する心構えができるのである。日本人は、西洋的な「一対一」の対置的構造の世界ではなく、「一」が「多」であり「多」が「一」であるという「一即多」のしなやかで包み包まれる世界の中に人間関係をおくことによって秩序を生む仕組みをもっているのである。

住みよい国土は住んでいる人々が心地よさを感ずる場所でなければならない。心地よさを感ずる場所にはやわらぎがある。風景は場所の表現であり、人の世界と自然の世界における内面の具体的な現われである。自然はそれ自体が個であり全体である。個なくして全体はなく、全体なくして個はないという共生の仕組みをもっている。自然の世界はそれ自体がやわらぎなのである。人が自然を前にして心がなごむのは自然のもつやわらぎと無意識的一体感をもつからであろう。

しかし、人は自然の世界だけで日常生活をまっとうできるわけではない。生活する場所にやわらぎを求めるには人の世界にやわらぎがなければならないのである。聖徳太子は政治のあり方にやわらぎを求めた。やわらぎが秩序の基盤となると考えた。今日の生活圏空間の政治的課題は具体的にはまちづくりに表われる。日本のまちづくりでは、はじめに教会ありきという風景のまちづくりというわけにはいかない以上、人と人の間にやわらぎが生まれる日本人の特徴にあったまちづくりを考えていかなければならないのではないだろうか。

このことは自らの所有する土地の利用と風景の関係にも同じことがいえる。「私」の土地を地域の風景のなかに位置づけるためには、「私」の土地と「汝」の土地の関係にやわらぎがなければならない。ところが、土地と土地の関係は土地のもたらす恵沢をめぐる利害関係を生む。このため「私」と「汝」は土地をめぐる利害調整をする必要があり、政治的空間に身を投ずる必要がでてくる。土地と土地の間のやわらぎは政治的な解決によってつくられることになる。しかし、この利害調整は政治的空間に参加する市民が多ければ多いほど問題が複雑になり難しい問題となる。したがって、市民の政治的空間における公共性の議論には一定の手法が必要になる。それは市民が風景の構想としての土地利用計画をもつことと、いったんつくられた土地利用計画に基づく規制が市民によって守られる仕組みを用意することである。

ネットワーク社会の進展によって、広く市民一般が情報を容易に取得できる環境が整って、情報や知識を所有することによる権力性が壊れ、また、さまざまなタイプのコミュニティの形成が可能となることによって、意思決定システムも多様化し、自分たちで決めやすい環境が整いつつある。対話をする仕組みができ、対話の必要がある題材が市民の中に投げ入れられれば、実は、そこに参加していく手法は、従来とは比較にならないほど多様化しているのである。そして、その題材こそまちづくりであり国土づくりなのである。

　日本における土地利用計画の制度的な課題は第Ⅱ部において見てきたとおりであるが、さらに私地公景の国土づくりでは、市民が政治的空間に参加し自らまちづくりの主体となるとともに、土地の利用に関する規制についても自らが公共性を担う主体となって制度をなし、そしてこれを受け入れる市民となることを強調する。政治や行政を自分たちと対置させるのではなく、やわらぎによって一体感をつくり協働していくことである。これが私地公景の価値観をもつ市民である。多様な価値観に対応した小さな単位でのまちづくりの計画と土地利用の規制が全国に広がることによって私地公景の国土づくりが可能となるのである。

　いま日本人に必要なことは、経済を優先してひたすら走ってきた結果出来上がったまちの疲れきった姿を見つめ直し、やわらぎのある風景をつくりあげていくことである。公《おおやけ》の意識すなわち他者への従属意識を捨てて、市民として自立していく中で、水平的な関係にある他者、とりわけ地域の人々とのふれあいや対話をすることによって、無意識的一体感を醸成し、共同意識や共通感覚をつくりあげることが人と人の間にやわらぎを生む。こうした身近な対話やふれあいと同時に政治的空間に参加する市民となって公共的価値づけを行い、これを自らのものとする。市民のなかから生まれた公共性によって「私」の土地が風景のなかに位置づけられたとき、土地と土地の間にやわらぎが生まれる。これが私地公景の価値観による国土づくりなのである。

【参考文献】

上田閑照編『西田幾多郎哲学論集Ⅰ　場所・私と汝他六編』岩波文庫、一九八七年。

中村雄二郎著『共通感覚論』岩波現代文庫　二〇〇〇年。

藤田宙靖『西ドイツの土地法と日本の土地法』創文社　一九八八年。

甲斐道太郎・稲本洋之助・戒能通厚・田山輝明著『所有権思想の歴史』有斐閣選書、一九七九年。

原田純孝・広渡清吾・吉田克巳・戒能通厚・渡辺俊一編『現代の都市法』東京大学出版会、一九九三年。

本間義人編『韓国・台湾の土地政策【日本にとっての教訓】』東洋経済新報社、一九九一年。

ルイス・マンフォード著／生田勉著『都市の文化』鹿島出版会、一九七四年。

ハンナ・アーレント著／志水速雄訳『人間の条件』ちくま学芸文庫、一九九四年。

溝口雄三著『公私』三省堂、一九九六年。

中根千枝『タテ社会の力学』講談社現代新書、一九七八年。

河合隼雄著『母性社会の原理』中央公論社、一九七六年。

鈴木大拙著・上田閑照編『東洋的な見方』岩波文庫、一九九七年。

Tony F Marshall *Restorative Justice An Overview*, Center for Restorative Justice & Mediation, 1998.

研究体制

座　　長	日端　康雄	慶応義塾大学大学院政策・メディア研究科教授
委　　員	黒川　和美	法政大学経済学部経済学科教授
	山下　　淳	神戸大学大学院法学研究科教授
	北村　喜宣	上智大学法学部地球環境法学科教授
	大方　潤一郎	東京大学工学部都市工学科教授
	卯月　盛夫	早稲田大学芸術学校都市デザイン科教授
	神吉　紀世子	和歌山大学システム工学部環境システム学科助教授
ゲストスピーカー	熊坂　賢次	慶応義塾大学環境情報学部教授
事　務　局	赤松　秀樹	総合研究開発機構理事（前）
	杉田　伸樹	同研究開発部長
	大平　　信	同主任研究員
	伏屋　譲次	同主任研究員（前）

執筆分担

第Ⅰ部

第1章　日端　康雄（ひばた　やすお）
1943年生れ．慶應義塾大学大学院政策・メディア研究科教授．『ミクロの都市計画と土地利用』学芸出版社，1988年．『アメリカの都市再開発』学芸出版社，1992年．

第2章　熊坂　賢次（くまさか　けんじ）
1947年生れ．慶應義塾大学環境情報学部教授．『知の風景』日科技連，1996年．「ネットジェネレーションの期待と自覚」『Keio SFC review』2（20）1998年．

第3章　黒川　和美（くろかわ　かずよし）
1946年生れ．法政大学経済学部経済学科教授．『公共部門と公共選択』有斐閣，1993年．『民優論』PHP研究所，1997年．

第4章

第1節　北嶋　雅見（きたじま　まさみ）
1946年生れ．㈳北海道未来総合研究所主任研究員．

第2節　畠中　洋行（はたなか　ようこう）
1951年生れ．㈱若竹まちづくり研究所代表取締役・所長．「『もやい』による住民参加のまちづくり」『月刊「晨」ASHITA』VOL.12 NO.8，1993年8月．「住民と行政とのパートナーシップ型まちづくりをめざして」『地域開発』388号，1997年

第3節　藤本　芳徳（ふじもと　よしのり）
1966年生れ．㈳地域問題研究所研究員．総合研究開発機構・植田和宏共編『循環型社会の先進空間――新しい日本を示唆する中山間地域――』（共著）㈳農山漁村文化協会，2000年．「まちづくりの担い手の新しい方向『コミュニティビジネス』の可能性について」『地域問題研究』53，1997年6月．

第Ⅱ部

第１章　大方潤一郎（おおかた　じゅんいちろう）
1954年生れ．東京大学工学部都市工学科教授．小林重敬編『地方分権時代のまちづくり条例』（共著）学芸出版社，1999年．蓑原敬編『都市計画の挑戦』（共著）学芸出版社，2000年．

第２章　山下　　淳（やました　あつし）
1953年生れ．神戸大学大学院法学研究科教授．「都市的土地利用と農業的土地利用」『成田頼明先生古稀記念・政策実現と法』有斐閣，1998年．「分権時代の景観行政」小早川光郎編『分権改革と地域空間管理』ぎょうせい，2000年．

第３章　北村　喜宣（きたむら　よしのぶ）
1960年生れ．上智大学法学部地球環境法学科教授．『自治体環境行政法』第二版，良書普及会，2001年．『環境政策法務の実践』ぎょうせい，1999年．

第４章　卯月　盛夫（うづき　もりお）
1953年生れ．早稲田大学芸術学校都市デザイン科教授．『まちづくりの科学』（共著）鹿島出版会，1999年．『新時代の都市計画2　市民社会とまちづくり』（共著）ぎょうせい，2000年．

第５章　神吉紀世子（かんき　きよこ）
1966年生れ．和歌山大学システム工学部環境システム学科助教授．『地域共生のまちづくり――生活空間計画学の現代的展開』（共著）学芸出版社，1998年．『都市に自然をとりもどす――市民参加ですすめる環境共生のまちづくり――』（共著）学芸出版社，2000年．

第Ⅲ部　伏屋　譲次（ふせや　じょうじ）
1956年生れ．名古屋市総務局企画部企画課主査（前総合研究開発機構主任研究員）．

市民参加の国土デザイン——豊かさは多様な価値観から

2001年7月25日　第1刷発行

定価（本体2500円＋税）

編著者　日端　康雄

発行者　栗原　哲也

発行所　株式会社日本経済評論社
〒101-0051　東京都千代田区神田神保町3-2
電話03-3230-1661　FAX03-3265-2993
E-mail : nikkeihyo@ma4.justnet.ne.jp
URL : http://www.nikkeihyo.co.jp
装幀・鈴木弘
印刷・シナノ　製本・協栄製本

ISBN 4-8188-1357-5

「ＮＩＲＡチャレンジ・ブックス」の刊行にあたって

二一世紀を迎えてヒト、モノ、カネ、情報のグローバル化が一層進展し、世界的規模で政治・経済構造の大変革が迫られています。冷戦構造崩壊後の新しい世界秩序が模索されるなかで、依然として世界各地で紛争の火種がくすぶり続けています。国家主権が欧州連合のような地域統合によって変容を余儀なくされる一方で、文明、民族、宗教などをめぐる問題が顕在化しています。二〇世紀の基本原理であった国民国家の理念と国家の統治構造自体が大きな試練を受けています。他方、わが国は、バブル崩壊後の長期経済停滞に加えて、教育、年金、社会保障、経済・財政構造などの分野で問題が解決できないままに新世紀を迎えました。わが国のかたちと進路に関する戦略的ビジョンが求められています。

人々の価値観が多様化するなかで諸課題を解決するには、専門家によって多様な政策選択肢が示され、良識ある市民の知的でオープンな議論を通じて政策形成が行われることが必要です。総合研究開発機構（ＮＩＲＡ）は、産業界、学界、労働界などの代表の発起により政府に認可された政策志向型のシンクタンクとして、現代社会が直面する諸問題の解明に資するため、自主的・中立的な視点から総合的な研究開発を実施し、さまざまな政策提言を行って参りました。引き続き諸課題に果敢にチャレンジし、政策研究を蓄積することが重要な使命と考えますが、同時に、より多くの人々にその内容と問題意識を共有していただき、建設的な議論を通じて市民が政策決定プロセスに参加する道を広げることがいま何よりも必要であると痛感しております。「ＮＩＲＡチャレンジ・ブックス」はそうした目的で刊行するものです。この刊行を通して、世界とわが国が直面する諸問題についての広範囲な議論が巻き起こり、政策決定プロセスに民意が反映されるよう切望してやみません。

二〇〇一年七月

総合研究開発機構理事長　塩谷　隆英